环球网校

移动学习 职达未来 hqwx.com

严格按照全新考试大纲编写

消防行业特有工种职业培训与技能鉴定考试 **精选章节习题集**

消防设施操作员

（基础知识）

环球网校消防考试研究院 组

中国石化出版社

HTTP://WWW.SINOPEC-PRESS.COM

图书在版编目（CIP）数据

消防设施操作员．基础知识/环球网校消防考试研究院组编．—北京：中国石化出版社，2020.3（2022.3 重印）

ISBN 978-7-5114-5724-0

Ⅰ.①消… Ⅱ.①环… Ⅲ.①建筑物—消防—职业技能—鉴定—教材 Ⅳ.①TU998.1

中国版本图书馆 CIP 数据核字（2020）第 047248 号

中国石化出版社出版发行

地址：北京市东城区安定门外大街 58 号

邮编：100011　电话：(010) 57512500

发行部电话：(010) 57512575

http://www.sinopec-press.com

E-mail: press@sinopec.com

三河市中晟雅豪印务有限公司印刷

全国各地新华书店经销

*

787×1092 毫米 16 开本 14 印张 347 千字

2020 年 4 月第 1 版　2022 年 3 月第 3 次印刷

定价：49.00 元

消防设施操作员（基础知识）

编 委 会

总 主 编	伊贵业		
本册主编	赵学斌	袁文嵩	李军荣
参编人员	吴玉辰	程博悦	王可玉
	王　台	刘远东	王　妍
	李　征	郑　欣	姜尧鹏
	杨碧瑶	王　昊	晓　楠
	吴凤柳	何晗颖	赵　波

前言

“消防设施操作员”是从事建（构）筑物消防设施运行、操作和维修、保养、检测等工作的人员。消防设施操作员技能鉴定考试属于准入类技能人员职业资格考试。获得消防设施操作员证书，就具备了从事消防安全检查、消防控制室监控、消防设施操作与维护、消防安全管理培训等工作的资格，含金量较高。

根据《消防设施操作员国家职业技能标准》对“消防设施操作员”职业的界定，该职业含有设施监控、设施操作、设施保养、设施维修、设施检测、技术管理和培训 6 个职业功能。按照《国家职业技能标准编制技术规程》的要求，该职业取消了培训期限、培训师资、培训场地等培训要求，但是增加了关键技能。涉及安全生产或操作的关键技能是考查重点，如果在技能考核中违反操作规程或未达到技能要求，则技能考核成绩不合格。

消防设施操作员的鉴定方式分为理论知识考试、技能考核以及综合评审。对于初级、中级两个等级，只需要参加理论知识考试和技能考核。理论知识考试以笔试、机考等方式为主，主要考核从业人员从事本职业应掌握的基本要求和相关知识要求；技能考核主要采用现场操作、模拟操作等方式进行，主要考核从业人员从事本职业应具备的技能水平。综合评审主要针对技师和高级技师，通常采取审阅申报材料、答辩等方式进行全面评议和审查。

本套书针对消防设施操作员每个培训模块编写了同步习题集，帮助考生巩固知识、理顺思路，提高应试能力。环球网校消防工程师考试研究院建议您按照如下方法使用本书。

◆学练结合，同步提高

本套书严格依据《消防设施操作员国家职业技能标准》，按照培训模块知识点的分布，精心编写了 2000 余道练习题。每个模块还配有备考指导，由环球网校消防考试研究院的一线名师为大家讲解如何学习。建议考生制订适合自己的学习计划，学练结合，扎扎实实备考。

◆学思结合，攻坚克难

消防设施操作员技能鉴定考试更关注实际操作能力，考生需要掌握的基础知识和技能比较繁杂。在复习备考过程中，考生应当勤于思考、善于总结，灵活运用所学知识，提升抽丝剥茧、融会贯通的能力，攻克那些难以理解、记忆的知识点。

◆抓住关键，高效备考

在学习的过程中，一方面要抓住关键知识点，提高做题正确率；另一方面要对错题进行整理和分析，从而完善自身的知识体系，提高备考效率。建议考生在学习过程中，准备一个错题本，分析错误的知识原因、能力原因、解题习惯原因等。其中，要特别注意知识原因，如果涉及关键技能，应摘录并记忆，有针对性地进行复习。

相信这套精选章节习题集可以帮助广大考生在短时间内熟悉出题“套路”、学会解题“思路”、找到破题“出路”。在消防设施操作员技能鉴定考试之路上，环球网校与您相伴，助您一次通关！

环球网校消防考试研究院

目录

培训模块一　职业道德

扫码听备考指导

重点提示

通过学习要对职业道德的基本要素、特征及基本规范有所了解。掌握职业的分类、标准和类型的划分，以及道德、职业道德和消防行业职业道德的含义。重点掌握职业的含义和特征，消防设施操作员职业定义主要工作任务和职业守则的内容，以及消防设施操作员国家职业技能标准的有关内容。

培训项目1　职业道德基本知识

一、单项选择题

1. 职业活动以获得现金或实物等报酬为目的，属于职业特征的（　　）。

A. 目的性　　B. 社会性

C. 稳定性　　D. 规范性

2. 职业是从业人员在特定社会生活环境中所从事的一种与其他社会成员相互关联、相互服务的社会活动，属于职业特征的（　　）。

A. 目的性　　B. 社会性

C. 稳定性　　D. 规范性

3. 职业在一定的历史时期内形成，并具有较长生命周期，属于职业特征的（　　）。

A. 目的性　　B. 社会性

C. 稳定性　　D. 规范性

4. 职业活动必须符合国家法律和社会道德规范，属于职业特征的（　　）。

A. 目的性　　B. 社会性

C. 稳定性　　D. 规范性

5. 职业必须具有一定的从业人数，属于职业特征的（　　）。

A. 规范性　　B. 社会性

C. 稳定性　　D. 群体性

6. 消防设施操作员指的是从事建（构）筑物消防设施运行、操作和（　　）等工作的人员。

A. 检测　　B. 维修　　C. 保养　　D. 以上全部

7. 下列不属于消防设施操作员的主要工作任务的是（　　）。

A. 值守消防控制室

B. 组织编写消防应急预案及演练工作

C. 检测火灾自动报警、自动灭火系统等消防设施

D. 操作、维修保养火灾自动报警、自动灭火系统等消防设施

8.《消防设施操作员国家职业技能标准》于（　　）颁布，自2020年1月1日起实施。

A. 2019年4月　　B. 2019年5月

C. 2019 年 6 月　　D. 2019 年 7 月

9. 下列描述中不符合《消防设施操作员国家职业技能标准》的是（　　）。

A. 该标准的指导思想为“职业活动为导向、职业技能为核心”

B. 该标准包括职业概况、基本要求、工作要求和权重表四个方面的内容

C. 该标准含有设施监控、设施操作、设施保养、设施维修、设施检测、技术管理和培训六个职业功能

D. 消防设施监控操作职业方向分别为四级/中级工、三级/高级工、二级/技师、一级/高级技师

10. 根据道德的表现形式，人们通常把道德分为家庭美德、社会公德和（　　）三大领域。

A. 职业道德　　B. 品德教育

C. 安全教育　　D. 法律教育

11. （　　）是从业者在岗位工作中必须遵守的规章、制度、条例等职业行为规范。

A. 职业良心　　B. 职业义务

C. 职业纪律　　D. 职业作风

12. 当一个从业者职业行为的社会价值赢得社会公认时，就会由此产生荣誉感；反之，会产生耻辱感。以上描述指的是职业道德基本要素中的（　　）。

A. 职业态度　　B. 职业荣誉

C. 职业纪律　　D. 职业良心

13. 职业作风是从业者在职业活动中表现出来的相对稳定的工作态度和职业风范。下列有关从业者在职业岗位中的表现不属于职业作风的是（　　）。

A. 尽职尽责　　B. 诚实守信

C. 奋力拼搏　　D. 诚实无欺

14. （　　）作为最基本的职业道德规范，是对人们工作态度的一种普遍要求，是中华民族传统美德和现代企业发展的要求。

A. 爱岗敬业　　B. 诚实守信

C. 办事公道　　D. 奉献社会

15. 积极自觉地为社会做贡献指的是职业道德基本规范中的（　　）。

A. 诚实守信　　B. 办事公道

C. 奉献社会　　D. 服务群众

16. 下列不属于消防行业职业道德的特点的是（　　）。

A. 消防安全的责任性　　B. 职业行为的指导性

C. 表现形式的多样性　　D. 规范从业的约束性

17. （　　）是评价消防设施操作员职业行为好坏的标准，能够促使本人尽最大的能力把工作做好，树立良好的行业信誉。

A. 消防行业职业道德

B. 国家职业技能标准

C. 职业的社会属性

D. 职业的规范性

18. 下列不属于消防行业职业道德的作用的是（　　）。

A. 调节消防行业从业人员内部的关系

B. 调节消防设施操作员和服务单位之间的关系

C. 有利于促进社会良好道德风尚的形成

D. 不断提高自身的职业技能和单位的火灾防控能力

19. 下列选项中不属于职业属性的是（　　）。

A. 职业的规范性　　B. 职业的功利性

C. 职业的技术性　　D. 职业的稳定性

二、多项选择题

20. 下列选项中属于职业道德基本要素的有（　　）。

A. 职业理想　　B. 职业态度

C. 职业形式　　D. 职业作风

E. 职业纪律

21. 下列选项中属于职业道德的特征的有（　　）。

A. 鲜明的行业性　　B. 技术性

C. 一定的强制性　　D. 相对稳定性

E. 表现形式的多样性

22. 下列选项中属于职业道德基本规范中服务群众的有（　　）。

A. 为人民群众服务

B. 在职业活动中应遵从公平与公正的原则

C. 心中时时要有群众，始终把人民的根本利益放在心上

D. 为了有益于他人，为了有益于国家和社会

E. 要充分尊重群众，尊重群众的人格和尊严

三、判断题

23. 职业是指从业人员为获取主要生活来源所从事的社会工作类别。（　　）

24. 职业理想是人们对职业活动目标的追求和向往，是人们的世界观、人生观、价值观在职业活动中的集中体现。（　　）

25. 职业道德的基本要素包括八项内容。（　　）

26. “爱岗敬业、诚实守信、办事公道、服务群众、奉献社会”，这是我国每名从业人员都应奉行的职业道德基本规范。（　　）

27. 爱岗敬业是做人的基本准则，也是社会道德和职业道德的一项基本规范。（　　）

28. 职业态度是形成职业态度的基础，是实现职业目标的精神动力。（　　）

培训项目 2　职业守则

一、单项选择题

1. （　　）是员工在生产经营活动中恪守的行为规范。

A. 职业守则　　B. 职业道德

C. 职业规范　　D. 职业秩序

2. 消防设施操作员职业守则的内容不包含（　　）。

A. 以人为本，生命至上　　B. 忠于职守，严守规程

C. 钻研业务，精益求精　　D. 预防为主，防消结合

3. 从消防工作来说，坚持（　　）就是要充分尊重和切实保障人民群众的生命权、财产权等法定权利，努力满足人民群众日益增长的消防安全需求。

A. 以人为本　　B. 生命至上

C. 忠于职守　　D. 严守规程

4. 每一名消防设施操作员都必须把人民群众的（　　）作为一切工作的出发点和落脚点，从人权观、发展观、人本观的高度，认识生命与健康的价值，始终坚守消防安全红线。

A. 消防安全　　B. 生命安全

C. 火灾预防　　D. 生命财产

5. （　　）是每个人、每个单位和全社会的事，这就要求牢固树立安全发展理念，弘扬生命至上、安全第一的思想。

A. 消防安全　　B. 生命安全

C. 火灾预防　　D. 生命财产

6. （　　）是指以高度负责的职业道德精神，在本岗位上尽职尽责，时刻做好为消防事业献出生命的准备。

A. 生命至上　　B. 以人为本

C. 安全第一　　D. 忠于职守

7. （　　）是指以强烈的责任心、敢于担当的使命感，把本职工作做好做细。

A. 责任担当　　B. 爱岗敬业

C. 忠于职守　　D. 认真工作

8. （　　）是指在消防从业中刻苦钻研，深入探究并掌握火灾发生、发展的规律，以及防火、灭火的知识和技能。

A. 忠于职守　　B. 刻苦学习

C. 精益求精　　D. 钻研业务

9. 下列要求中不属于不断提高自身的综合素质的是（　　）。

A. 具备丰富的理论知识　　B. 具备较强的实操能力

C. 具备解决复杂问题的能力　　D. 干一行爱一行

10. 不论是成就自己的人生理想，还是担负时代的神圣使命，都应深入学习更高层次和更广泛的知识，努力做到“（　　）”与“博”的统一。

A. 精　　B. 钻　　C. 专　　D. 遵

11. 树立（　　）的理念是指把学习作为人生永恒的追求，树立和践行终身学习观，不断拓宽知识面，更新知识结构，用正确、科学的方法将工作做到尽善尽美。

A. 爱岗敬业　　B. 终身学习

C. 遵纪守法　　D. 严于律己

12. 精益求精是指为了（　　），坚持工匠精神，在工作中不放松对自己的要求。

A. 人生理想　　B. 技术能力

C. 苦练技能　　D. 追求完美

13. “（　　）”是踏实肯干的工作心态，不畏艰难的工作精神，勇于攀登的工作激情，核心是坚持不懈和精益求精。

A. 创新精神　　B. 专业精神

C. 工匠精神　　D. 学习精神

14. （　　）是指在遇到紧急情况时，可以先于他人意识到危险的存在，知道解决的方法，心情不慌乱，能够从容应对。

A. 临危不乱　　B. 精益求精

C. 严守规程　　D. 科学处置

15. 临危不乱是消防设施操作员应该具备的最基本的（　　）。

A. 安全意识　　B. 职业素质

C. 心理素质　　D. 责任意识

16. 科学处置是指以减少火灾危害为前提，科学合理地选择有（　　）的火灾处置措施，妥善处理各种险情。

A. 指导性　　B. 针对性

C. 约束性　　D. 预防性

二、多项选择题

17. （　　）属于营造以人为本的消防安全氛围。

A. 营造人人关注消防、参与消防、全民防火的浓厚氛围

B. 广泛开展消防安全教育培训

C. 增强广大人民群众的自防自救能力和火灾应急处置技能

D. 养成注重消防安全的良好习惯

E. 把人民群众的生命安全放在第一位

18. 严守规程是指严格按照国家消防安全的（　　）、标准、规程和有关制度等进行操作。

A. 方针　　B. 政策

C. 法律　　D. 规律

E. 条例

19. 下列做法中符合严守规程要求的有（　　）。

A. 工作中出现工作松懈、思想麻痹　　B. 牢固树立工匠精神

C. 保持并维护自己的正确立场不变　　D. 坚持原则、守住底线

E. 做好为消防事业献出生命的准备

20. 精益求精是指为了追求完美，坚持工匠精神，在工作中不放松对自己的要求。下列属于精益求精要求的有（　　）。

A. 追求完美的工作表现　　B. 树立终身学习的理念

C. 追求卓越的创新精神　　D. 追求精益求精的“工匠精神”

E. 不断提高自身的综合素质

21. 在火场中做到临危不乱需具备过硬的心理素质，下列训练中可锻炼心理素质的有（　　）。

A. 加强心理素质方面的训练　　B. 加强应急思维反应方面的训练

C. 加强临危处置方法方面的训练　　D. 掌握火灾的预防措施和发展规律

E. 制定火灾和应急处置预案

三、判断题

22. 以人为本是指在社会活动中把保障人的需求作为根本。（　　）

23. 生命至上是指人的利益高于一切。（　　）

24. 发生灾害事故时，把人民群众的财产安全放在第一位，全力抢救受困群众，防范次生灾害，努力减少人员伤亡。 （　）
25. 在生产、生活、学习等活动中，不遵守消防安全管理制度，不落实消防安全操作规程，是火灾事故发生或灾害扩大的主要原因。 （　）
26. 精益求精是消防设施操作员做好本职工作的客观基础和基本需要。 （　）
27. 消防设施操作员必须具备运用有关消防知识和技能，根据主观因素和客观环境做出正确职业判断的能力，掌握专业技术和科学处置的方法。 （　）
28. 提高快速反应能力是指一旦发生火灾事故和设备设施故障，应快速知情、快速决策、快速反应、快速应变，防止事态发展，防止隐患变灾难。 （　）

参考答案及解析

培训项目 1

一、单项选择题

1. 【答案】A

【解析】职业需具备下列特征：

（1）目的性。即职业活动以获得现金或实物等报酬为目的。

（2）社会性。即职业是从业人员在特定社会生活环境中所从事的一种与其他社会成员相互关联、相互服务的社会活动。

（3）稳定性。即职业在一定的历史时期内形成，并具有较长生命周期。

（4）规范性。即职业活动必须符合国家法律和社会道德规范。

（5）群体性。即职业必须具有一定的从业人数。

2. 【答案】B

【解析】职业需具备下列特征：

（1）目的性。即职业活动以获得现金或实物等报酬为目的。

（2）社会性。即职业是从业人员在特定社会生活环境中所从事的一种与其他社会成员相互关联、相互服务的社会活动。

（3）稳定性。即职业在一定的历史时期内形成，并具有较长生命周期。

（4）规范性。即职业活动必须符合国家法律和社会道德规范。

（5）群体性。即职业必须具有一定的从业人数。

3. 【答案】C

【解析】职业需具备下列特征：

（1）目的性。即职业活动以获得现金或实物等报酬为目的。

（2）社会性。即职业是从业人员在特定社会生活环境中所从事的一种与其他社会成员相互关联、相互服务的社会活动。

（3）稳定性。即职业在一定的历史时期内形成，并具有较长生命周期。

（4）规范性。即职业活动必须符合国家法律和社会道德规范。

（5）群体性。即职业必须具有一定的从业人数。

4. 【答案】D

【解析】职业需具备下列特征：

（1）目的性。即职业活动以获得现金或实物等报酬为目的。

（2）社会性。即职业是从业人员在特定社会生活环境中所从事的一种与其他社会成员相互关联、相互服务的社会活动。

（3）稳定性。即职业在一定的历史时期内形成，并具有较长生命周期。

（4）规范性。即职业活动必须符合国家法律和社会道德规范。

（5）群体性。即职业必须具有一定的从业人数。

5.【答案】D

【解析】职业需具备下列特征：

(1) 目的性。即职业活动以获得现金或实物等报酬为目的。

(2) 社会性。即职业是从业人员在特定社会生活环境中所从事的一种与其他社会成员相互关联、相互服务的社会活动。

(3) 稳定性。即职业在一定的历史时期内形成，并具有较长生命周期。

(4) 规范性。即职业活动必须符合国家法律和社会道德规范。

(5) 群体性。即职业必须具有一定的从业人数。

6.【答案】D

【解析】消防设施操作员的职业定义：从事建（构）筑物消防设施运行、操作和维修、保养、检测等工作的人员。

7.【答案】B

【解析】消防设施操作员主要工作任务有三项：一是值守消防控制室；二是操作、维修保养火灾自动报警、自动灭火系统等消防设施；三是检测火灾自动报警、自动灭火系统等消防设施。

8.【答案】C

【解析】《消防设施操作员国家职业技能标准》于2019年6月颁布，自2020年1月1日起实施。

9.【答案】D

【解析】《消防设施操作员国家职业技能标准》中将本职业设为五个等级，其中，消防设施监控操作职业方向分别为五级/初级工、四级/中级工、三级/高级工、二级/技师，消防设施检测维修保养职业方向分别为四级/中级工、三级/高级工、二级/技师、一级/高级技师。

10.【答案】A

【解析】根据道德的表现形式，人们通常把道德分为家庭美德、社会公德和职业道德三大领域。

11.【答案】C

【解析】职业纪律是从业者在岗位工作中必须遵守的规章、制度、条例等职业行为规范。例如，国家公务员必须廉洁奉公、甘当公仆，公安、司法人员必须秉公执法、铁面无私等。这些规定和纪律要求，都是从业者做好本职工作的必要条件。

12.【答案】B

【解析】职业荣誉是社会对从业者职业道德活动的价值所做出的褒奖和肯定评价，以及从业者在主观认识上对自己职业道德活动的一种自尊、自爱的荣辱意向。当一个从业者职业行为的社会价值赢得社会公认时，就会由此产生荣誉感；反之，会产生耻辱感。

13.【答案】D

【解析】职业作风是从业者在职业活动中表现出来的相对稳定的工作态度和职业风范。从业者在职业岗位中表现出来的尽职尽责、诚实守信、奋力拼搏、艰苦奋斗的作风等，都属于职业作风。诚实无欺属于职业良心。

14.【答案】A

【解析】爱岗敬业作为最基本的职业道德规范，是对人们工作态度的一种普遍要求，是中华民族传统美德和现代企业发展的要求。爱岗就是热爱自己的工作岗位、热爱本职工作，敬业就是要用一种恭敬严肃的态度对待自己的工作。

15.【答案】C

【解析】奉献社会就是积极自觉地为社会做贡献。

16.【答案】C

【解析】消防行业职业道德的特点：消防安全的责任性、工作标准的原则性、职业行为的指导性、规范从业的约束性。表现形式的多样性属于职业道德的特征。

17.【答案】A

【解析】消防行业职业道德是评价消防设施操作员职业行为好坏的标准，能够促使本人尽最大的能力把工作做好，树立良好的行业信誉。

18. 【答案】D

【解析】不断提高自身的职业技能和单位的火灾防控能力属于消防行业职业道德的特点。

19. 【答案】D

【解析】职业属性包括：①职业的社会属性。②职业的规范性。③职业的功利性。④职业的技术性和时代性。

二、多项选择题

20. 【答案】ABDE

【解析】职业道德的基本要素包括以下七项内容：职业理想、职业态度、职业义务、职业纪律、职业良心、职业荣誉、职业作风。

21. 【答案】ACDE

【解析】职业道德作为职业行为的准则之一，与其他职业行为准则相比，体现出以下六个特征：①鲜明的行业性。②适用范围上的有限性。③表现形式的多样性。④一定的强制性。⑤相对稳定性。⑥利益相关性。

22. 【答案】ACE

【解析】服务群众就是为人民群众服务。在社会生活中，人人都是服务对象，人人又都为他人服务。服务群众作为职业道德的基本规范，是对所有从业者的要求。社会主义市场经济条件下，要真正做到服务群众，首先，心中时时要有群众，始终把人民的根本利益放在心上；其次，要充分尊重群众，尊重群众的人格和尊严；最后，千方百计方便群众。

三、判断题

23. 【答案】正确

24. 【答案】正确

25. 【答案】错误

【解析】职业道德的基本要素包括以下七项内容：职业理想、职业态度、职业义务、职业纪律、职业良心、职业荣誉、职业作风。

26. 【答案】正确

27. 【答案】错误

【解析】诚实守信是做人的基本准则，也是社会道德和职业道德的一项基本规范。诚，就是真实不欺，言行和内心思想一致，不弄虚作假；信，就是真心实意地遵守、履行诺言。诚实守信就是真实无欺、遵守承诺和契约的品德及行为。诚实守信体现着道德操守和人格力量，也是具体行业立足的基础，具有很强的现实针对性。

28. 【答案】错误

【解析】职业理想是人们对职业活动目标的追求和向往，是人们的世界观、人生观、价值观在职业活动中的集中体现。它是形成职业态度的基础，是实现职业目标的精神动力。

培训项目 2

一、单项选择题

1. 【答案】A

【解析】职业守则是员工在生产经营活动中恪守的行为规范。

2. 【答案】D

【解析】消防设施操作员职业守则的内容是：以人为本，生命至上；忠于职守，严守规程；钻研业务，精益求精；临危不乱，科学处置。

3. 【答案】A

【解析】从消防工作来说，坚持以人为本就是要充分尊重和切实保障人民群众的生命权、财产权等法定权利，努力满足人民群众日益增长的消防安全需求。

4. 【答案】B

【解析】每一名消防设施操作员都必须把人民群众的生命安全作为一切工作的出发点和落脚点，从人权观、发展观、人本观的高度，认识生命与健康的价值，始终坚守消防安全红线。

5. 【答案】A

【解析】消防安全是每个人、每个单位和全社会的事，这就要求牢固树立安全发展理念，弘扬生命至上、安全第一的思想，把发展不能以牺牲人的生命为代价作为不可逾越的红线，以“安全第一”的价值观作为行动指南，坚决遏制重特大消防安全事故。

6.【答案】D

【解析】忠于职守是指以高度负责的职业道德精神，在本岗位上尽职尽责，时刻做好为消防事业献出生命的准备。

7.【答案】A

【解析】责任担当是指以强烈的责任心、敢于担当的使命感，把本职工作做好做细。

8.【答案】D

【解析】钻研业务是指在消防从业中刻苦钻研，深入探究并掌握火灾发生、发展的规律，以及防火、灭火的知识和技能。

9.【答案】D

【解析】一个人综合素质的高低，对做好本职工作起着决定性的作用。消防设施操作员是技术技能型人才，要具备丰富的理论知识、较强的实操能力，以及解决复杂问题的能力。因此，要树立明确的学习目标，持之以恒，苦练基本功，提高职业技能和专业技术能力，以适应工作需要。“干一行爱一行、专一行精一行”是追求完美的工作表现。

10.【答案】C

【解析】不论是成就自己的人生理想，还是担负时代的神圣使命，都应深入学习更高层次和更广泛的知识，努力做到“专”与“博”的统一。

11.【答案】B

【解析】树立终身学习的理念是指把学习作为人生永恒的追求，树立和践行终身学习观，不断拓宽知识面，更新知识结构，用正确、科学的方法将工作做到尽善尽美，胜任消防技术岗位的工作。

12.【答案】D

【解析】精益求精是指为了追求完美，坚持工匠精神，在工作中不放松对自己的要求。

13.【答案】C

【解析】“工匠精神”是踏实肯干的工作心态，不畏艰难的工作精神，勇于攀登的工作激情，核心是坚持不懈和精益求精。

14.【答案】A

【解析】临危不乱是指在遇到紧急情况时，可以先于他人意识到危险的存在，知道解决的方法，心情不慌乱，能够从容应对。

15.【答案】C

【解析】临危不乱是消防设施操作员应该具备的最基本的心理素质。

16.【答案】B

【解析】科学处置是指以减少火灾危害为前提，科学合理地选择有针对性的火灾处置措施，妥善处理各种险情。

二、多项选择题

17.【答案】ABC

【解析】营造以人为本的消防安全氛围。即广泛开展消防安全教育培训，增强广大人民群众的自防自救能力和火灾应急处置技能，营造人人关注消防、参与消防、全民防火的浓厚氛围，使人民群众有更大的安全感。

18.【答案】ABCE

【解析】严守规程是指严格按照国家消防安全的方针、政策、法律、条例、标准、规程和有关制度等进行操作。

19.【答案】BCD

【解析】严守规程的要求：

(1) 一丝不苟。在消防工作中必须严格遵守消防安全操作规程和制度，决不允许任何随心所欲的行为存在，坚决克服工作松懈、思想麻痹，牢固树立工匠精神，保持一丝不苟的精神状态，将各种消防安全隐患及时消灭在萌芽状态。

(2) 坚持原则。保持并维护自己的正确立场不变，严格按照国家有关消防法律法规、技术标准执业，坚持原则、守住底线，自觉抵制违章作业、弄虚作假、违章指挥等违法违纪行为。

20.【答案】ACD

【解析】精益求精的要求：①追求完美的工作表现。②追求精益求精的“工匠精神”。③追求卓越的创新精神。

21.【答案】ABC

【解析】过硬的心理素质，是指平时有针对性地加强心理素质、应急思维反应、临危处置方法等方面的训练，不断增强个人的应变能力。在遇到紧急情况时，能够克服各种危险因素刺激所带来的不良心理反应，情绪稳定、不慌、不惧，保持良好的观察、记忆、判断和思维能力。

三、判断题

22.【答案】正确

23.【答案】错误

【解析】生命至上是指人的生命高于一切。

24.【答案】错误

【解析】发生灾害事故时，把人民群众的生命安全放在第一位，全力抢救受困群众，防范次生灾害，努力减少人员伤亡。

25.【答案】正确

26.【答案】错误

【解析】钻研业务是消防设施操作员做好本职工作的客观基础和基本需要。

27.【答案】错误

【解析】消防设施操作员必须具备运用有关消防知识和技能，根据实践经验和客观环境做出正确职业判断的能力，掌握专业技术和科学处置的方法。

28.【答案】正确

培训模块二　消防工作概述

扫码听备考指导

重点提示

通过本模块的学习，要对消防工作的特点有所了解。掌握消防工作的性质和任务，以及政府、部门、单位及公民的消防安全职责。重点掌握消防工作的方针和原则。

培训项目 1　消防工作的性质和任务

一、单项选择题

1. 我国消防工作是一项由（　　）、部门依法监管、单位全面负责、公民积极参与、专业队伍与社会各方面协同、群防群治的预防和减少火灾危害，开展应急救援的公共消防安全的专门性工作。

A. 消防机构领导　　B. 企业统一领导

C. 政府统一领导　　D. 救援机构领导

2. 消防工作具有广泛的（　　），它涉及社会的各个领域、各行各业、千家万户。凡是有人员工作、生活的地方都有可能发生火灾。

A. 社会性　　B. 行政性

C. 经常性　　D. 技术性

3. 人们在生产、生活、工作和学习中都需要用火，稍有疏漏，就有可能酿成火灾。由此可证明消防工作具有（　　）。

A. 社会性　　B. 行政性　　C. 经常性　　D. 技术性

4. 消防工作具有社会性、（　　）、行政性和技术性等特点。

A. 偶然性　　B. 突发性

C. 经常性　　D. 必然性

5. （　　）可以为城乡建设，各类新建、扩建、改建建设工程，生产、储存、经营场所，住宅区的消防安全建设提供技术标准，为日常消防安全管理提供法律支撑。

A. 制定消防发展规划　　B. 制定消防法规和消防技术规范

C. 编制城乡消防建设规划　　D. 全面落实消防安全责任

6. （　　）是指切实把消防工作纳入国家、地方政府各个时期经济社会发展的总体规划，同步建设，同步发展，防止严重滞后，保障经济社会安全发展。

A. 制定消防发展规划　　B. 制定消防法规和消防技术规范

C. 编制城乡消防建设规划　　D. 全面落实消防安全责任

7. 按照国家有关消防安全“网格化”管理规定，将社区消防安全纳入综合治理平台，落实日常网格化管理工作，加强社区“（　　）”建设，提高社区火灾防控能力。

A. 微型消防站　　B. 网格消防站

C. 流动消防站　　D. 社区消防站

8. 下列火灾预防工作中属于开展全民消防宣传教育的是（　　）。

A. 开展日常消防安全检查巡查

B. 加强社区“微型消防站”建设，提高社区火灾防控能力

C. 以上课的形式对学生开展疏散逃生技能的消防宣传教育培训

D. 加强消防设施设备维护保养

9. 依照《中华人民共和国消防法》（以下简称《消防法》）的规定，（　　）以上地方人民政府应急管理部门对本行政区域内的消防工作实施监督管理，并由本级人民政府消防救援机构负责实施军事设施的消防工作，由其主管单位监督管理，消防救援机构协助。

A. 镇级　　B. 县级

C. 市级　　D. 省级

10. 依照《消防法》的规定，矿井地下部分、核电厂、海上石油天然气设施的消防工作，由其（　　）监督管理。

A. 消防救援机构　　B. 地方人民政府

C. 主管单位　　D. 市级以上人民政府

11. 对按照国家工程建设消防技术标准需要进行消防设计的建设工程，实行建设工程（　　）制度。

A. 消防设计审查验收　　B. 消防监督检查

C. 消防安全责任　　D. 消防安全巡查

12. 消防救援机构应当对机关、团体、企业、事业等单位遵守消防法律法规的情况依法进行（　　）。

A. 教育培训　　B. 安全协查

C. 辅助管理　　D. 监督检查

13. 举办大型群众性活动，承办人应当依法向（　　）申请安全许可。

A. 消防机构　　B. 人民政府

C. 公安机关　　D. 监督部门

二、判断题

14. 消防是指火灾预防和灭火救援的统称。（　　）

15. 火灾是一种不受时间、空间限制，发生频率很低的灾害，这种灾害随着人类用火的历史而伴生。（　　）

16. 要真正在全社会做到预防火灾发生，减少火灾危害，必须按照政府统一领导、部门依法监管、单位全面负责、公民积极参与的原则。（　　）

17. 国务院作为中央人民政府，领导全国的消防工作，使消防工作更好地保障我国社会主义现代化建设的顺利进行，具有主要的作用。（　　）

18. 消防工作的中心任务是专注灭火救援的工作开展，一旦发生火灾要做到“灭得了”，最大限度地减少火灾造成的人员伤亡和财产损失，全力保障人民群众安居乐业和经济社会安全发展。（　　）

19. 政府设计部门要将城乡公共消防设施建设纳入市政建设，加强日常维护管理，确保完好有效。（　　）

20. 新建、扩建、改建建设工程的建设、设计、施工、监理单位及政府监管部门，要严格执行国家法律法规、消防技术标准。（　　）

21. 公众聚集场所在投入使用、营业后，建设单位或者使用单位应当向场所所在地的市级以上地方人民政府消防救援机构申请消防安全检查。（　　）

22. 地方各级政府要针对本地区自然灾害发生规律和灾害种类，建立健全应急救援指挥体系。（　　）

23. 加强灾害事故预警监测的手段包括采用物联网、大数据、云计算、人工智能等现代信息技术。（　　）

培训项目 2　消防工作的方针和原则

一、单项选择题

1. 我国消防工作贯彻（　　）的方针。
   A. 以防为主，防消结合
   B. 预防为主，防消结合
   C. 专门机关和群众相结合
   D. 以防为主，以消为辅

2. 《消防法》规定，（　　）负责本行政区域内的消防工作。
   A. 国务院　　B. 地方各级人民政府
   C. 人民法院　　D. 教育部门

3. 依据国务院印发的《消防安全责任制实施办法》，下列对于各级人民政府消防工作职责描述不正确的是（　　）。
   A. 地方各级人民政府负责本行政区域内的消防工作
   B. 政府主要负责人为第一责任人
   C. 分管负责人为次要责任人
   D. 班子其他成员对分管范围内的消防工作负领导责任

4. 下列不属于县级以上地方各级人民政府消防工作职责的是（　　）。
   A. 贯彻执行国家法律法规和方针政策
   B. 全面负责本地区消防工作
   C. 确保消防工作与经济社会发展相适应
   D. 将消防安全的总体要求纳入城市总体规划

5. （　　）、单位、部门、公民四个方面都是消防工作的主体。
   A. 预防　　B. 灭火
   C. 政府　　D. 个人

6. （　　）是政府社会管理和公共服务的重要内容，是社会稳定、经济发展的重要保障，各级政府必须加强对消防工作的领导。
   A. 消防安全　　B. 职业道德
   C. 以人为本　　D. 预防为主

7. 政府有关部门在实施（　　）过程中，对消防安全进行监管，这是消防工作的社会化属性所决定的。
   A. 安全管理　　B. 社会管理

C. 行政管理　　D. 技术管理

8. 单位是社会的（　　），是消防安全责任体系中最直接的责任主体，负有最基础的管理责任，抓好了单位消防安全管理，就解决了消防工作的主要方面。

A. 基本单元　　B. 服务单元

C. 管理单元　　D. 行政单元

9. 下列不属于机关、团体、企业、事业等单位履行的职责的是（　　）。

A. 定期组织开展灭火和应急疏散演练，进行消防工作检查考核，保证各项规章制度落实

B. 组织员工进行岗前消防安全培训，定期组织消防安全培训和疏散演练

C. 定期开展防火检查、巡查，及时消除火灾隐患

D. 消防法律、法规、规章以及政策文件规定的其他职责

二、多项选择题

10. 我国消防工作的原则包括（　　）。

A. 政府统一领导　　B. 部门依法监管

C. 单位全面负责　　D. 公民积极参与

E. 促进社会和谐

11. 下列属于乡镇人民政府消防工作职责的有（　　）。

A. 建立消防安全组织，明确专人负责消防工作，制定消防安全制度，落实消防安全措施

B. 加大消防投入，保障消防事业发展所需经费

C. 安排必要的资金，用于公共消防设施建设和业务经费支出

D. 应当科学编制和严格落实城乡消防规划

E. 指导村（居）民委员会开展群众性的消防工作

三、判断题

12. 消防工作贯彻的方针是“预防为主、防消结合”。（　　）

13. 我国早在战国时期就提出了“救为上，防次之，戒为下”的思想。（　　）

14. 防消结合，是指把同火灾作斗争的两个基本手段——防火和灭火有机地结合起来，做到相辅相成、互相促进。（　　）

15. 《消防法》规定国务院领导全国的消防工作。（　　）

16. 《消防法》规定任何成年人都有维护消防安全、保护消防设施、预防火灾、报告火警的义务。（　　）

17. 《消防法》规定任何人都有参加有组织的灭火工作的义务。（　　）

18. 《消防法》规定进行电焊、气焊等具有火灾危险作业的人员如严格遵守消防安全操作规程时可不必持证上岗。（　　）

19. 《消防法》规定任何人发现火灾都应当立即报警。任何个人都应当无偿为报警提供便利，不得阻拦报警。严禁谎报火警。（　　）

20. 消防车前往执行火灾扑救或者应急救援任务时，其他车辆以及行人应当让行，在保证安全的情况下可以穿插超越。（　　）

21. 对个人违反《消防法》规定，应给予警告、罚款、行政拘留处罚，没收违法所得、停止执业或者吊销相应资质、资格。（　　）

参考答案及解析

培训项目 1

一、单项选择题

1.【答案】C

【解析】我国消防工作是一项由政府统一领导、部门依法监管、单位全面负责、公民积极参与、专业队伍与社会各方面协同、群防群治的预防和减少火灾危害，开展应急救援的公共消防安全的专门性工作。

2.【答案】A

【解析】消防工作具有广泛的社会性，它涉及社会的各个领域、各行各业、千家万户。凡是有人员工作、生活的地方都有可能发生火灾。

3.【答案】C

【解析】无论是春夏秋冬，还是白天黑夜，每时每刻都有可能发生火灾。人们在生产、生活、工作和学习中都需要用火，稍有疏漏，就有可能酿成火灾。因此，这就决定了消防工作具有经常性。

4.【答案】C

【解析】消防工作的长期实践表明，其具有以下特点：①社会性。②行政性。③经常性。④技术性。

5.【答案】B

【解析】制定消防法规和消防技术规范可以为城乡建设，各类新建、扩建、改建建设工程，生产、储存、经营场所，住宅区的消防安全建设提供技术标准，为日常消防安全管理提供法律支撑。

6.【答案】A

【解析】制定消防发展规划是指切实把消防工作纳入国家、地方政府各个时期经济社会发展的总体规划，同步建设，同步发展，防止严重滞后，保障经济社会安全发展。

7.【答案】A

【解析】按照国家有关消防安全“网格化”管理规定，将社区消防安全纳入综合治理平台，落实日常网格化管理工作，加强社区“微型消防站”建设，提高社区火灾防控能力。

8.【答案】C

【解析】采用多种方式，通过多种途径，对学生、单位从业人员、居民群众等全社会公民开展消防法律法规，防火、灭火基本常识，疏散逃生技能的消防宣传教育培训，全面提升公民消防安全素质。

9.【答案】B

【解析】依照《中华人民共和国消防法》的规定，县级以上地方人民政府应急管理部门对本行政区域内的消防工作实施监督管理，并由本级人民政府消防救援机构负责实施军事设施的消防工作，由其主管单位监督管理，消防救援机构协助。

10.【答案】C

【解析】依照《中华人民共和国消防法》的规定，矿井地下部分、核电厂、海上石油天然气设施的消防工作，由其主管单位监督管理。

11.【答案】A

【解析】对按照国家工程建设消防技术标准需要进行消防设计的建设工程，实行建设工程消防设计审查验收制度。

12.【答案】D

【解析】消防救援机构应当对机关、团体、企业、事业等单位遵守消防法律法规的情况依法进行监督检查。

13.【答案】C

【解析】举办大型群众性活动，承办人应当依法向公安机关申请安全许可。

二、判断题

14.【答案】正确

15.【答案】错误

【解析】火灾是一种不受时间、空间限

制，发生频率很高的灾害，这种灾害随着人类用火的历史而伴生。

16.【答案】正确

17.【答案】正确

18.【答案】错误

【解析】消防工作的中心任务是防范火灾发生，一旦发生火灾要做到“灭得了”，最大限度地减少火灾造成的人员伤亡和财产损失，全力保障人民群众安居乐业和经济社会安全发展。

19.【答案】错误

【解析】政府市政建设部门要将城乡公共消防设施建设纳入市政建设，加强日常维护管理，确保完好有效。

20.【答案】正确

21.【答案】错误

【解析】公众聚集场所在投入使用、营业前，建设单位或者使用单位应当向场所所在地的县级以上地方人民政府消防救援机构申请消防安全检查。

22.【答案】正确

23.【答案】正确

培训项目 2

一、单项选择题

1.【答案】B

【解析】消防工作贯彻“预防为主、防消结合”的方针。

2.【答案】B

【解析】《消防法》规定，地方各级人民政府负责本行政区域内的消防工作。

3.【答案】C

【解析】国务院办公厅印发的《消防安全责任制实施办法》（国办发〔2017〕87 号）（以下简称“国办 87 号文”）规定：地方各级人民政府负责本行政区域内的消防工作，政府主要负责人为第一责任人，分管负责人为主要责任人，班子其他成员对分管范围内的消防工作负领导责任。

4.【答案】D

【解析】县级以上地方各级人民政府消防工作职责：应当落实消防工作责任制，贯彻执行国家法律法规和方针政策，以及上级党委、政府关于消防工作的部署要求，全面负责本地区消防工作，将消防工作纳入经济社会发展总体规划，确保消防工作与经济社会发展相适应，督促所属部门和下级人民政府落实消防安全责任制，建立常态化火灾隐患排查整治机制，依法建立国家综合性消防救援队和政府专职消防队，组织领导火灾扑救和应急救援工作，组织制定灭火救援应急预案并组织开展演练，建立灭火救援社会联动和应急反应处置机制。将消防安全的总体要求纳入城市总体规划属于省、自治区、直辖市人民政府消防工作职责。

5.【答案】C

【解析】政府、单位、部门、公民四个方面都是消防工作的主体，只有各司其职、各负其责，才能保证消防工作顺利开展。

6.【答案】A

【解析】消防安全是政府社会管理和公共服务的重要内容，是社会稳定、经济发展的重要保障，各级政府必须加强对消防工作的领导。

7.【答案】C

【解析】政府有关部门在实施行政管理过程中，对消防安全进行监管，这是消防工作的社会化属性所决定的。

8.【答案】A

【解析】单位是社会的基本单元，是消防安全责任体系中最直接的责任主体，负有最基础的管理责任，抓好了单位消防安全管理，就解决了消防工作的主要方面。

9.【答案】B

【解析】组织员工进行岗前消防安全培训，定期组织消防安全培训和疏散演练属于消防安全重点单位需履行的职责。

二、多项选择题

10.【答案】ABCD

【解析】我国消防工作按照“政府统一领导、部门依法监管、单位全面负责、公民积极参与”的原则进行。

11.【答案】ACE

【解析】加大消防投入，保障消防事业发展所需经费是省、自治区、直辖市人民政府消防工作职责，故选项B错误；应当科学编制和严格落实城乡消防规划是市、县级人民政府消防工作职责，故选项D错误。

三、判断题

12.【答案】正确

13.【答案】错误

【解析】我国早在战国时期就提出了“防为上，救次之，戒为下”的思想。

14.【答案】正确

15.【答案】正确

16.【答案】错误

【解析】任何个人都有维护消防安全、保护消防设施、预防火灾、报告火警的义务。

17.【答案】错误

【解析】任何成年人都有参加有组织的灭火工作的义务。

18.【答案】错误

【解析】进行电焊、气焊等具有火灾危险作业的人员和自动消防系统的操作人员，必须持证上岗，并遵守消防安全操作规程。

19.【答案】正确

20.【答案】错误

【解析】消防车、消防艇前往执行火灾扑救或者应急救援任务，其他车辆、船舶以及行人应当让行，不得穿插超越。

21.【答案】正确

培训模块三　燃烧和火灾基本知识

扫码听备考指导

重点提示

通过本模块的学习，重点掌握燃烧的定义和条件、火灾的分类以及防火和灭火的基本方法与措施；同时还需要掌握燃烧的类型，烟气的危害性；火焰的构成、定义及特征，燃烧热和燃烧温度的定义与变化，火灾的定义，火灾的发展阶段及特点，火灾的蔓延方式，火灾发展的特殊现象；了解燃烧产物的定义、类型及毒性，火灾的危害，火灾蔓延途径，防火和灭火的基本原理。

培训项目 1　燃烧基础知识

一、单项选择题

1. 燃烧是指（　　）与氧化剂作用发生的放热反应，通常伴有火焰、发光和（或）烟气的现象。

A. 可燃物　　B. 易燃物

C. 助燃物　　D. 爆炸品

2. 物质处于固体状态而没有火焰的燃烧称为（　　）。

A. 有焰燃烧　　B. 无焰燃烧

C. 气相燃烧　　D. 表面燃烧

3. 通常将气相燃烧并伴有发光现象称为（　　）。

A. 有焰燃烧　　B. 无焰燃烧

C. 气相燃烧　　D. 表面燃烧

4. 燃烧过程的发生和发展都必须具备三个必要条件，这三个条件通常被称为“燃烧三要素”，其中不包括（　　）。

A. 助燃物　　B. 自由基

C. 可燃物　　D. 引火源

5. 凡与可燃物相结合能导致和支持燃烧的物质，称为助燃物（也称氧化剂）。以下（　　）不能被称为助燃物。

A. 氧气　　B. 液氯

C. 氟气　　D. 氮气

6. 自然界中的可燃物种类繁多，若按化学组成不同，可分为（　　）和无机可燃物两大类。

A. 有机可燃物　　B. 固体可燃物

C. 液体可燃物　　D. 气体可燃物

7. （　　）不是发生燃烧或持续燃烧的充分条件。

A. 一定数量的可燃物　　B. 一定含量的助燃物

C. 一定能量的引火源　　D. 链式反应的自由基

8. 按照燃烧发生瞬间的特点不同，燃烧分为着火和（　　）两种类型。

A. 引燃　　B. 自燃

C. 轰燃　　D. 爆炸

9. 在规定的试验条件下，物质在外部引火源作用下表面起火并持续燃烧一定时间所需的最低温度，称为（　　）。

A. 自燃点　　B. 闪点

C. 燃点　　D. 爆点

10. 某些物质具有自然生热而使自身温度升高的性质，物质自然生热达到一定温度时就会发生自燃，这类物质称为易发生自燃的物质。下列不属于油脂类物质的是（　　）。

A. 油布　　B. 涂料

C. 含油切屑　　D. 骨粉

11. 煤堆会产生热量积累，从而导致煤堆温度升高，当内部温度超过（　　）℃时，就会发生自燃。

A. 40　　B. 50

C. 60　　D. 80

12. 某些物质具有自然生热而使自身温度升高的性质，物质自然生热达到一定温度时就会发生自燃，这类物质称为易发生自燃的物质。下列不属于发酵放热物质的是（　　）。

A. 秸秆　　B. 果实

C. 草垛　　D. 煤堆

13. 可燃气体与空气组成的混合气体遇火源能否发生爆炸，与气体中的（　　）浓度有关。

A. 可燃气体　　B. 助燃气体

C. 氧气　　D. 氮气

14. 以下物质中，（　　）属于可燃性粉尘。

A. 面粉　　B. 氧化铁

C. 水泥　　D. 石英粉

15. 粉尘爆炸应具备一定的条件才会发生，（　　）不属于基本条件。

A. 粉尘本身要具有可燃性　　B. 粉尘为悬浮粉尘且达到爆炸极限

C. 有足以引起粉尘爆炸的引火源　　D. 粉尘处于敞开空间中

16. （　　）是指以亚音速传播的燃烧波。

A. 爆燃　　B. 爆轰

C. 爆炸　　D. 爆震

17. 发生（　　）时能在爆炸点引起极高压力，并产生超音速的冲击波。

A. 爆燃　　B. 爆轰　　C. 爆炸　　D. 爆破

18. 可燃的蒸汽、气体或粉尘与空气组成的混合物，遇火源即能发生爆炸的最低浓度，称为（　　）。

A. 爆炸下限　　B. 爆炸上限

C. 爆炸极限　　D. 最低点火能

19. 可燃的蒸汽、气体或粉尘与空气组成的混合物，遇火源即能发生爆炸的最高浓度，称为（　　）。

A. 爆炸下限　　B. 爆炸上限

C. 爆炸极限　　D. 最高点火能

20. 可燃的蒸汽、气体或粉尘与空气组成的混合物，遇火源即能发生爆炸的最高或最低浓度，称为（　　）。

A. 爆炸下限　　B. 爆炸上限

C. 爆炸极限　　D. 爆炸范围

21. （　　）是火灾中致死的主要燃烧产物之一，其毒性在于对血液中血红蛋白的高亲和力。

A. 二氧化碳　　B. 一氧化碳

C. 水蒸气　　D. 二氧化硫

22. （　　）是指物质高温分解或燃烧时产生的固体和液体微粒、气体，连同夹带和混入的部分空气形成的气流。

A. 空气冲击波　　B. 火羽流

C. 烟气　　D. 燃烧产物

23. 造成可燃物火灾爆炸危险性很大的原因有（　　）。

A. 爆炸极限大　　B. 爆炸下限高

C. 爆炸上限低　　D. 爆炸极限范围大

24. 以下物质的爆炸中，（　　）不属于物理爆炸。

A. 锅炉　　B. 油桶

C. 轮胎　　D. 氢弹

25. 爆炸极限在消防中的应用，主要体现作用不包括（　　）。

A. 评定可燃气体、液体蒸汽或粉尘等物质火灾爆炸危险性大小的主要指标

B. 确定厂房和仓库防火措施的依据

C. 确定可燃物最小点火能的依据

D. 确定可燃物的防爆、泄爆、抑爆、隔爆和抗爆措施

26. 引发爆炸事故的直接原因可归纳为机械、物质或环境的不安全状态和（　　）。

A. 生产设备原因　　B. 生产工艺原因

C. 物料原因　　D. 人的不安全行为

27. （　　）不是按燃烧物形态分类的。

A. 固体物质燃烧　　B. 液体物质燃烧

C. 金属物质燃烧　　D. 气体物质燃烧

28. 可燃固体受热后升华或熔化后蒸发，随后蒸汽与氧气发生的有焰燃烧现象，被称为（　　）。

A. 分解燃烧　　B. 蒸发燃烧

C. 表面燃烧　　D. 烟熏燃烧

29. 分子结构复杂的可燃固体，由于受热分解而产生可燃气体后发生的有焰燃烧现象，称为（　　）。

A. 分解燃烧　　B. 蒸发燃烧

C. 表面燃烧　　D. 烟熏燃烧

30. 可燃固体的燃烧反应是在其表面直接吸附氧气而发生的燃烧，称为（　　）。

A. 分解燃烧　　B. 蒸发燃烧

C. 表面燃烧　　D. 烟熏燃烧

31. 物质无可见光的缓慢燃烧，通常产生烟气并有温度升高的现象，称为（　　）。

A. 分解燃烧　　B. 蒸发燃烧

C. 表面燃烧　　D. 阴燃

32. 以下燃烧方式中，（　　）既属于固体物质燃烧又属于液体物质燃烧。

A. 分解燃烧　　B. 蒸发燃烧

C. 表面燃烧　　D. 沸溢燃烧

33. 可燃性液体挥发的蒸汽与空气混合达到一定浓度后，遇明火发生一闪即灭的燃烧现象，称为（　　）。

A. 闪燃　　B. 闪点

C. 沸溢　　D. 喷溅

34. 正在燃烧的油层下的水层因受热沸腾膨胀导致燃烧着的油品喷溅，使燃烧瞬间增大的现象，称为（　　）。

A. 沸溢　　B. 沸腾

C. 喷溅　　D. 升华

35. （　　）不是沸溢形成的条件。

A. 油品为重质油品且黏度较大　　B. 油品具有热波的特性

C. 油品含有乳化水　　D. 油罐出现振动

36. 储罐中含有水垫层的重质油品在燃烧过程中，当热波达到水垫层时，水垫层的水变成水蒸气，蒸汽冲破油层将燃烧着的油滴和包油的油汽抛向上空，向四周喷溅燃烧，这种现象称为（　　）。

A. 沸溢　　B. 沸腾

C. 喷溅　　D. 升华

37. 可燃性气体或蒸汽与气体氧化剂互相扩散，边混合边燃烧的现象，称为（　　）。

A. 混合燃烧　　B. 扩散燃烧

C. 预混燃烧　　D. 喷溅燃烧

38. 可燃气体或蒸汽预先同空气（或氧气）混合，遇引火源产生带有冲击力的燃烧现象，称为（　　）。

A. 混合燃烧　　B. 扩散燃烧

C. 预混燃烧　　D. 喷溅燃烧

39. 以下燃烧产物中，（　　）是不完全燃烧产物。

A. 二氧化碳　　B. 一氧化碳

C. 水蒸气　　D. 二氧化硫

40. 火灾中产生的烟气中含有的各种有毒气体，其浓度往往超过人的生理正常所允许的最高浓度，极易造成人员中毒死。这体现了火灾烟气的（　　）。

A. 毒害性　　B. 有害性

C. 窒息性　　D. 隔氧性

41. 二氧化碳在空气中的含量过高，会刺激人的呼吸系统，使呼吸加快，引起口腔及喉部肿胀，造成呼吸道阻塞，从而产生窒息。这体现了火灾烟气的（　　）。

A. 毒害性　　B. 刺激性

C. 窒息性　　D. 隔氧性

42. 烟气竖直上升速度比水平流动速度大，竖直方向烟气流动扩散速度为（　　）。

A. 0.1～0.3m/s　　B. 0.5～0.8m/s

C. 1～8m/s　　D. 1～4m/s

43.（　　）不是建筑内部烟气流动扩散的一般路线。

A. 着火房间→室外

B. 着火房间→走廊→楼梯间→上部各楼层→室外

C. 着火房间→相邻上层房间→室外

D. 着火房间→相邻下层房间→室外

44. 火灾时烟气卷吸周围空气所形成的混合烟气流称为（　　）。

A. 烟羽流　　B. 顶棚射流

C. 烟气层沉降　　D. 火风压

45. 当烟羽流撞击到房间的顶棚后，沿顶棚水平运动，形成一个较薄的烟气层，称为（　　）。

A. 烟羽流　　B. 顶棚射流

C. 烟气层沉降　　D. 火风压

46. 建筑物内发生火灾时，在起火房间内，由于温度上升，气体迅速膨胀，对楼板和四壁形成的压力称为（　　）。

A. 烟羽流　　B. 顶棚射流

C. 烟气层沉降　　D. 火风压

47.（　　）是指发光的气相燃烧区域，是可燃物在气相状态下发生燃烧的外部表现。

A. 火焰　　B. 外焰

C. 内焰　　D. 焰心

48. 凡与可燃物质相结合能导致和支持燃烧的物质称为（　　）。

A. 助燃物　　B. 可燃物

C. 燃烧产物　　D. 氧化物

49. 凡使物质开始燃烧的外部热源（能源），统称为（　　）。

A. 引火源　　B. 助燃物

C. 点火能　　D. 火源

50. 在规定的试验条件下，可燃性液体表面挥发的蒸汽在试验火焰作用下能够产生闪燃的最低温度称为（　　）。

A. 自燃点　　B. 闪点

C. 自燃　　D. 燃点

51. 闪点在消防上的应用，生产和储存火灾危险性为甲类的液体，其闪点（　　）。

A. ＞28℃　　B. ＜28℃

C. ≥28℃　　D. ≤28℃

52. 闪点在消防上的应用，生产和储存火灾危险性为丙类的液体，其闪点（　　）。

A. ＞28℃　　B. ＜60℃

C. ≥60℃　　D. ≤28℃

53. 温度、体积和压力等因素引起体积迅速膨胀，导致容器压力急剧增加，因超压或应力变化使容器发生爆炸，且在爆炸前后物质的性质及化学成分均不改变的现象，称为（ ）。

A. 物理爆炸　　B. 化学爆炸

C. 粉尘爆炸　　D. 核爆炸

54. 由于物质在瞬间急剧氧化或分解（即物质本身发生化学反应）导致温度、压力增加或两者同时增加而形成的爆炸，且爆炸前后物质的化学成分和性质均发生了根本的变化的现象，称为（ ）。

A. 物理爆炸　　B. 化学爆炸

C. 粉尘爆炸　　D. 核爆炸

55. 阴燃是（ ）物质燃烧特有的燃烧形式。

A. 固体　　B. 液体

C. 气体　　D. 固体、液体、气体

56. 可燃气体爆炸属于（ ）。

A. 物理爆炸　　B. 化学爆炸

C. 粉尘爆炸　　D. 炸药爆炸

57. 蒸汽锅炉爆炸属于（ ）。

A. 物理爆炸　　B. 化学爆炸

C. 气体爆炸　　D. 核爆炸

58. 在燃烧反应过程中，如果生成的燃烧产物不能再燃烧，称为（ ）。

A. 完全燃烧　　B. 不完全燃烧

C. 充分燃烧　　D. 猛烈燃烧

59. 在周围介质中瞬间形成高压的化学反应或状态变化，通常伴有强烈放热、发光和声响的现象，称为（ ）。

A. 爆燃　　B. 爆炸

C. 爆轰　　D. 爆破

60. 以下选项中，（ ）不是按照爆炸传播速率划分的。

A. 爆燃　　B. 爆轰　　C. 爆破　　D. 爆炸

二、多项选择题

61. 燃烧过程的发生和发展都必须具备（ ）必要条件，这些条件通常被称为“燃烧三要素”。

A. 助燃物　　B. 自由基

C. 可燃物　　D. 引火源

E. 链式反应

62. “燃烧三角形”与“燃烧四面体”都包含的燃烧要素有（ ）。

A. 可燃物　　B. 助燃物

C. 引火源　　D. 链式反应

E. 自由基

63. 着火又称起火，它是日常生产、生活中最常见的燃烧现象，与是否由外部热源引发无关，并以出现火焰为特征。可燃物着火一般有（ ）方式。

A. 引燃　　B. 自燃

C. 轰燃　　D. 爆燃

E. 爆炸

64. 根据热源不同，自燃可分为（　　）两种类型。

A. 自热自燃　　B. 化学自燃

C. 物理自燃　　D. 生物自燃

E. 受热自燃

65. 影响自燃发生的因素，主要有（　　）。

A. 产生热量的速率　　B. 通风效果

C. 物质周围环境的保温条件　　D. 可燃物的浓度或数量

E. 足够能量的引火源

66. 化学爆炸按照爆炸物质不同可分为（　　）。

A. 固体爆炸　　B. 液体爆炸

C. 气体爆炸　　D. 粉尘爆炸

E. 炸药爆炸

67. 爆炸按照产生的原因和性质不同可分为（　　）。

A. 物理爆炸　　B. 化学爆炸

C. 炸药爆炸　　D. 核爆炸

E. 电磁爆炸

68. 物质是否发生了燃烧反应，可根据（　　）特征来判断。

A. 发出光亮　　B. 化学反应

C. 释放烟气　　D. 放出热量

E. 链式反应

69. 以下物质的爆炸中，（　　）属于核爆炸。

A. 原子弹　　B. 钢瓶

C. 氢弹　　D. 中子弹

E. 天然气

70. 引发爆炸事故的原因有许多，其中（　　）属于机械、物质或环境的不安全状态这一原因。

A. 生产设备原因　　B. 生产用火不慎

C. 生产工艺原因　　D. 违规指挥生产

E. 物料原因

71. 根据固体物质的燃烧特性，其主要有（　　）燃烧方式。

A. 阴燃　　B. 闪燃

C. 分解燃烧　　D. 表面燃烧

E. 蒸发燃烧

72. 根据液体物质的燃烧特性，其主要有（　　）燃烧方式。

A. 闪燃　　B. 蒸发燃烧

C. 分解燃烧　　D. 沸溢燃烧

E. 喷溅燃烧

73. 根据气体物质燃烧过程的控制因素不同，其有（　　）方式。

A. 蒸发燃烧　　B. 分解燃烧

C. 沸溢燃烧　　D. 预混燃烧

E. 扩散燃烧

74. 以下燃烧产物中，（　　）是完全燃烧产物。

A. 二氧化碳　　B. 一氧化碳

C. 水蒸气　　D. 二氧化硫

E. 醇类

75. 火灾烟气的主要成分有（　　）。

A. 固体微粒　　B. 液体微粒

C. 热分解生成的气体　　D. 燃烧生成的气体

E. 水蒸气

三、判断题

76. 预混燃烧的特点是燃烧反应快，温度高，火焰传播速度快。（　　）

77. 发光的气相燃烧区域称为火焰，它是燃烧过程中最明显的标志。（　　）

78. 燃烧现象十分普遍，任何物质发生燃烧，都有一个由燃烧状态转向灰烬状态的过程。（　　）

79. 用“燃烧三角形”来表示有焰燃烧的必要条件非常确切。（　　）

80. 当某种可燃物受热，它不仅会汽化，而且其分子会发生热裂解作用，从而产生自由基。（　　）

81. 燃烧过程的发生和发展都必须具备三个必要条件，即可燃物、助燃物和引火源，具备了燃烧的必要条件，意味着燃烧必然发生。（　　）

82. 试验证明，各种不同的可燃物发生燃烧，均有本身固定的最低含氧量要求。低于这一浓度，即使燃烧的其他条件全部具备，燃烧仍然不会发生。（　　）

83. 无论何种形式的引火源，都必须达到一定的能量，即要有一定的温度和足够的热量才能引起燃烧反应，否则，燃烧不会发生。（　　）

84. 自燃点是衡量可燃物受热升温形成自燃危险性的依据，可燃物的自燃点越高，发生火灾的危险性就越大。（　　）

85. 自燃需要有适量的空气可供氧化，因为良好的通风条件又会造成自燃产生的热量损失，从而阻断自燃。（　　）

86. 在爆炸前后物质的性质及化学成分均不改变的现象，称为化学爆炸。（　　）

87. 爆炸前后物质的化学成分和性质均发生了根本的变化的现象，称为物理爆炸。（　　）

88. 能使单一气体发生爆炸的最低压力称为临界压力。（　　）

89. 氧化铁、水泥、石英粉、锯木屑、硫粉均属于难燃性粉尘。（　　）

90. 气体爆炸的破坏程度和爆炸威力比粉尘爆炸大。（　　）

91. 存在粉尘爆炸危险的工艺设备，应采用泄爆、抑爆和隔爆、抗爆中的一种或多种控爆方式，但不能单独采取隔爆。（　　）

92. 爆炸极限范围越大，爆炸下限越高，爆炸上限越低，爆炸危险性就越大。（　　）

93. 混合物的浓度低于下限或高于上限时，既不能发生爆炸，也不能发生燃烧。（　　）

94. 将生产中使用或产生爆炸下限小于10%的气体物质，划分为甲类生产。（　　）

95. 将生产中使用或产生爆炸下限不小于28%的气体，划分为乙类生产。（　　）

96. 爆炸性混合物的最低引爆能量越小，其燃爆危险性就越大，低于该能量，混合物就不会

爆炸。（　　）

97. 引发爆炸的原因中，违反操作规程、违章作业、随意改变操作控制条件，属于人的不安全行为。（　　）

98. 固体的蒸发燃烧是一个熔化、汽化、扩散、燃烧的连续过程，属于有焰的均相燃烧。（　　）

99. 可燃固体的燃烧往往只包含一种燃烧形式。（　　）

100. 同系物液体的闪点随其分子量的增加而升高，随其沸点的增加而升高。（　　）

101. 同系物液体的闪点随其密度的增加而升高，随其蒸气压的增加而升高。（　　）

102. 可燃气体的燃烧与固体、液体物质一样，需经熔化、分解、蒸发等变化过程，与氧化剂相互扩散混合，完成燃烧反应的准备阶段。（　　）

103. 由燃烧或热解作用而产生的全部物质，称为完全燃烧产物。（　　）

104. 可燃物质在燃烧过程中，如果生成的产物不能再燃，则称为完全燃烧，其产物为完全燃烧产物。（　　）

105. 当烟气弥漫时，可见光因受到烟粒子的遮蔽而大大减弱，能见度大大降低，这就是烟气的避光性。（　　）

106. 烟气在水平方向的流动扩散速度较小，竖直上升速度比水平流动速度大得多。（　　）

107. 烟囱效应是指在相对封闭的竖向空间内，由于气流对流而使烟气和热气流向上流动的现象。（　　）

108. 火风压是造成烟气向上蔓延的主要因素。（　　）

109. 对所有可燃物而言，其燃烧时形成的火焰由焰心、内焰、外焰三部分构成。（　　）

110. 在同样大小的火焰下，燃烧温度越高，向周围辐射出的热量就越多，火灾蔓延的速度就越快。（　　）

培训项目 2　火灾的定义和分类

一、单项选择题

1. 按可燃物的类型和燃烧特性不同，下列物质发生火灾属于 A 类火灾的是（　　）。

A. 木材　　B. 汽油　　C. 天然气　　D. 金属钾

2. 按可燃物的类型和燃烧特性不同，下列物质发生火灾属于 B 类火灾的是（　　）。

A. 粮食　　B. 石蜡

C. 煤气　　D. 金属钠

3. 按可燃物的类型和燃烧特性不同，下列物质发生火灾属于 C 类火灾的是（　　）。

A. 纸张　　B. 原油

C. 氢气　　D. 金属锂

4. 按可燃物的类型和燃烧特性不同，下列物质发生火灾属于 D 类火灾的是（　　）。

A. 棉布　　B. 沥青

C. 甲烷　　D. 铝镁合金

5. 按可燃物的类型和燃烧特性不同，下列物质发生火灾属于 E 类火灾的是（　　）。

A. 乙醇　　B. 乙烷

C. 镁　　D. 变压器

6. 按可燃物的类型和燃烧特性不同，下列物质发生火灾属于F类火灾的是（　　）。

A. 动物油　　B. 电饭煲

C. 金属钾　　D. 变压器

7. 造成30人以上死亡，或者100人以上重伤，或者1亿元以上直接财产损失的火灾属于（　　）。

A. 特别重大火灾　　B. 重大火灾

C. 较大火灾　　D. 一般火灾

8. 造成10人以上30人以下死亡，或者50人以上100人以下重伤，或者5000万元以上1亿元以下直接财产损失的火灾属于（　　）。

A. 特别重大火灾　　B. 重大火灾

C. 较大火灾　　D. 一般火灾

9. 造成3人以上10人以下死亡，或者10人以上50人以下重伤，或者1000万元以上5000万元以下直接财产损失的火灾属于（　　）。

A. 特别重大火灾　　B. 重大火灾

C. 较大火灾　　D. 一般火灾

10. 造成3人以下死亡，或者10人以下重伤，或者1000万元以下直接财产损失的火灾属于（　　）。

A. 特别重大火灾　　B. 重大火灾

C. 较大火灾　　D. 一般火灾

11. 我国火灾统计中引起火灾的直接原因有许多，（　　）火灾始终处于各种类型火灾的首位。

A. 电气　　B. 雷击

C. 吸烟　　D. 生产作业不慎

12. （　　）不属于电气引发的火灾。

A. 变压器火灾　　B. 照明灯具火灾

C. 烘烤不慎火灾　　D. 室内线路火灾

13. （　　）不属于生产作业不慎引发的火灾。

A. 切割作业过程中未采取有效防火措施　　B. 使用蚊香不慎引发火灾

C. 在易燃易爆的车间内动用明火　　D. 将性质相抵触的物品混合存放

14. （　　）不属于生活用火不慎引发的火灾。

A. 照明不慎引发火灾　　B. 烟囱本体引发火灾

C. 炉具故障及使用不当引发火灾　　D. 电暖器短路引发的火灾

二、多项选择题

15. 按可燃物的类型和燃烧特性不同，下列物质发生火灾属于A类火灾的有（　　）。

A. 木质办公桌　　B. 煤油

C. 氢气　　D. 金属钠

E. 棉被

16. 按可燃物的类型和燃烧特性不同，下列物质发生火灾属于B类火灾的有（　　）。

A. 煤油　　B. 水煤气

C. 黄磷　　D. 沥青
E. 金属钠

17. 按可燃物的类型和燃烧特性不同，下列物质发生火灾属于C类火灾的有（　　）。
A. 石脑油　　B. 硫化氢
C. 硝化棉　　D. 金属钙
E. 甲烷

18. 按可燃物的类型和燃烧特性不同，下列物质发生火灾属于D类火灾的有（　　）。
A. 甲苯　　B. 环氧乙烷
C. 绸布　　D. 铝粉
E. 镁粉

19. 按可燃物的类型和燃烧特性不同，下列物质发生火灾属于E类火灾的有（　　）。
A. 电暖气　　B. 电磁炉
C. 变压器　　D. 天然气
E. 铁制炒锅

20. 按可燃物的类型和燃烧特性不同，下列物质发生火灾属于F类火灾的有（　　）。
A. 炒锅内的花生油　　B. 储罐内的煤油
C. 平底锅内的芝麻油　　D. 储罐内的润滑油
E. 储罐内的石脑油

21. 以下火灾事故所造成的损失严重程度中，（　　）符合特别重大火灾判定。
A. 100人以上重伤　　B. 50人以上的烧伤
C. 30人以上死亡　　D. 1亿元以上直接财产损失
E. 1亿元以上间接财产损失

22. 以下火灾事故所造成的损失严重程度中，（　　）符合重大火灾判定。
A. 30人以上死亡
B. 10人以上30人以下死亡
C. 1000万元以上5000万元以下直接财产损失
D. 50人以上100人以下重伤
E. 5000万元以上1亿元以下直接财产损失

23. 以下火灾事故所造成的损失严重程度中，（　　）符合较大火灾判定。
A. 直接经济损失2000万元　　B. 造成了6人死亡
C. 造成了20人重伤　　D. 间接经济损失3500万元
E. 造成了10人死亡

24. 以下火灾事故所造成的损失严重程度中，（　　）符合一般火灾判定。
A. 造成了3人死亡　　B. 造成了2人死亡
C. 直接经济损失900万元　　D. 造成了10人重伤
E. 造成了8人重伤

25. 电气火灾按其发生在电力系统的位置不同分为（　　）。
A. 变电所火灾　　B. 焚烧杂物引起火灾
C. 电气设备火灾　　D. 电气线路火灾
E. 乱扔烟头引起火灾

26. （　　）是火灾危害的具体表现。

A. 导致人员伤亡　　B. 毁坏物质财产

C. 破坏生态环境　　D. 影响社会和谐稳定

E. 仅造成间接财产损失

三、判断题

27. B类火灾是指液体或可熔化的固体物质火灾。（　　）

28. 乙烷引起的火灾属于B类火灾。（　　）

29. 煤油引起的火灾属于C类火灾。（　　）

30. 在时间或空间上失去控制的燃烧，称为火灾。（　　）

31. 按火灾事故所造成的损失严重程度不同，火灾可划分为特别重大火灾、重大火灾、较大火灾和一般火灾四个等级。（　　）

32. 火灾事故所造成的损失严重程度中，所称的“以上”包括本数，“以下”不包括本数。（　　）

33. 火灾是各种自然与社会灾害中发生概率高、突发性强、破坏性大的一种灾害。（　　）

培训项目 3　建筑火灾的发生和发展过程

一、单项选择题

1. 下图中（　　）段是火灾初起阶段。

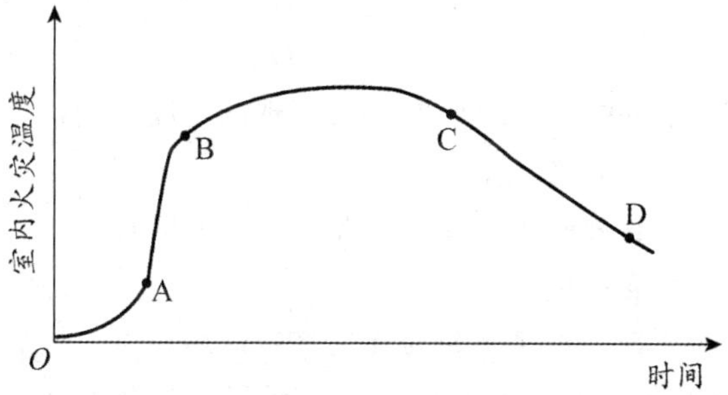

A. OA　　B. AB

C. BC　　D. CD

2. 下图中（　　）段是火灾成长发展阶段。

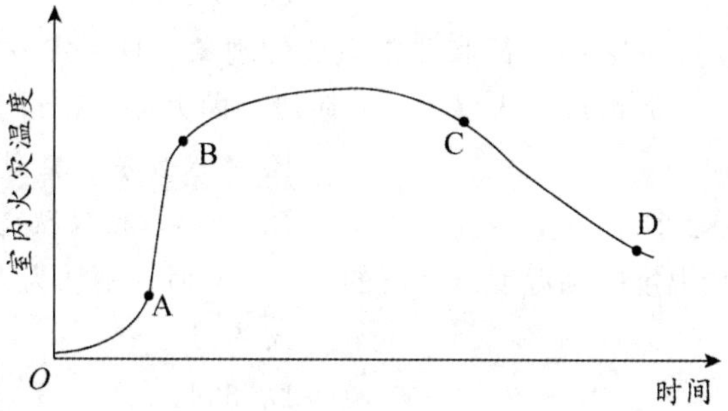

A. OA　　B. AB

C. BC　　D. CD

3. 下图中（　　）段是火灾猛烈燃烧阶段。

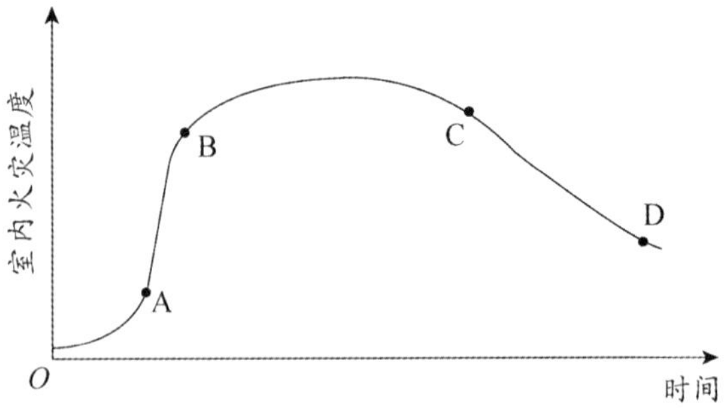

A. OA　　　　B. AB

C. BC　　　　D. CD

4. 下图中（　　）段是火灾衰减熄灭阶段。

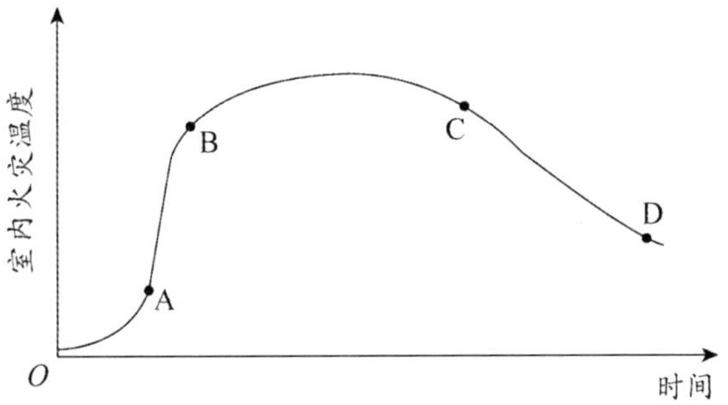

A. OA　　　　B. AB

C. BC　　　　D. CD

5. 关于火灾初起阶段的描述中，（　　）是不会出现的情况。

A. 最初着火的可燃物燃尽而终止

B. 可燃物燃尽后，具有良好的通风条件，火灾可再次发展

C. 通风不足，火灾可能自行熄灭

D. 受通风供氧条件的支配，以缓慢的燃烧速度继续燃烧

6. 整个房间都充满了火焰，房间内所有可燃物表面部分都卷入火灾之中，使火灾转化为一种极为猛烈的燃烧，即产生了（　　）。

A. 轰燃　　　　B. 回燃

C. 闪燃　　　　D. 阴燃

7. 轰燃是一般室内火灾最显著的特征和非常重要的现象，是火灾发展的重要转折点，它标志着室内火灾从（　　）阶段进入（　　）阶段，即火灾发展到了不可控制的程度。

A. 初起，成长发展　　　　B. 成长发展，猛烈燃烧

C. 猛烈燃烧，衰减熄灭　　　　D. 初起，猛烈燃烧

8. 一般来说，室内平均温度降到温度最高值的（　　）时，则认为火灾进入衰减熄灭阶段。

A. 90%　　　　B. 80%

C. 70%　　　　D. 60%

9. 某一空间内，所有可燃物的表面全部卷入燃烧的瞬变过程，称为（　　）。

A. 轰燃　　　　B. 回燃

C. 闪燃　　　　D. 阴燃

10. 当室内通风不良、燃烧处于缺氧状态时，由于氧气的引入导致热烟气发生的爆炸性或快速的燃烧现象，称为（　　）。

A. 轰燃　　B. 回燃

C. 闪燃　　D. 阴燃

11. 建筑火灾蔓延是通过（　　）进行的，传热是火灾中的一个重要因素，它对火灾的引燃、扩大、传播、衰退和熄灭都有影响。

A. 热传导　　B. 热辐射

C. 热对流　　D. 热传播

12. （　　）是指物体一端受热，通过物体的分子热运动，把热量从温度较高一端传递到温度较低一端的过程。

A. 热传导　　B. 热辐射

C. 热对流　　D. 热传播

13. 以电磁波形式传递热能的现象，叫做（　　）。

A. 热传播　　B. 热对流

C. 热传导　　D. 热辐射

14. 热辐射是指物体以（　　）形式传递热能的现象。

A. 光波　　B. 电磁波

C. 介质流动　　D. 物体接触

15. （　　）是指流体各部分之间发生的相对位移，冷热流体相互掺混引起热量传递的现象。

A. 热传播　　B. 热对流

C. 热传导　　D. 热辐射

16. 根据引起热对流的原因和流动介质不同，（　　）不属于热对流。

A. 自然对流　　B. 强制对流

C. 气体对流　　D. 液体对流

17. （　　）不是建筑火灾沿水平方向蔓延的途径。

A. 通过内墙门蔓延　　B. 通过隔墙蔓延

C. 通过吊顶蔓延　　D. 通过楼梯间蔓延

二、多项选择题

18. 火灾初起阶段的特点有（　　）。

A. 火灾持续时间只取决于引火源的类型

B. 火灾发展速度较慢，供氧相对充足，火势不够稳定

C. 在燃烧区域及附近存在高温，室内平均温度低，室内温差大

D. 燃烧面积不大，仅限于初始起火点附近

E. 火灾持续时间只取决于可燃物性质和分布

19. 火灾猛烈燃烧阶段的特点有（　　）。

A. 室内可燃物已被全面引燃，燃烧速度急剧加快

B. 高温烟火从房间的门、窗等开口处向外大量喷出

C. 火灾以辐射、对流、传导方式进行扩散蔓延

D. 火灾蔓延到建筑物的其他部位，使邻近区域受到火势的威胁

E. 在燃烧区域及附近存在高温，室内平均温度低，室内温差大

20. 轰燃的危害性主要体现在（　　）方面。

A. 热烟气层突然下降且距离地面很近

B. 增加了火灾扑灭难度

C. 对人员疏散逃生危害大

D. 能导致建筑坍塌

E. 易加速火势蔓延

21. 在起火的建筑物内，火由起火房间转移到其他房间再蔓延到毗邻建筑的过程，主要是靠可燃构件的（　　）方式实现的。

A. 直接燃烧

B. 热传导

C. 热辐射

D. 热对流

E. 轰燃

22. （　　）是建筑火灾沿竖直方向蔓延的途径。

A. 通过楼梯间蔓延

B. 通过电梯井蔓延

C. 通过吊顶蔓延

D. 通过空调系统管道蔓延

E. 通过窗口向下层蔓延

三、判断题

23. 火灾成长发展阶段是灭火的最佳时机，故应争取及早发现，把火灾消灭在起火点。（　　）

24. 初起阶段时间持续越长，就有更多的机会发现火灾和灭火，更有利于人员安全疏散撤离。（　　）

25. 轰燃是火灾的一个阶段，其中包含室内温度、燃烧范围、气体浓度等参数的剧烈变化。（　　）

26. 热传导是固体物质被部分加热时内部的传热形式。（　　）

27. 热辐射不需要通过任何介质，不受气流、风速、风向的影响，通过真空也能进行热传播。（　　）

28. 固体、液体、气体都能把热以电磁波的形式辐射出去，但不能吸收别的物体辐射出来的热能。（　　）

29. 通过热传导蔓延扩大的火灾，其规模是无限的。（　　）

培训项目 4　防火和灭火的基本原理

一、单项选择题

1. （　　）不是防火的基本方法。

A. 控制可燃物

B. 隔绝助燃物

C. 控制和消除引火源

D. 中断燃烧链式反应

2. 以下防火的措施中，（　　）不属于控制可燃物这一基本方法。

A. 用不燃或难燃材料代替可燃材料

B. 限制可燃物质储运量

C. 采用隔绝空气等特殊方法储存

D. 将可燃物与化学性质相抵触的其他物品隔离分开保存

3. 以下防火的措施中，（　　）不属于隔绝助燃物这一基本方法。
   A. 充装惰性气体保护生产或储运有爆炸危险物品的容器、设备
   B. 消除和控制明火源
   C. 采用隔绝空气等特殊方法储存某些易燃易爆危险物品
   D. 隔离与酸、碱、氧化剂等接触能够燃烧爆炸的可燃物和还原剂
4. 以下防火的措施中，（　　）不属于控制和消除引火源这一基本方法。
   A. 降低可燃气体、蒸汽和粉尘等可燃物质在空气中的浓度
   B. 防止撞击火星和控制摩擦生热
   C. 安装避雷、接地设施，防止雷击
   D. 防止日光照射和聚光作用
5. 以下防火的措施中，（　　）不属于避免相互作用这一基本方法。
   A. 在能形成爆炸介质的场所，设置泄压门窗、轻质屋盖
   B. 防止和控制高温物体
   C. 在气体管道上安装阻火器、安全液封、水封井
   D. 在建筑之间设置防火间距，建筑物内设置防火分隔设施
6. （　　）不是灭火的基本原理。
   A. 中断燃烧链式反应　　B. 阻止火势蔓延扩散
   C. 控制和消除引火源　　D. 降低燃烧物温度
7. （　　）是指将燃烧物的温度降至物质的燃点或闪点以下，使燃烧停止。
   A. 冷却灭火法　　B. 窒息灭火法
   C. 隔离灭火法　　D. 化学抑制灭火法
8. （　　）是指通过隔绝空气，消除助燃物，使燃烧区内的可燃物质无法获得足够的氧化剂助燃，从而使燃烧停止。
   A. 冷却灭火法　　B. 窒息灭火法
   C. 隔离灭火法　　D. 化学抑制灭火法
9. （　　）是指将正在燃烧的物质与火源周边未燃烧的物质进行隔离或移开，中断可燃物的供给，无法形成新的燃烧条件，阻止火势蔓延扩大，使燃烧停止。
   A. 冷却灭火法　　B. 窒息灭火法
   C. 隔离灭火法　　D. 化学抑制灭火法
10. （　　）是指使灭火剂参与到燃烧反应过程中，抑制自由基的产生或降低火焰中的自由基浓度，中断燃烧的链式反应。
   A. 冷却灭火法　　B. 窒息灭火法
   C. 隔离灭火法　　D. 化学抑制灭火法
11. 以下灭火剂中，（　　）不具有化学抑制的作用。
   A. 七氟丙烷灭火剂　　B. 六氟丙烷灭火剂
   C. 干粉灭火剂　　D. 二氧化碳灭火剂

二、多项选择题

12. 以下防火措施中，（　　）属于控制可燃物这一基本方法。
   A. 密闭有可燃介质的容器、设备
   B. 防止日光照射和聚光作用

C. 用难燃材料代替可燃材料

D. 加强通风以降低可燃气体在空气中的浓度

E. 限制可燃物质储运量

13. 以下防火措施中，（　　）属于隔绝助燃物这一基本方法。

A. 充装惰性气体保护生产或储运有爆炸危险物品的容器、设备

B. 电暖器等取暖设施与可燃物之间采取防火隔热措施

C. 采用隔绝空气等特殊方法储存某些易燃易爆危险物品

D. 密闭有可燃介质的容器、设备

E. 隔离与酸、碱、氧化剂等接触能够燃烧爆炸的可燃物和还原剂

14. 以下防火措施中，（　　）属于控制和消除引火源这一基本方法。

A. 充装惰性气体保护生产或储运有爆炸危险物品的容器

B. 采用隔绝空气等特殊方法储存某些易燃易爆危险物品

C. 电暖器、炉火等取暖设施与可燃物之间采取防火隔热措施

D. 设置火星熄灭装置和静电消除装置

E. 降低可燃气体、蒸汽和粉尘等可燃物质在空气中的浓度

15. 以下防火措施中，（　　）属于避免相互作用这一基本方法。

A. 电暖器、炉火等取暖设施与可燃物之间采取防火隔热措施

B. 在建筑之间设置防火间距，建筑物内设置防火分隔设施

C. 在气体管道上安装阻火器、安全液封、水封井

D. 在压力容器设备上安装防爆膜（片）、安全阀

E. 需要动火施工的区域与使用、营业区之间进行防火分隔

16. （　　）是冷却法灭火的主要措施。

A. 向燃烧对象喷洒干粉、泡沫、二氧化碳等灭火剂覆盖燃烧物

B. 向火源附近的未燃烧物不间断地喷水降温

C. 将开花水、喷雾水直接喷射到燃烧物上

D. 湿棉被等不燃或难燃物覆盖燃烧物

E. 对于物体带电燃烧的火灾可喷射二氧化碳灭火剂冷却降温

17. （　　）是窒息法灭火的主要措施。

A. 用灭火毯、沙土等不燃或难燃物覆盖燃烧物

B. 封闭起火建筑、设备和孔洞

C. 向着火的空间灌注非助燃气体

D. 向燃烧对象喷洒干粉、泡沫等灭火剂覆盖燃烧物

E. 用难燃或不燃物体遮盖受火势威胁的可燃物质

18. （　　）属于隔离法灭火的主要措施。

A. 将火源周边未着火物质搬移到安全处

B. 拆除与火源相连接或毗邻的建（构）筑物

C. 用沙土等堵截流散的燃烧液体

D. 用灭火毯、沙土、水泥、湿棉被等不燃或难燃物覆盖燃烧物

E. 封闭起火建筑、设备和孔洞

三、判断题

19. 灭火的基本方法主要有冷却灭火法、窒息灭火法、隔离灭火法和化学抑制灭火法四种。（　　）

参考答案及解析

培训项目 1

一、单项选择题

1. 【答案】A
【解析】燃烧是指可燃物与氧化剂作用发生的放热反应，通常伴有火焰、发光和（或）烟气的现象。

2. 【答案】B
【解析】通常将气相燃烧并伴有发光现象称为有焰燃烧，物质处于固体状态而没有火焰的燃烧称为无焰燃烧。

3. 【答案】A
【解析】通常将气相燃烧并伴有发光现象称为有焰燃烧，物质处于固体状态而没有火焰的燃烧称为无焰燃烧。

4. 【答案】B
【解析】燃烧过程的发生和发展都必须具备三个必要条件，即可燃物、助燃物和引火源，这三个条件通常被称为“燃烧三要素”。

5. 【答案】D
【解析】通常燃烧过程中的助燃物是氧，它包括游离的氧或化合物中的氧。此外，某些物质也可作为燃烧反应的助燃物，如氯、氟、氯酸钾等。

6. 【答案】A
【解析】自然界中的可燃物种类繁多，按化学组成不同，可分为有机可燃物和无机可燃物两大类；按物理状态不同，可分为固体可燃物、液体可燃物和气体可燃物三大类。

7. 【答案】D
【解析】要使燃烧发生或持续燃烧的充分条件是：①一定数量或浓度的可燃物。②一定含量的助燃物。③一定能量的引火源。④相互作用。选项 D 是燃烧的必要条件之一。

8. 【答案】D
【解析】按照燃烧发生瞬间的特点不同，燃烧分为着火和爆炸两种类型。

9. 【答案】C
【解析】在规定的试验条件下，物质在外部引火源作用下表面起火并持续燃烧一定时间所需的最低温度，称为燃点。

10. 【答案】C
【解析】油脂类物质如动植物油类、棉籽、油布、涂料、炸油渣、骨粉、鱼粉和废蚕丝等。含油切屑为其他氧化放热物质。

11. 【答案】C
【解析】煤堆会产生热量积累，从而导致煤堆温度升高，当内部温度超过 60℃时，就会发生自燃。

12. 【答案】D
【解析】发酵放热物质主要包括植物秸秆、果实，稻草等。这类物质发生自燃的原因是微生物作用、物理作用和化学作用，它们是彼此相连的三个阶段。

13. 【答案】A
【解析】可燃气体与空气组成的混合气体遇火源能否发生爆炸，与气体中的可燃气体浓度有关。

14. 【答案】A
【解析】可燃性粉尘是指在大气条件下能与气态氧化剂（主要是空气）发生剧烈氧化反应的粉尘、纤维或飞絮，如淀粉、小麦粉、糖粉、可可粉、硫粉、锯木屑、皮革屑等属于可燃性粉尘。

15. 【答案】D

【解析】粉尘处于受限空间。当粉尘在封闭、半封闭的设备设施及场所或建筑物等受限空间内悬浮，一旦被引火源引燃，受限空间内的温度和压力将迅速升高，从而引起爆炸。

16.【答案】A

【解析】爆燃是指以亚音速传播的燃烧波。

17.【答案】B

【解析】发生爆轰时能在爆炸点引起极高压力，并产生超音速的冲击波。爆轰又称爆震。

18.【答案】A

【解析】可燃的蒸汽、气体或粉尘与空气组成的混合物，遇火源即能发生爆炸的最低浓度，称为爆炸下限。

19.【答案】B

【解析】可燃的蒸汽、气体或粉尘与空气组成的混合物，遇火源即能发生爆炸的最高浓度，称为爆炸上限。

20.【答案】C

【解析】可燃的蒸汽、气体或粉尘与空气组成的混合物，遇火源即能发生爆炸的最高或最低浓度，称为爆炸极限。

21.【答案】B

【解析】一氧化碳是火灾中致死的主要燃烧产物之一，其毒性在于对血液中血红蛋白的高亲和力。

22.【答案】C

【解析】烟气是指物质高温分解或燃烧时产生的固体和液体微粒、气体，连同夹带和混入的部分空气形成的气流。

23.【答案】D

【解析】爆炸极限范围越大，爆炸下限越低，爆炸上限越高，爆炸危险性就越大。

24.【答案】D

【解析】锅炉爆炸是典型的物理爆炸，液化石油气钢瓶受热爆炸以及油桶或轮胎爆炸等均属于物理爆炸。氢弹属于核爆炸。

25.【答案】C

【解析】最低引爆能量又称最小点火能量，是指在一定条件下，每一种爆炸性混合物的起爆最小点火能量，与爆炸极限无关。

26.【答案】D

【解析】引发爆炸事故的直接原因可归纳为两大方面：机械、物质或环境的不安全状态和人的不安全行为。

27.【答案】C

【解析】按燃烧物形态不同，燃烧分为固体物质燃烧、液体物质燃烧和气体物质燃烧。选项 C 只是固体物质燃烧的一种。

28.【答案】B

【解析】可燃固体受热后升华或熔化后蒸发，随后蒸汽与氧气发生的有焰燃烧现象，被称为蒸发燃烧。

29.【答案】A

【解析】分子结构复杂的可燃固体，由于受热分解而产生可燃气体后发生的有焰燃烧现象，称为分解燃烧。

30.【答案】C

【解析】可燃固体的燃烧反应是在其表面直接吸附氧气而发生的燃烧，称为表面燃烧。

31.【答案】D

【解析】物质无可见光的缓慢燃烧，通常产生烟气并有温度升高的现象，称为阴燃。

32.【答案】B

【解析】根据固体物质的燃烧特性，其主要有阴燃、蒸发燃烧、分解燃烧和表面燃烧四种燃烧方式；根据液体物质的燃烧特性，其主要有闪燃、蒸发燃烧、沸溢燃烧和喷溅燃烧四种燃烧方式。由此可见，蒸发燃烧既属于固体物质燃烧又属于液体物质燃烧。

33.【答案】A

【解析】可燃性液体挥发的蒸汽与空气混合达到一定浓度后，遇明火发生一闪即灭的燃烧现象，称为闪燃。

34.【答案】A

【解析】正在燃烧的油层下的水层因受热

沸腾膨胀导致燃烧着的油品喷溅，使燃烧瞬间增大的现象，称为沸溢。

35. 【答案】D

【解析】沸溢形成必须具备以下三个条件：一是油品为重质油品且黏度较大；二是油品具有热波的特性；三是油品含有乳化水。选项D为沸溢的典型征兆。

36. 【答案】C

【解析】储罐中含有水垫层的重质油品在燃烧过程中，随着热波温度的逐渐升高，热波向下传播的距离也不断加大。当热波达到水垫层时，水垫层的水变成水蒸气，蒸汽体积迅速膨胀，当形成的蒸汽压力大到足以把水垫层上面的油层抬起时，蒸汽冲破油层将燃烧着的油滴和包油的油汽抛向上空，向四周喷溅燃烧，这种现象称为喷溅燃烧。

37. 【答案】B

【解析】可燃性气体或蒸汽与气体氧化剂互相扩散，边混合边燃烧的现象，称为扩散燃烧。

38. 【答案】C

【解析】可燃气体或蒸汽预先同空气（或氧气）混合，遇引火源产生带有冲击力的燃烧现象，称为预混燃烧。

39. 【答案】B

【解析】可燃物质在燃烧过程中，如果生成的产物还能继续燃烧，则称为不完全燃烧，其产物为不完全燃烧产物，例如一氧化碳、醇类、醛类、醚类等。

40. 【答案】A

【解析】毒害性是指火灾中产生的烟气中含有的各种有毒气体，其浓度往往超过人的生理正常所允许的最高浓度，极易造成人员中毒死。

41. 【答案】C

【解析】窒息性是指二氧化碳在空气中的含量过高，会刺激人的呼吸系统，使呼吸加快，引起口腔及喉部肿胀，造成呼吸道阻塞，从而产生窒息。

42. 【答案】C

【解析】水平方向烟气流动扩散速度，在火灾初期为0.1～0.3m/s，在火灾中期为0.5～0.8m/s；而在竖直方向烟气流动扩散速度可达1～8m/s。

43. 【答案】D

【解析】建筑内部烟气流动扩散一般有三条路线：第一条路线为着火房间→走廊→楼梯间→上部各楼层→室外；第二条路线为着火房间→室外；第三条路线为着火房间→相邻上层房间→室外。

44. 【答案】A

【解析】火灾时烟气卷吸周围空气所形成的混合烟气流，称为烟羽流。

45. 【答案】B

【解析】当烟羽流撞击到房间的顶棚后，沿顶棚水平运动，形成一个较薄的顶棚射流层，称为顶棚射流。

46. 【答案】D

【解析】火风压是指建筑物内发生火灾时，在起火房间内，由于温度上升，气体迅速膨胀，对楼板和四壁形成的压力。

47. 【答案】A

【解析】火焰俗称火苗，是指发光的气相燃烧区域，是可燃物在气相状态下发生燃烧的外部表现。

48. 【答案】A

【解析】凡与可燃物质相结合能导致和支持燃烧的物质称为助燃物。

49. 【答案】A

【解析】凡使物质开始燃烧的外部热源（能源），统称为引火源（也称点火源）。

50. 【答案】B

【解析】在规定的试验条件下，可燃性液体表面挥发的蒸汽在试验火焰作用下发生闪燃的最低温度称为闪点。

51. 【答案】B

【解析】液体生产及储存场所的火灾危险性为甲类的液体，其闪点＜28℃。

52. 【答案】C

【解析】液体生产及储存场所的火灾危险性为丙类的液体，其闪点≥60℃。

53. 【答案】A

【解析】由于物理变化（温度、体积和压力等因素的变化）引起体积迅速膨胀，导致容器压力急剧增加，因超压或应力变化使容器发生爆炸，且在爆炸前后物质的性质及化学成分均不改变的现象，称为物理爆炸。

54. 【答案】B

【解析】由于物质在瞬间急剧氧化或分解（即物质本身发生化学反应）导致温度、压力增加或两者同时增加而形成的爆炸，且爆炸前后物质的化学成分和性质均发生了根本的变化的现象，称为化学爆炸。

55. 【答案】A

【解析】阴燃是在燃烧条件不充分的情况下发生的缓慢燃烧，是固体物质特有的燃烧形式。

56. 【答案】B

【解析】化学爆炸按照爆炸物质不同，分为气体爆炸、粉尘爆炸和炸药爆炸。可燃气体爆炸，其爆炸前后物质的化学成分和性质均发生了根本的变化。

57. 【答案】A

【解析】锅炉爆炸属于典型的物理爆炸，其原因是过热的水迅速蒸发出大量蒸汽，使蒸汽压力不断升高，当压力超过锅炉的耐压强度时，就会发生爆炸。

58. 【答案】A

【解析】可燃物质在燃烧过程中，如果生成的产物不能再燃烧，则称为完全燃烧，其产物为完全燃烧产物。

59. 【答案】B

【解析】在周围介质中瞬间形成高压的化学反应或状态变化，通常伴有强烈放热、发光和声响的现象，称为爆炸。

60. 【答案】C

【解析】按照爆炸传播速率不同，化学爆炸可分为爆燃、爆炸和爆轰。

二、多项选择题

61. 【答案】ACD

【解析】燃烧过程的发生和发展都必须具备三个必要条件，即可燃物、助燃物和引火源，这三个条件通常被称为“燃烧三要素”。

62. 【答案】ABC

【解析】可燃物、助燃物和引火源，这三个条件通常被称为“燃烧三要素”；“燃烧四面体”即有焰燃烧，包括可燃物、助燃物、引火源和链式反应四个要素。

63. 【答案】AB

【解析】着火又称起火，它是日常生产、生活中最常见的燃烧现象，与是否由外部热源引发无关，并以出现火焰为特征。可燃物着火一般有引燃和自燃两种方式。

64. 【答案】AE

【解析】根据热源不同，自燃分为两种类型：一种是自热自燃，一种是受热自燃。

65. 【答案】ABC

【解析】影响自燃发生的因素主要有以下三种：一是产生热量的速率；二是通风效果；三是物质周围环境的保温条件。

66. 【答案】CDE

【解析】化学爆炸按照爆炸物质不同，分为气体爆炸、粉尘爆炸和炸药爆炸。

67. 【答案】ABD

【解析】爆炸按照产生的原因和性质不同，分为物理爆炸、化学爆炸和核爆炸。

68. 【答案】ABD

【解析】物质是否发生了燃烧反应，可根据“化学反应、放出热量、发出光亮”这三个特征来判断。

69. 【答案】ACD

【解析】由于原子核发生裂变或聚变反应，释放出核能所形成的爆炸，称为核爆炸。例如，原子弹、氢弹、中子弹的爆炸就属于核爆炸。

70. 【答案】ACE

【解析】由机械、物质或环境的不安全状态引发爆炸事故的原因主要有以下三个方面：生产设备原因；生产工艺原因；物料原因。选项 B、D 属于人的不安全行为。

71. 【答案】ACDE

【解析】根据固体物质的燃烧特性，其主要有阴燃、蒸发燃烧、分解燃烧和表面燃烧四种方式，选项B为液体物质燃烧方式。

72. 【答案】ABDE

【解析】根据液体物质的燃烧特性，其主要有闪燃、蒸发燃烧、沸溢燃烧和喷溅燃烧四种燃烧方式。

73. 【答案】DE

【解析】根据气体物质燃烧过程的控制因素不同，其有以下两种燃烧方式：扩散燃烧和预混燃烧。

74. 【答案】ACD

【解析】二氧化碳、水蒸气、二氧化硫不能再燃烧，属于完全燃烧产物。

75. 【答案】ABCD

【解析】火灾烟气的主要成分有燃烧和热分解所生成的气体，例如一氧化碳、二氧化碳、氰化氢、氯化氢、硫化氢、乙醛、丙醛、光气、苯、甲苯、氯气、氨气、氮氧化合物等；悬浮在空气中的液体微粒，例如蒸气冷凝而成的均匀分散的焦油类粒子和高沸点物质的凝缩液滴等；固体微粒，例如燃料充分燃烧后残留下来的灰烬和炭黑固体粒子。

三、判断题

76. 【答案】正确

77. 【答案】正确

78. 【答案】错误

【解析】燃烧现象十分普遍，但任何物质发生燃烧，都有一个由未燃烧状态转向燃烧状态的过程。

79. 【答案】错误

【解析】用“燃烧三角形”来表示无焰燃烧的必要条件非常确切，但对于有焰燃烧，根据燃烧的链式反应理论，燃烧过程中存在未受抑制的自由基作中间体，因而“燃烧三角形”需增加一个“链式反应”，形成“燃烧四面体”。

80. 【答案】正确

81. 【答案】错误

【解析】具备了燃烧的必要条件，并不意味着燃烧必然发生。发生燃烧，其“三要素”彼此必须要达到一定量的要求，并且三者存在相互作用的过程，这就是发生燃烧或持续燃烧的充分条件。同时具备必要条件和充分条件燃烧必然发生。

82. 【答案】正确

83. 【答案】正确

84. 【答案】错误

【解析】自燃点是衡量可燃物受热升温形成自燃危险性的依据，可燃物的自燃点越低，发生火灾的危险性就越大。

85. 【答案】正确

86. 【答案】错误

【解析】在爆炸前后物质的性质及化学成分均不改变的现象，称为物理爆炸。

87. 【答案】错误

【解析】爆炸前后物质的化学成分和性质均发生了根本的变化的现象，称为化学爆炸。

88. 【答案】正确

89. 【答案】错误

【解析】锯木屑、硫粉属于可燃性粉尘。

90. 【答案】错误

【解析】粉尘爆炸可能会发生二次或多次爆炸，其具有的破坏程度和爆炸威力比气体爆炸更大。

91. 【答案】正确

92. 【答案】错误

【解析】爆炸极限范围越大，爆炸下限越低，爆炸上限越高，爆炸危险性就越大。

93. 【答案】错误

【解析】超出爆炸极限的范围不会发生爆炸，但是低于爆炸下限不会爆炸，但有可能发生燃烧。

94. 【答案】正确

95. 【答案】错误

【解析】将生产中使用或产生爆炸下限不小于10%的气体，划分为乙类生产。

96. 【答案】正确

97. 【答案】正确

98. 【答案】正确
99. 【答案】错误
【解析】绝大部分可燃固体的燃烧往往包含两种或两种以上的形式。如：木材、纸张等，四种燃烧形式往往同时伴随在火灾过程中。
100. 【答案】正确
101. 【答案】错误
【解析】同系物液体的闪点随其密度的增加而升高，随其蒸气压的降低而升高。
102. 【答案】错误
【解析】可燃气体的燃烧不像固体、液体物质那样需经熔化、分解、蒸发等变化过程，其在常温常压下就可以任意比例与氧化剂相互扩散混合，完成燃烧反应的准备阶段。
103. 【答案】错误
【解析】由燃烧或热解作用而产生的全部物质，称为燃烧产物。
104. 【答案】正确
105. 【答案】错误
【解析】当烟气弥漫时，可见光因受到烟粒子的遮蔽而大大减弱，能见度大大降低，这就是烟气的减光性。
106. 【答案】正确
107. 【答案】正确
108. 【答案】错误
【解析】烟囱效应是造成烟气向上蔓延的主要因素。
109. 【答案】错误
【解析】对于固体和液体可燃物而言，其燃烧时形成的火焰由焰心、内焰、外焰三部分构成。对于气体可燃物而言，其燃烧形成的火焰只有内焰和外焰两个区域，而没有焰心区域，这是由于气体的燃烧一般无相变过程。
110. 【答案】正确

培训项目 2

一、单项选择题

1. 【答案】A
【解析】A 类火灾是指固体物质火灾。这种物质通常具有有机物性质，一般在燃烧时能产生灼热的余烬。例如，木材及木制品、棉、毛、麻、纸张、粮食等物质火灾。
2. 【答案】B
【解析】B 类火灾是指液体或可熔化的固体物质火灾。例如，汽油、煤油、原油、甲醇、乙醇、沥青、石蜡等物质火灾。
3. 【答案】C
【解析】C 类火灾是指气体火灾。例如，煤气、天然气、甲烷、乙烷、氢气、乙炔等气体燃烧或爆炸发生的火灾。
4. 【答案】D
【解析】D 类火灾是指金属火灾。例如，钾、钠、镁、钛、锆、锂、铝镁合金等金属火灾。
5. 【答案】D
【解析】E 类火灾是指带电火灾，即物体带电燃烧的火灾。例如，变压器、家用电器、电热设备等电气设备以及电线电缆等带电燃烧的火灾。
6. 【答案】A
【解析】F 类火灾是指烹饪器具内的烹饪物火灾。例如，烹饪器具内的动物油脂或植物油脂燃烧的火灾。选项 B、D 属于 E 类火灾，选项 C 属于 D 类火灾。
7. 【答案】A
【解析】特别重大火灾是指造成 30 人以上死亡，或者 100 人以上重伤，或者 1 亿元以上直接财产损失的火灾。
8. 【答案】B
【解析】重大火灾是指造成 10 人以上 30 人以下死亡，或者 50 人以上 100 人以下重伤，或者 5000 万元以上 1 亿元以下直接财产损失的火灾。
9. 【答案】C
【解析】较大火灾是指造成 3 人以上 10 人以下死亡，或者 10 人以上 50 人以下重伤，或者 1000 万元以上 5000 万元以下直接财产损失的火灾。

10.【答案】D

【解析】一般火灾是指造成 3 人以下死亡，或者 10 人以下重伤，或者 1000 万元以下直接财产损失的火灾。

11.【答案】A

【解析】随着社会电气化程度不断提高，电气设备使用范围越来越广，安全隐患也逐渐增多，导致近年来电气火灾事故发生越来越频繁，始终居于各种类型火灾的首位。

12.【答案】C

【解析】电气火灾按其发生在电力系统的位置不同，分为三类：一是变配电所火灾，主要包括变压器及变配电所内其他电气设备火灾；二是电气线路火灾，主要包括架空线路、进户线和室内敷设线路火灾；三是电气设备火灾，主要包括家用电器火灾、照明灯具火灾、电热设备火灾以及电动设备火灾等。选项 C 属于生活用火不慎引发的火灾。

13.【答案】B

【解析】生产作业不慎引发的火灾主要是指生产作业人员违反生产安全制度及操作规程引起的火灾。选项 B 属于生活用火不慎引发的火灾。

14.【答案】D

【解析】生活用火不慎引发的火灾，主要包括照明不慎引发火灾，烘烤不慎引发火灾，敬神祭祖引发火灾，炊事用火不慎引发火灾，使用蚊香不慎引发火灾，焚烧纸张、杂物引发火灾，炉具故障及使用不当引发火灾，烟囱本体引发火灾，油烟道引发火灾等。选项 D 属于电气引发的火灾。

二、多项选择题

15.【答案】AE

【解析】A 类火灾是指固体物质火灾。这种物质通常具有有机物性质，一般在燃烧时能产生灼热的余烬。例如，木材及木制品、棉、毛、麻、纸张、粮食等物质火灾。

16.【答案】AD

【解析】B 类火灾是指液体或可熔化的固体物质火灾。例如，汽油、煤油、原油、甲醇、乙醇、沥青、石蜡等物质火灾。

17.【答案】BE

【解析】C 类火灾是指气体火灾。例如，煤气、天然气、甲烷、乙烷、氢气、乙炔等气体燃烧或爆炸发生的火灾。

18.【答案】DE

【解析】D 类火灾是指金属火灾。例如，钾、钠、镁、钛、锆、锂、铝镁合金等金属火灾。

19.【答案】ABC

【解析】E 类火灾是指带电火灾，即物体带电燃烧的火灾。例如，变压器、家用电器、电热设备等电气设备以及电线电缆等带电燃烧的火灾。

20.【答案】AC

【解析】F 类火灾是指烹饪器具内的烹饪物火灾。例如，烹饪器具内的动物油脂或植物油脂燃烧的火灾。选项 B、D、E 属于 B 类火灾。

21.【答案】ACD

【解析】特别重大火灾是指造成 30 人以上死亡，或者 100 人以上重伤，或者 1 亿元以上直接财产损失的火灾。

22.【答案】BDE

【解析】重大火灾是指造成 10 人以上 30 人以下死亡，或者 50 人以上 100 人以下重伤，或者 5000 万元以上 1 亿元以下直接财产损失的火灾。

23.【答案】ABC

【解析】较大火灾是指造成 3 人以上 10 人以下死亡，或者 10 人以上 50 人以下重伤，或者 1000 万元以上 5000 万元以下直接财产损失的火灾。

24.【答案】BCE

【解析】一般火灾是指造成 3 人以下死亡，或者 10 人以下重伤，或者 1000 万元以下直接财产损失的火灾。

25.【答案】ACD

【解析】电气火灾按其发生在电力系统的位置不同，分为三类：一是变配电所火灾，主要包括变压器及变配电所内其他电气设备火灾；二是电气线路火灾，主要包括架空线路、进户线和室内敷设线路火灾；三是电气设备火灾，主要包括家用电器火灾、照明灯具火灾、电热设备火灾以及电动设备火灾等。

26.【答案】ABCD

【解析】火灾是世界各国所面临的一个共同的灾难性问题，对人类社会的发展进步、人民的生命及公私财产安全已构成了十分严重的危害。具体表现在以下方面：①导致人员伤亡。②毁坏物质财产。③破坏生态环境。④影响社会和谐稳定。

三、判断题

27.【答案】正确

28.【答案】错误

【解析】乙烷引起的火灾属于C类火灾。

29.【答案】错误

【解析】煤油引起的火灾属于B类火灾。

30.【答案】正确

31.【答案】正确

32.【答案】正确

33.【答案】正确

培训项目3

一、单项选择题

1.【答案】A

【解析】通常将建筑火灾发展过程分为四个阶段，即火灾初起阶段（OA段）、火灾成长发展阶段（AB段）、火灾猛烈燃烧阶段（BC段）和火灾衰减熄灭阶段（CD段）。

2.【答案】B

【解析】通常将建筑火灾发展过程分为四个阶段，即火灾初起阶段（OA段）、火灾成长发展阶段（AB段）、火灾猛烈燃烧阶段（BC段）和火灾衰减熄灭阶段（CD段）。

3.【答案】C

【解析】通常将建筑火灾发展过程分为四个阶段，即火灾初起阶段（OA段）、火灾成长发展阶段（AB段）、火灾猛烈燃烧阶段（BC段）和火灾衰减熄灭阶段（CD段）。

4.【答案】D

【解析】通常将建筑火灾发展过程分为四个阶段，即火灾初起阶段（OA段）、火灾成长发展阶段（AB段）、火灾猛烈燃烧阶段（BC段）和火灾衰减熄灭阶段（CD段）。

5.【答案】B

【解析】在火灾局部燃烧形成之后，可能会出现下列三种情况之一：一是最初着火的可燃物燃尽而终止；二是通风不足，火灾可能自行熄灭，或受到通风供氧条件的支配，以缓慢的燃烧速度继续燃烧；三是存在足够的可燃物，而且具有良好的通风条件，火灾迅速成长发展。选项B可燃物燃尽后，不能支持火灾再次发展。

6.【答案】A

【解析】整个房间都充满了火焰，房间内所有可燃物表面部分都卷入火灾之中，使火灾转化为一种极为猛烈的燃烧，即产生了轰燃。

7.【答案】B

【解析】轰燃是一般室内火灾最显著的特征和非常重要的现象，是火灾发展的重要转折点，它标志着室内火灾从成长发展阶段进入猛烈燃烧阶段，即火灾发展到了不可控制的程度。

8.【答案】B

【解析】一般来说，室内平均温度降到温度最高值的80%时，则认为火灾进入衰减熄灭阶段。

9.【答案】A

【解析】某一空间内，所有可燃物的表面全部卷入燃烧的瞬变过程，称为轰燃。

10.【答案】B

【解析】当室内通风不良、燃烧处于缺氧状态时，由于氧气的引入导致热烟气发生的爆炸性或快速的燃烧现象，称为回燃。

11.【答案】D

【解析】建筑火灾蔓延是通过热传播进行

的，传热是火灾中的一个重要因素，它对火灾的引燃、扩大、传播、衰退和熄灭都有影响。选项A、B、C只是其中一种传播方式。

12. 【答案】A

【解析】热传导是指物体一端受热，通过物体的分子热运动，把热量从温度较高一端传递到温度较低一端的过程。

13. 【答案】D

【解析】热辐射是指物体以电磁波形式传递热能的现象。

14. 【答案】B

【解析】热辐射是指物体以电磁波形式传递热能的现象。

15. 【答案】B

【解析】热对流是指流体各部分之间发生的相对位移，冷热流体相互掺混引起热量传递的现象。

16. 【答案】D

【解析】根据引起热对流的原因和流动介质不同，热对流分为以下几种：①自然对流；②强制对流；③气体对流。

17. 【答案】D

【解析】建筑火灾沿水平方向蔓延的途径主要包括：①通过内墙门蔓延；②通过隔墙蔓延；③通过吊顶蔓延。选项D为竖直方向的蔓延途径。

二、多项选择题

18. 【答案】BCD

【解析】火灾持续时间取决于引火源的类型、可燃物性质和分布、通风条件等多个条件，其长短差别较大。

19. 【答案】ABCD

【解析】火灾进入猛烈燃烧阶段的特点：室内可燃物已被全面引燃，且燃烧速度急剧加快；火灾以辐射、对流、传导方式进行扩散蔓延；高温烟火从房间的门、窗等开口处向外大量喷出，使火灾蔓延到建筑物的其他部位，使邻近区域受到火势的威胁。选项E是火灾初起阶段的特点。

20. 【答案】BCDE

【解析】轰燃的危害性主要体现在以下方面：①易加速火势蔓延；②能导致建筑坍塌；③对人员疏散逃生危害大；④增加了火灾扑灭难度。选项A是轰燃的典型征兆之一。

21. 【答案】ABCD

【解析】在起火的建筑物内，火由起火房间转移到其他房间再蔓延到毗邻建筑的过程，主要是靠可燃构件的直接燃烧、热传导、热辐射和热对流的方式实现的。

22. 【答案】ABD

【解析】建筑火灾沿竖直方向蔓延的途径主要包括：①通过楼梯间蔓延；②通过电梯井蔓延；③通过空调系统管道蔓延；④通过其他竖井和孔洞蔓延；⑤通过窗口向上层蔓延。

三、判断题

23. 【答案】错误

【解析】火灾初起阶段是灭火的最佳时机，故应争取及早发现，把火灾消灭在起火点。

24. 【答案】正确

25. 【答案】错误

【解析】轰燃是一种瞬态过程，其中包含室内温度、燃烧范围、气体浓度等参数的剧烈变化，不是火灾的任何一个阶段。

26. 【答案】正确

27. 【答案】正确

28. 【答案】错误

【解析】固体、液体、气体都能把热以电磁波的形式辐射出去，也能吸收别的物体辐射出来的热能。

29. 【答案】错误

【解析】通过热传导的方式蔓延扩大的火灾，有两个比较明显的特点：一是热量必须经导热性能好的建筑构件或建筑设备，如金属构件、金属设备或薄壁隔墙等的传导，使火灾蔓延到相邻上下层房间；二是蔓延的距离较近，一般只能是相邻的建筑空间。可见，通过热传导蔓延扩大的火灾，其规模是有限的。

培训项目 4

一、单项选择题

1.【答案】D

【解析】防火的基本方法包括：①控制可燃物；②隔绝助燃物；③控制和消除引火源；④避免相互作用。选项 D 属于灭火的基本原理。

2.【答案】C

【解析】控制可燃物的基本措施：

(1) 用不燃或难燃材料代替可燃材料。

(2) 用阻燃剂对可燃材料进行阻燃处理，改变其燃烧性能。

(3) 限制可燃物质储运量。

(4) 加强通风以降低可燃气体、蒸汽和粉尘等可燃物质在空气中的浓度。

(5) 将可燃物与化学性质相抵触的其他物品隔离分开保存，并防止“跑、冒、滴、漏”等。

3.【答案】B

【解析】隔绝助燃物的措施：

(1) 充装惰性气体保护生产或储运有爆炸危险物品的容器、设备等。

(2) 密闭有可燃介质的容器、设备。

(3) 采用隔绝空气等特殊方法储存某些易燃易爆危险物品。

(4) 隔离与酸、碱、氧化剂等接触能够燃烧爆炸的可燃物和还原剂。

4.【答案】A

【解析】控制和消除引火源的措施：

(1) 消除和控制明火源。

(2) 防止撞击火星和控制摩擦生热，设置火星熄灭装置和静电消除装置。

(3) 防止和控制高温物体。

(4) 防止日光照射和聚光作用。

(5) 安装避雷、接地设施，防止雷击。

(6) 电暖器、炉火等取暖设施与可燃物之间采取防火隔热措施。

(7) 需要动火施工的区域与使用、营业区之间进行防火分隔。

5.【答案】B

【解析】避免相互作用的措施：

(1) 在建筑之间设置防火间距，建筑物内设置防火分隔设施。

(2) 在气体管道上安装阻火器、安全液封、水封井等。

(3) 在压力容器设备上安装防爆膜（片）、安全阀。

(4) 在能形成爆炸介质的场所，设置泄压门窗、轻质屋盖等。

6.【答案】C

【解析】灭火的基本原理就是破坏已经形成的燃烧条件，即消除助燃物、降低燃烧物温度、中断燃烧链式反应、阻止火势蔓延扩散，不形成新的燃烧条件，从而使火灾熄灭，最大限度地减少火灾的危害。

7.【答案】A

【解析】冷却灭火法是指将燃烧物的温度降至物质的燃点或闪点以下，使燃烧停止。

8.【答案】B

【解析】窒息灭火法是指通过隔绝空气，消除助燃物，使燃烧区内的可燃物质无法获得足够的氧化剂助燃，从而使燃烧停止。

9.【答案】C

【解析】隔离灭火法是指将正在燃烧的物质与火源周边未燃烧的物质进行隔离或移开，中断可燃物的供给，无法形成新的燃烧条件，阻止火势蔓延扩大，使燃烧停止。

10.【答案】D

【解析】化学抑制灭火法是指使灭火剂参与到燃烧反应过程中，抑制自由基的产生或降低火焰中的自由基浓度，中断燃烧的链式反应。

11.【答案】D

【解析】选项 D 只具有冷却与窒息两种作用。

二、多项选择题

12.【答案】CDE

【解析】控制可燃物的基本措施：

(1) 用不燃或难燃材料代替可燃材料。

(2) 用阻燃剂对可燃材料进行阻燃处理，改变其燃烧性能。

(3) 限制可燃物质储运量。

(4) 加强通风以降低可燃气体、蒸汽和粉尘等可燃物质在空气中的浓度。

(5) 将可燃物与化学性质相抵触的其他物品隔离分开保存，并防止“跑、冒、滴、漏”等。

13. **【答案】** ACDE

【解析】 隔绝助燃物的措施：

(1) 充装惰性气体保护生产或储运有爆炸危险物品的容器、设备等。

(2) 密闭有可燃介质的容器、设备。

(3) 采用隔绝空气等特殊方法储存某些易燃易爆危险物品。

(4) 隔离与酸、碱、氧化剂等接触能够燃烧爆炸的可燃物和还原剂。

14. **【答案】** CD

【解析】 控制和消除引火源的措施：

(1) 消除和控制明火源。

(2) 防止撞击火星和控制摩擦生热，设置火星熄灭装置和静电消除装置。

(3) 防止和控制高温物体。

(4) 防止日光照射和聚光作用。

(5) 安装避雷、接地设施，防止雷击。

(6) 电暖器、炉火等取暖设施与可燃物之间采取防火隔热措施。

(7) 需要动火施工的区域与使用、营业区之间进行防火分隔。

15. **【答案】** BCD

【解析】 避免相互作用的措施：

(1) 在建筑之间设置防火间距，建筑物内设置防火分隔设施。

(2) 在气体管道上安装阻火器、安全液封、水封井等。

(3) 在压力容器设备上安装防爆膜(片)、安全阀。

(4) 在能形成爆炸介质的场所，设置泄压门窗、轻质屋盖等。

16. **【答案】** BCE

【解析】 采用冷却法灭火的主要措施有：一是将直流水、开花水、喷雾水直接喷射到燃烧物上；二是向火源附近的未燃烧物不间断地喷水降温；三是对于物体带电燃烧的火灾可喷射二氧化碳灭火剂冷却降温。

17. **【答案】** ABCD

【解析】 采用窒息法灭火的主要措施有：一是用灭火毯、沙土、水泥、湿棉被等不燃或难燃物覆盖燃烧物；二是向着火的空间灌注非助燃气体，如二氧化碳、氮气、水蒸气等；三是向燃烧对象喷洒干粉、泡沫、二氧化碳等灭火剂覆盖燃烧物；四是封闭起火建筑、设备和孔洞等。

18. **【答案】** ABC

【解析】 采用隔离法灭火的主要措施有：一是将火源周边未着火物质搬移到安全处；二是拆除与火源相连接或毗邻的建(构)筑物；三是迅速关闭流向着火区的可燃液体或可燃气体的管道阀门，切断液体或气体输送来源；四是用沙土等堵截流散的燃烧液体；五是用难燃或不燃物体遮盖受火势威胁的可燃物质等。

三、判断题

19. **【答案】** 正确

培训模块四　建筑防火基本知识

扫码听备考指导

重点提示

通过本模块的学习，需重点掌握常用建筑材料的燃烧性能等级及分级方法，耐火极限的定义，建筑构件燃烧性能和耐火极限；熟练掌握防火间距的设置要求，建筑平面布置特殊场所的设置要求，安全出口和疏散出口的定义；还需要重点掌握装修材料的分类与分级，建筑内部防火基本要求；此外还需要掌握建筑的分类，建筑构件耐火极限的判定依据，建筑耐火等级的定义与分级，防火分区和防烟分区的定义、划分方法，分隔设施及分隔构件，防火间距的定义与测量方法，消防车道、避难层、避难走道、下沉式广场的设置要求，疏散楼梯的类型以及建筑保温和外墙装饰防火的基本要求。

培训项目 1　建（构）筑物分类

一、单项选择题

1. 以下建筑中，（　　）属于民用建筑。

A. 厂房　　B. 仓库　　C. 公共建筑　　D. 粮仓

2. 以下建筑中，（　　）属于工业建筑。

A. 住宅建筑　　B. 公共建筑

C. 暖棚　　D. 厂房

3. 商业服务网点是指设置在住宅建筑的首层或首层及二层，每个分隔单元建筑面积不大于（　　）m^2的商店、邮政所、储蓄所、理发店等小型营业性用房。

A. 100　　B. 200

C. 300　　D. 400

4. 商业服务网点是指设置在住宅建筑的（　　），每个分隔单元建筑面积不大于 300m^2的商店、邮政所、储蓄所、理发店等小型营业性用房。

A. 仅首层　　B. 仅二层

C. 仅首层及二层　　D. 首层或首层及二层

5. 以下建筑中，（　　）符合高层建筑的判定标准。

A. 建筑高度为 27m 的住宅建筑　　B. 建筑高度为 24m 的公共建筑

C. 建筑高度为 24m 的工业建筑　　D. 建筑高度大于 24m 的非单层建筑

6. 建筑高度为 20m 的三层体育馆属于（　　）。

A. 一类高层公共建筑　　B. 二类高层公共建筑

C. 多层建筑　　D. 超高层建筑

7. 建筑高度为 200m 的金融大厦属于（　　）。

A. 一类高层公共建筑　　B. 二类高层公共建筑

C. 多层建筑　　D. 超高层建筑

8. 建筑高度为 54m 的住宅属于（　　）。

A. 一类高层住宅建筑　　B. 二类高层住宅建筑

C. 一类高层公共建筑　　D. 二类高层公共建筑

9. 建筑高度为 54m 的办公楼属于（　　）。

A. 一类高层住宅建筑　　B. 二类高层住宅建筑

C. 一类高层公共建筑　　D. 二类高层公共建筑

10. 建筑高度为 30m 的医疗建筑属于（　　）。

A. 一类高层住宅建筑　　B. 多层建筑

C. 一类高层公共建筑　　D. 二类高层公共建筑

11. 建筑高度为 21m 的医疗建筑属于（　　）。

A. 一类高层住宅建筑　　B. 多层公共建筑

C. 一类高层公共建筑　　D. 二类高层公共建筑

12. 地下室是指房间地面低于室外设计地面的平均高度大于该房间平均净高（　　）的建筑。

A. 1/2　　B. 1/3　　C. 2/3　　D. 1/4

13. 以下建筑中，（　　）不属于单、多层建筑。

A. 建筑高度不大于 27m 的住宅建筑　　B. 建筑高度不大于 24m 的公共建筑

C. 建筑高度不大于 24m 的工业建筑　　D. 建筑高度大于 24m 的非单层体育场

14. （　　）是指竖向承重构件采用砖墙或砖柱，水平承重构件采用钢筋混凝土楼板、屋面板的建筑。

A. 砖混结构建筑　　B. 砖木结构建筑

C. 钢筋混凝土结构建筑　　D. 钢结构建筑

15. （　　）是指用钢筋混凝土做柱、梁、楼板及屋顶等主要承重构件，砖或其他轻质材料做墙体等围护构件的建筑。

A. 砖混结构建筑　　B. 砖木结构建筑

C. 钢筋混凝土结构建筑　　D. 钢结构建筑

16. （　　）是指屋顶采用钢结构，其他主要承重构件采用钢筋混凝土结构的建筑。

A. 钢与钢筋混凝土混合结构（钢混结构）建筑

B. 砖木结构建筑

C. 钢筋混凝土结构建筑

D. 钢结构建筑

17. （　　）是指由梁和柱以刚接或铰接相连接成承重体系的房屋建筑结构。

A. 框架-支撑结构　　B. 框架-剪力墙结构

C. 砌体结构　　D. 框架结构

18. 建筑按结构的设计使用年限分类中，（　　）设计使用年限最短。

A. 临时性建筑　　B. 易于替换结构构件的建筑

C. 普通房屋和构筑物　　D. 标志性建筑和特别重要的建筑

19. 建筑按结构的设计使用年限分类中，（　　）设计使用年限最长。

A. 临时性建筑　　B. 易于替换结构构件的建筑

C. 普通房屋和构筑物　　D. 标志性建筑和特别重要的建筑

20. 以下关于使用或产生物质火灾危险性特征的描述中，（　　）不属于甲类火灾危险性物质。

A. 常温下能自行分解导致迅速自燃或爆炸的物质

B. 闪点小于 28℃的液体

C. 爆炸下限小于 10%的气体

D. 助燃气体

21. 以下关于使用或产生物质火灾危险性特征的描述中，（　　）不属于乙类火灾危险性物质。

A. 闪点不小于 28℃，但小于 60℃的液体

B. 闪点不小于 60℃的液体

C. 爆炸下限不小于 10%的气体

D. 能与空气形成爆炸性混合物的浮游状态的粉尘、纤维、闪点不小于 60℃的液体雾滴

22. 对于丁、戊类储存物品仓库的火灾危险性，当可燃包装质量大于物品本身质量的（　　）时，应按丙类确定。

A. 1/2　　B. 1/3

C. 1/4　　D. 1/5

23. 对于丁、戊类储存物品仓库的火灾危险性，当可燃包装体积大于物品本身体积的（　　）时，应按丙类确定。

A. 1/2　　B. 1/3

C. 1/4　　D. 1/5

24. 火灾危险性较大的生产部分占本层或本防火分区建筑面积的比例小于（　　），且发生火灾事故时不足以蔓延至其他部位或火灾危险性较大的生产部分采取了有效的防火措施，可按火灾危险性较小的部分确定。

A. 2%　　B. 5%

C. 10%　　D. 20%

二、多项选择题

25. 以下建筑中，（　　）属于工业建筑。

A. 面粉仓库　　B. 蔬菜大棚

C. 电影院　　D. 住宅楼

E. 电解水车间

26. 以下建筑中，（　　）属于民用建筑。

A. 农民自建住宅　　B. 人民大会堂

C. 粮食仓库　　D. 养猪场

E. 植物油浸出车间

27. 以下关于使用或产生物质火灾危险性特征的描述中，（　　）属于甲类火灾危险性物质。

A. 闪点不小于 28℃，但小于 60℃的液体

B. 闪点小于 28℃的液体

C. 爆炸下限不小于 10%的气体

D. 爆炸下限小于 10%的气体

E. 可燃固体

28. 以下关于使用或产生物质火灾危险性特征的描述中，(　　) 属于丙类火灾危险性物质。

A. 闪点不小于 60℃的液体　　B. 可燃固体

C. 闪点不小于 28℃，但小于 60℃的液体　　D. 助燃气体

E. 常温下使用或加工难燃烧物质的生产

29. 当丁、戊类厂房内的油漆工段占所在防火分区建筑面积的比例不大于 20%，还应采用(　　)措施，可按火灾危险性较小的部分确定。

A. 封闭喷漆工艺

B. 封闭喷漆空间内保持负压

C. 油漆工段设置可燃气体探测报警系统或自动抑爆系统

D. 油漆工段内同时作业人数不多于 5 人

E. 油漆工段内存储油漆不大于一昼夜使用量

三、判断题

30. 基础是位于建筑最下部的承重构件，承受着建筑的大部分荷载，并将这些荷载传递给地基。　(　　)

31. 作为竖向承重构件，墙（柱）承受着建筑由屋顶或楼板层传来的荷载，并将这些荷载再传递给基础。　(　　)

32. 单、多层建筑是指建筑高度不大于 27m 的住宅建筑，建筑高度不大于 24m 的公共建筑和工业建筑。　(　　)

33. 半地下室是指房间地面低于室外设计地面的平均高度大于该房间平均净高的 1/3，且不大于 2/3 的建筑。　(　　)

34. 普通房屋建筑一般要比标志性建筑设计使用年限长。　(　　)

培训项目 2　建筑材料的燃烧性能

一、单项选择题

1. 我国建筑材料及制品燃烧性能分为 A、B_1、B_2、B_3 四个等级，其中 A 级材料对应的是(　　)。

A. 不燃材料　　B. 难燃材料

C. 可燃材料　　D. 易燃材料

2. 我国建筑材料及制品燃烧性能分为 A、B_1、B_2、B_3 四个等级，其中 B_1 级材料对应的是(　　)。

A. 不燃材料　　B. 难燃材料

C. 可燃材料　　D. 易燃材料

3. 我国建筑材料及制品燃烧性能分为 A、B_1、B_2、B_3 四个等级，其中 B_2 级材料对应的是(　　)。

A. 不燃材料　　B. 难燃材料

C. 可燃材料　　D. 易燃材料

4. 我国建筑材料及制品燃烧性能分为 A、B_1、B_2、B_3 四个等级，其中 B_3 级材料对应的

是（　　）。

A. 不燃材料　　B. 难燃材料

C. 可燃材料　　D. 易燃材料

5. 建筑构件的燃烧性能取决于组成建筑构件材料的燃烧性能。根据建筑材料的燃烧性能不同，建筑构件的分类中不包括（　　）。

A. 不燃性构件　　B. 难燃性构件

C. 可燃性构件　　D. 易燃性构件

6. 不燃性构件是指用不燃材料做成的构件，以下构件中，（　　）不属于不燃性构件。

A. 混凝土楼板　　B. 木龙骨两面钉石膏板隔墙

C. 砖墙　　D. 混凝土柱

7. 难燃性构件是指用难燃材料做成的构件或用可燃材料做成而用非燃烧性材料做保护层的构件，以下构件中，（　　）不属于难燃性构件。

A. 水泥刨花复合板隔墙　　B. 板条抹灰墙

C. 木龙骨两面钉石膏板隔墙　　D. 木柱

8. 可燃性构件是指用可燃材料做成的构件，以下构件中，（　　）不属于可燃性构件。

A. 木柱　　B. 木楼板　　C. 砖墙　　D. 竹楼梯

二、多项选择题

9. 以下材料（制品）中，（　　）属于 A 级材料。

A. 大理石　　B. 花岗岩

C. 玻璃　　D. 矿棉板

E. 墙布

10. 以下材料（制品）中，（　　）属于 B_1 级材料。

A. 难燃木材　　B. 硬 PVC 塑料地板

C. 金属复合板　　D. 天然木材

E. 水泥刨花板

11. 以下材料（制品）中，（　　）属于 B_2 级材料。

A. 铝塑板　　B. 难燃聚氯乙烯塑料

C. 胶合板　　D. 半硬质 PVC 塑料地板

E. 人造革

三、判断题

12. 建筑材料是指建筑中所使用的各种材料的总称，其燃烧性能直接关系到建筑的防火安全。（　　）

培训项目 3　建筑构件的耐火极限

一、单项选择题

1. （　　）是指在标准耐火试验条件下，承重建筑构件在一定时间内抵抗坍塌的能力。

A. 耐火完整性　　B. 耐火隔热性

C. 耐火支撑性　　D. 耐火稳定性

2. (　　) 是指在标准耐火试验条件下，当建筑分隔构件一面受火时，在一定时间内防止火焰和烟气穿透或在背火面出现火焰的能力。

A. 耐火完整性　　B. 耐火隔热性

C. 耐火支撑性　　D. 耐火稳定性

3. (　　) 是指在标准耐火试验条件下，当建筑分隔构件一面受火时，在一定时间内防止其背火面温度超过规定值的能力。

A. 耐火完整性　　B. 耐火隔热性

C. 耐火支撑性　　D. 耐火稳定性

二、多项选择题

4. 耐火极限是指在标准耐火试验条件下，建筑构件、配件或结构从受到火的作用时起，至(　　) 时止所用的时间，用小时 (h) 表示。

A. 失去承载能力　　B. 失去完整性

C. 失去隔热性　　D. 火灾扑灭

E. 人员疏散完成

5. 依据标准耐火试验，若构件 (　　)，即认为丧失完整性。

A. 棉垫被点燃　　B. 任一位置的温升超过初始温度 180℃

C. 平均温升超过初始平均温度 140℃　　D. 缝隙探棒可以穿过

E. 背火面出现火焰且持续时间超过 10s

6. 若构件 (　　)，即认为丧失隔热性。

A. 任一位置的温升超过初始温度 140℃　　B. 背火面出现火焰且持续时间超过 10s

C. 背火面出现火焰且持续时间超过 15s　　D. 平均温升超过初始平均温度 140℃

E. 任一位置的温升超过初始温度 180℃

7. 影响建筑构件耐火性能的因素较多，以下属于主要因素的有 (　　)。

A. 构件的外表面积　　B. 材料的高温力学性能和导热性能

C. 建筑构件的截面尺寸　　D. 材料本身的燃烧性能

E. 保护层的密度

三、判断题

8. 建筑耐火能力取决于建筑构件的耐火极限。　　(　　)

9. 以建筑构件是否失去耐火稳定性、完整性和隔热性来判断构件是否达到了耐火极限。　　(　　)

10. 所有的构件在试验中均失去稳定性、完整性和隔热性时，构件即达到其耐火极限。　　(　　)

11. 非隔热防火门在规定时间内只要满足耐火完整性即可。　　(　　)

培训项目 4　建筑的耐火等级

一、单项选择题

1. 我国将建筑的耐火等级划分为 (　　) 四个等级。

A. 一级、二级、三级、四级　　B. A 级、B_1 级、B_2 级、B_3 级

C. 甲级、乙级、丙级、丁级　　D. A级、B级、C级、D级

2. 一级耐火等级建筑是指主要建筑构件全部为不燃烧体且满足相应耐火极限要求的建筑。以下建筑中，（　　）的耐火等级可以低于一级。

A. 民用的地下或半地下建筑　　B. 建筑高度54m的住宅建筑

C. 一类高层建筑　　D. 建筑高度54m的医疗建筑

3. 二级耐火等级建筑是指主要建筑构件除吊顶为难燃烧体，其余构件为不燃烧体，且满足相应耐火极限要求的建筑。以下建筑中，（　　）的耐火等级可以低于二级。

A. 单层的重要公共建筑　　B. 二类高层建筑

C. 建筑高度27m的住宅建筑　　D. 建筑高度27m的医疗建筑

4. 防火墙在三级耐火等级建筑中，可采用的燃烧性能和耐火极限为（　　）。

A. 不燃性，3.00h　　B. 不燃性，2.50h

C. 难燃性，3.00h　　D. 难燃性，2.50h

5. 一般情况下，不同耐火等级民用建筑柱子的燃烧性能和耐火极限与（　　）一致。

A. 防火墙　　B. 承重墙

C. 非承重外墙　　D. 梁

6. 耐火等级为一级的建筑构件中，耐火极限要求最高的是（　　）。

A. 楼板　　B. 梁

C. 柱　　D. 非承重外墙

7. 一、二级耐火等级民用建筑梁的燃烧性能和耐火极限要求分别为（　　）。

A. 不燃性2.00h，不燃性1.50h

B. 不燃性2.00h，不燃性1.00h

C. 不燃性3.00h，不燃性2.50h

D. 不燃性3.00h，不燃性2.00h

8. 一、二级耐火等级民用建筑楼板的燃烧性能和耐火极限要求分别为（　　）。

A. 不燃性2.00，不燃性1.50　　B. 不燃性2.00，不燃性1.00

C. 不燃性1.50，不燃性1.00　　D. 不燃性1.50，不燃性0.50

二、多项选择题

9. 影响建筑耐火等级选定的因素主要有建筑物的（　　）。

A. 重要性　　B. 使用性质

C. 火灾危险性　　D. 高度和面积

E. 火灾的种类

三、判断题

10. 建筑耐火等级是衡量建筑抵抗火灾能力大小的标准，由建筑构件的燃烧性能和耐火极限中的最高者决定。（　　）

11. 四级耐火等级建筑的所有构件都可以采用难燃烧体和可燃烧体且满足相应耐火极限要求。（　　）

12. 除另有规定外，以木柱承重且墙体采用不燃材料的建筑，其耐火等级应按三级确定。（　　）

13. 二级耐火等级建筑内采用不燃材料的吊顶，其耐火极限不限。（　　）

培训项目5　建筑的防火和防烟分区

一、单项选择题

1. 室内净空高度不大于3m的公共建筑，其防烟分区最大允许面积为（　　）m^2。

A. 500　　B. 1000

C. 1500　　D. 2000

2. 室内净空高度不大于3m的公共建筑，其防烟分区长边最大允许长度为（　　）m。

A. 24　　B. 36

C. 60　　D. 75

3. 室内净空高度大于6m的公共建筑，其防烟分区最大允许面积为（　　）m^2。

A. 500　　B. 1000

C. 1500　　D. 2000

4. 室内净空高度为5m的公共建筑，其防烟分区长边最大允许长度为（　　）m。

A. 24　　B. 36　　C. 60　　D. 75

5. 室内净空高度为6m的公共建筑，其防烟分区最大允许面积为（　　）m^2。

A. 500　　B. 1000

C. 1500　　D. 2000

6. （　　）是指建筑某一楼层内采用具有一定耐火能力的防火分隔物，按规定的建筑面积标准分隔的防火单元。

A. 防火分区　　B. 防火分隔

C. 水平防火分区　　D. 竖向防火分区

7. （　　）是指采用具有一定耐火能力的楼板和窗间墙将建筑上下层隔开。

A. 防火分区　　B. 防火分隔

C. 水平防火分区　　D. 竖向防火分区

8. 高层民用建筑防火分区最大允许建筑面积为（　　）m^2。

A. 2500　　B. 1500

C. 1000　　D. 500

9. 耐火等级为一、二级单、多层民用建筑，防火分区最大允许建筑面积为（　　）m^2。

A. 2500　　B. 1500

C. 1000　　D. 500

10. 耐火等级为三级单、多层民用建筑，防火分区最大允许建筑面积为（　　）m^2。

A. 2500　　B. 1500

C. 1200　　D. 1000

11. 耐火等级为四级单、多层民用建筑，防火分区最大允许建筑面积为（　　）m^2。

A. 2500　　B. 1500

C. 1200　　D. 600

12. 地下或半地下民用建筑，防火分区最大允许建筑面积为（　　）m^2。

A. 1500　　B. 1200

C. 600　　D. 500

13. 三级耐火等级的多层民用建筑，允许建筑层数最多为（　　）层。

A. 3　　B. 4

C. 5　　D. 6

14. 四级耐火等级的多层民用建筑，允许建筑层数最多为（　　）层。

A. 1　　B. 2

C. 3　　D. 4

15. 当建筑内设置自动灭火系统时，可按规范要求增加（　　）倍；局部设置时，防火分区的增加面积可按该局部面积的（　　）倍计算。

A. 2.0，2.0　　B. 1.0，1.0

C. 2.0，1.0　　D. 1.0，0.5

16. 地下或半地下民用建筑设备用房的防火分区最大允许建筑面积不应大于（　　）m^2。

A. 1500　　B. 1000

C. 600　　D. 500

17. 二级耐火等级的乙类厂房，最多允许建筑层数为（　　）层。

A. 2　　B. 3

C. 5　　D. 6

18. 一级耐火等级的多层乙类厂房，每个防火分区的最大允许建筑面积为（　　）m^2。

A. 2000　　B. 3000

C. 4000　　D. 5000

19. 一级耐火等级的单层甲类厂房，每个防火分区的最大允许建筑面积为（　　）m^2。

A. 2000　　B. 3000

C. 4000　　D. 5000

20. 三级耐火等级的丙类厂房最多允许建筑层数为（　　）层。

A. 1　　B. 2

C. 3　　D. 4

21. 一级耐火等级的单层丙类厂房，每个防火分区的最大允许建筑面积为（　　）m^2。

A. 4000　　B. 6000

C. 8000　　D. 不限

22. 地下或半地下丙类厂房每个防火分区的最大允许建筑面积为（　　）m^2。

A. 150　　B. 300

C. 500　　D. 1000

23. 甲类仓库最多允许建筑层数为（　　）层。

A. 1　　B. 2

C. 3　　D. 4

24. 三级耐火等级的乙类仓库最多允许建筑层数为（　　）层。

A. 1　　B. 2

C. 3　　D. 4

25. 三级耐火等级的丁、戊类工业建筑最多允许建筑层数为（　　）层。

A. 1　　B. 2

C. 3　　D. 5

26. 四级耐火等级的丁、戊类工业建筑最多允许建筑层数为（　　）层。

A. 1　　B. 2

C. 3　　D. 5

27. 当空间净高度大于（　　）m 时，防烟分区之间可不设置挡烟设施。

A. 6　　B. 7

C. 8　　D. 9

二、多项选择题

28. 民用建筑防火分区最大允许面积是根据（　　）确定的。

A. 建筑类型　　B. 建筑高度或层数

C. 耐火等级　　D. 火灾类型

E. 建筑体积

29. 防烟分区的划分考虑因素有（　　）。

A. 建筑类型　　B. 建筑高度

C. 储烟仓形状　　D. 火灾类型

E. 火灾载荷

三、判断题

30. 由于水平防火分区是按照建筑面积划分的，因此也称为面积防火分区。（　　）

31. 所有的厂房防火分区之间只能采用防火墙分隔。（　　）

32. 厂房内设置自动灭火系统时，每个防火分区的最大允许建筑面积可按规范规定增加1.0倍。（　　）

33. 当丁、戊类的地上厂房内设置自动灭火系统时，每个防火分区的最大允许建筑面积不限。（　　）

34. 仓库内设置自动灭火系统时，每座仓库的每个防火分区的最大允许建筑面积可按规范规定增加 1.0 倍，但最大占地面积不允许增加。（　　）

35. 甲、乙类厂房和甲、乙、丙类仓库内的防火墙，其耐火极限不应低于 4.00h。（　　）

36. 公共建筑、工业建筑中的走道宽度不大于 3.0m 时，其防烟分区的长边长度不应大于 60m。（　　）

37. 当建筑横梁的高度超过 50cm 时，该横梁可作为挡烟设施使用。（　　）

培训项目 6　建筑的总平面布局和平面布置

一、单项选择题

1. 一般情况下，高层民用建筑与高层民用建筑之间的防火间距不应小于（　　）m。

A. 6　　B. 9

C. 11　　D. 13

2. 一般情况下高层民用建筑与耐火等级为一、二级的裙房和其他民用建筑之间的防火间距不应小于（　　）m。

A. 6　　B. 9　　C. 11　　D. 13

3. 一般情况下，耐火等级为一、二级的裙房和其他民用建筑之间的防火间距不应小于

（　　）m。

A. 6　　B. 9

C. 11　　D. 13

4. 乙类厂房与重要公共建筑的防火间距不宜小于（　　）m。

A. 25　　B. 30

C. 40　　D. 50

5. 乙类厂房与明火或散发火花地点的防火间距不宜小于（　　）m。

A. 25　　B. 30

C. 40　　D. 50

6. 甲、乙类厂房与单、多层民用建筑之间的防火间距为（　　）m。

A. 25　　B. 30

C. 40　　D. 50

7. 甲、乙类厂房与高层民用建筑之间的防火间距为（　　）m。

A. 25　　B. 30

C. 40　　D. 50

8. 单、多层戊类厂房之间及与戊类仓库的防火间距可按规范规定减少（　　）m。

A. 1　　B. 2

C. 3　　D. 4

9. 为丙、丁、戊类厂房服务而单独设置的生活用房应按民用建筑确定，与所属厂房的防火间距不应小于（　　）m。

A. 2　　B. 4

C. 6　　D. 8

10. 甲类仓库与厂外铁路线中心线的防火间距不应低于（　　）m。

A. 10　　B. 20

C. 30　　D. 40

11. 甲类仓库与厂内铁路线中心线的防火间距不应低于（　　）m。

A. 10　　B. 20

C. 30　　D. 40

12. 甲类仓库与厂外道路路边的防火间距不应低于（　　）m。

A. 10　　B. 20

C. 30　　D. 40

13. 消防车道的净宽度和净空高度均不应小于（　　）m。

A. 3.8　　B. 4.0

C. 4.5　　D. 5.0

14. 消防车道靠建筑外墙一侧的边缘距离建筑外墙不宜小于（　　）m。

A. 4　　B. 5

C. 8　　D. 10

15. 消防车道的坡度不宜大于（　　）。

A. 3%　　B. 5%

C. 8%　　D. 10%

16. 民用建筑设备用房中，应采用耐火极限不低于（　　）h 的隔墙和（　　）h 的不燃性楼板与其他部位隔开。

A. 2.00，1.00　　B. 2.00，1.50

C. 1.50，1.50　　D. 1.50，1.00

17. 以下关于歌舞娱乐放映游艺场所平面布置要求的说法不正确的是（　　）。

A. 不应布置在地下二层及以下楼层

B. 布置在地下或四层及以上楼层时，一个厅、室的建筑面积不应大于 $400m^2$

C. 不宜布置在袋形走道的两侧或尽端

D. 布置在地下一层时，地下一层的地面与室外出入口地坪的高差不应大于 10m

18. 以下关于会议厅、多功能厅平面布置要求的说法不正确的是（　　）。

A. 宜布置在首层、二层或三层

B. 布置在一、二级耐火等级建筑的其他楼层时，一个厅、室的疏散门不应少于 2 个，且建筑面积不宜大于 $400m^2$

C. 设置在三级耐火等级的建筑内时，不应布置在三层及以上楼层

D. 设置在地下或半地下时，宜设置在地下一层，不应设置在地下二层及以下楼层

19. 以下关于儿童活动场所平面布置的要求说法错误的是（　　）。

A. 宜设置在独立的建筑内，且不应设置在地下或半地下

B. 设置在所有建筑内时，应布置在首层、二层或三层

C. 设置在单、多层建筑内时，宜设置独立的安全出口和疏散楼梯

D. 设置在高层建筑内时，应设置独立的安全出口和疏散楼梯

20. 以下场所中，（　　）应设置消防电梯。

A. 建筑高度为 33m 的住宅

B. 建筑高度为 32m 的二类高层公共建筑

C. 3 层及以上且总建筑面积大于 $3000m^2$ 的老年人照料设施

D. 一类高层公共建筑

21. 下列关于消防电梯设置的说法不正确的是（　　）。

A. 消防电梯应分别设置在不同防火分区内，且每个防火分区不应少于 1 台

B. 首层的消防电梯入口处应设置供消防员专用的操作按钮

C. 电梯轿厢的内部设置专用消防对讲电话，装修可采用难燃材料

D. 电梯从首层至顶层的运行时间不宜大于 60s

二、多项选择题

22. 建筑总平面布局应综合考虑建筑的（　　）因素后再确定。

A. 使用性质　　B. 火灾危险性

C. 人员素质　　D. 所处地理环境

E. 生产经营规模

23. 防火间距不足时应采取的措施有（　　）。

A. 提高建筑的耐火等级

B. 提高部分构件的耐火性能和燃烧性能

C. 减小相邻建筑的开口面积

D. 提高建筑的层数

E. 设置独立的室外防火墙

24. 以下设备用房中，（　　）不应布置在人员密集场所的上一层、下一层或贴邻。

A. 燃油锅炉房

B. 消防水泵房

C. 油浸变压器室

D. 消防控制室

E. 柴油发电机房

25. 以下设备用房中，（　　）的疏散门应直通室外或安全出口。

A. 燃油锅炉房　　B. 消防水泵房

C. 油浸变压器室　　D. 消防控制室

E. 柴油发电机房

26. 以下关于剧场、电影院、礼堂平面布置要求的说法正确的有（　　）。

A. 宜设置在独立的建筑内

B. 采用三级耐火等级建筑时，不应超过 3 层

C. 在其他民用建筑内时，至少应设置 1 个独立的安全出口和疏散楼梯

D. 布置在四层及以上楼层时，一个厅、室的疏散门不应少于 2 个，且每个观众厅的建筑面积不宜大于 $200m^2$

E. 设置在地下或半地下时，宜设置在地下一层，不应设置在地下三层及以下楼层

27. 当老年人照料设施中的老年人公共活动用房、康复与医疗用房设置在（　　）层时，每间用房的建筑面积不应大于 $200m^2$ 且使用人数不应大于 30 人。

A. 一　　B. 二

C. 三　　D. 四层及以上

E. 地下一层

三、判断题

28. 两座民用建筑相邻，较高一面外墙为防火墙，其防火间距不限。（　　）

29. 两座民用建筑高出相邻较低一座一、二级耐火等级建筑的屋面 10m 及以下范围内的外墙为防火墙时，其防火间距不限。（　　）

30. 耐火等级低于四级的既有建筑，其耐火等级可按四级确定。（　　）

31. 发电厂内的主变压器，其油量可按总台数确定。（　　）

32. 储罐之间的防火间距为相邻两储罐基础的最近水平距离。（　　）

33. 堆场之间的防火间距为两堆场中相邻堆垛外缘的最近水平距离。（　　）

34. 建筑、储罐或堆场与道路的防火间距为建筑外墙、储罐外壁或相邻堆垛外缘距道路最近一侧路边的最小水平距离。（　　）

35. 建筑、储罐或堆场与铁路的防火间距为建筑外墙、储罐外壁或相邻堆垛外缘距铁路最近一侧路边的最小水平距离。（　　）

36. 医院和疗养院的住院部分不应设置在地下或半地下。（　　）

37. 建筑高度超过 100m 且标准层面积超过 $3000m^2$ 的公共建筑的屋顶宜设直升机停机坪或供直升机救助的设施。（　　）

培训项目 7　安全疏散

一、单项选择题

1. 高层民用建筑的疏散外门、走道和楼梯的各自总宽度，应按通过人数每 100 人不小于（　　）m 计算确定。

A. 0.65　　B. 0.75

C. 1.00　　D. 1.25

2. 公共建筑内安全出口和疏散门的净宽度不应小于（　　）m。

A. 0.9　　B. 1.0

C. 1.1　　D. 1.2

3. 公共建筑内疏散走道和疏散楼梯的净宽度不应小于（　　）m。

A. 0.9　　B. 1.0

C. 1.1　　D. 1.2

4. 除规范特别规定外，公共建筑内各房间疏散门的数量应计算确定且不应少于（　　）个，疏散门的净宽度不应小于 0.90m。

A. 1　　B. 2

C. 3　　D. 4

5. 公共建筑内每个房间相邻 2 个疏散门最近边缘之间的水平距离不应小于（　　）m。

A. 4　　B. 5

C. 6　　D. 8

6. 除规范特别规定外，公共建筑内的每个防火分区或一个防火分区的每个楼层，其安全出口数量应经计算确定，且不应少于（　　）个，安全出口最近边缘之间的水平距离不应小于（　　）m。

A. 1，5.0　　B. 2，5.0

C. 1，4.0　　D. 2，4.0

7. 除规范另有规定外，公共建筑内疏散门和安全出口的净宽度不应小于 0.90m，疏散走道和疏散楼梯的净宽度不应小于（　　）m。

A. 0.90　　B. 1.00

C. 1.10　　D. 1.20

8. 不超过 6 层的单元式住宅一侧设有栏杆的疏散楼梯，其最小宽度可不小于（　　）m。

A. 0.9　　B. 1.0

C. 1.1　　D. 1.2

9. 人员密集的公共场所，其疏散门的净宽度不应小于（　　）m，室外疏散小巷的净宽度不应小于 3.0m。

A. 1.4　　B. 1.3

C. 1.1　　D. 1.2

10. 厂房内疏散走道的净宽度不宜小于（　　）m。

A. 1.1　　B. 1.2

C. 1.3　　D. 1.4

11. 以下关于疏散楼梯（间）设置的一般要求不正确的是（　　）。

A. 建筑内的疏散楼梯间在所有楼层的平面位置不应改变

B. 应能天然采光和自然通风，并宜靠外墙设置

C. 应在标准层或防火分区的两端布置，便于双向疏散

D. 不应有影响疏散的凸出物或其他障碍物

12. （　　）是指与走廊或大厅都敞开在建筑内的楼梯，又称普通楼梯间。

A. 敞开楼梯间　　B. 封闭楼梯间

C. 防烟楼梯间　　D. 室外疏散楼梯

13. （　　）是指在楼梯间入口处设置门，以防止火灾的烟气和热气进入的楼梯间。

A. 敞开楼梯间　　B. 封闭楼梯间

C. 防烟楼梯间　　D. 室外疏散楼梯

14. （　　）是指在楼梯间入口处设置防烟的前室、开敞式阳台或凹廊等设施，且通向前室和楼梯间的门均为防火门，以防止火灾的烟气和热气进入的楼梯间。

A. 敞开楼梯间　　B. 封闭楼梯间

C. 防烟楼梯间　　D. 室外疏散楼梯

15. （　　）是指在建筑的外墙上设置的全部敞开的楼梯。

A. 敞开楼梯间　　B. 封闭楼梯间

C. 防烟楼梯间　　D. 室外疏散楼梯

16. 避难走道防火隔墙的耐火极限不应低于（　　）h，楼板的耐火极限不应低于（　　）h。

A. 3.0，2.0　　B. 3.0，1.5

C. 2.0，1.5　　D. 2.0，1.0

17. 用于防火分隔的下沉式广场等室外开敞空间内应设置不少于（　　）部直通地面的疏散楼梯。

A. 1　　B. 2　　C. 3　　D. 4

18. 不同区域通向用于防火分隔的下沉式广场等室外开敞空间的开口最近边缘之间的水平距离不应小于（　　）m。

A. 10　　B. 13　　C. 15　　D. 20

19. 用于防火分隔的下沉式广场等室外开敞空间除用于人员疏散外不得用于其他商业或可能导致火灾蔓延的用途，其中用于疏散的（　　）不应小于 $169m^2$。

A. 使用面积　　B. 建筑面积

C. 净面积　　D. 总面积

二、多项选择题

20. 以下关于室外疏散楼梯的设置要求中正确的有（　　）。

A. 室外疏散楼梯应采用不燃烧材料制作

B. 楼梯的最小净宽不小于 0.9m

C. 疏散门应为甲级防火门

D. 在楼梯周围 1.0m 内的墙面上不开设其他门、窗、洞口

E. 倾斜角度不大于 45°

21. 在高层医疗建筑中最小净宽度为 1.3m 的位置包括（　　）。

A. 楼梯间的首层疏散门　　B. 首层疏散外门

C. 单面布房疏散走道　　D. 疏散楼梯

E. 双面布房疏散走道

22. 除（　　）外，建筑面积不大于 $200m^2$ 且人数不超过 50 人的单层建筑或多层建筑的首层，可设置一个安全出口。

A. 托儿所　　B. 老年人照料设施

C. 幼儿园　　D. 儿童活动场所

E. 医疗建筑

23. 下列有关避难层的设置要求中，正确的有（　　）。

A. 两个避难层之间的高度不应大于 60m

B. 避难层应设置消火栓和消防软管卷盘等设施

C. 避难层应设置消防电梯出口

D. 疏散楼梯应在避难层分隔、同层错位或上下层断开

E. 避难层的净面积应能满足设计避难人数避难的要求，宜按 5 人/m^2 计算

24. 下列有关避难走道的设置要求中，正确的有（　　）。

A. 避难走道的净宽度不应小于任一防火分区通向该避难走道的设计疏散总净宽度

B. 防火分区至避难走道入口处应设置防烟前室，前室的使用面积不应小于 $6.0m^2$

C. 开向前室的门应采用乙级防火门

D. 前室开向避难走道的门应采用甲级防火门

E. 避难走道直通地面的出口不应少于 2 个，并应设置在不同方向

25. 防火隔间只能用于相邻两个独立使用场所的人员相互通行，以下设置要求中正确的有（　　）。

A. 防火隔间的净面积不应小于 $6.0m^2$

B. 防火隔间的门应采用甲级防火门

C. 不同防火分区通向防火隔间的门不应计入安全出口，门的最小间距不应小于 5m

D. 防火隔间内部装修材料的燃烧性能应为 A 级

E. 不应用于除人员通行外的其他用途

三、判断题

26. 安全疏散是指火灾时人员由危险区域向安全区域撤离的过程。（　　）

27. 建筑内全部设置自动喷水灭火系统时，其安全疏散距离可按规范规定增加 1.0 倍。（　　）

28. 安全疏散和避难设施包括疏散出口、疏散走道、疏散楼梯（间）、疏散指示标志、避难层（间）等。（　　）

29. 避难层是建筑高度超过 100m 的公共建筑和工业建筑中发生火灾时供人员临时避难使用的楼层。（　　）

30. 避难走道内部装修材料的燃烧性能应为 A 级。（　　）

31. 任一防火分区通向避难走道的门至该避难走道最近直通地面的出口的距离不应大于 45m。（　　）

32. 用于防火分隔的下沉式广场设置防风雨篷时，防风雨篷不应完全封闭，四周开口部位应均匀布置，开口高度不应小于 1.0m。（　　）

培训项目 8　建筑内外装修防火基本要求

一、单项选择题

1. 常用建筑内部装修材料燃烧性能等级划分中，不属于 A 级材料的是（　　）。

A. 水泥刨花板　　B. 瓷砖

C. 玻璃　　D. 水磨石

2. 常用建筑地面材料燃烧性能等级划分中，不属于 B_2 级材料的是（　　）。

A. 半硬质 PVC 塑料地板　　B. PVC 卷材地板

C. 木地板氯纶地毯　　D. 硬 PVC 塑料地板

3. 顶棚、墙面应采用 A 级装修材料，地面应使用不低于 B_1 级的装修材料的场合是（　　）。

A. 厨房　　B. 排烟机房

C. 变压器室　　D. 重要图书室

4. 歌舞娱乐放映游艺场所设置在一、二级耐火等级建筑的四层及四层以上时，室内装修的顶棚材料应采用（　　）级的装修材料。

A. A　　B. B_1

C. B_2　　D. B_3

5. 下列场所中，建筑外墙内保温防火可不采用燃烧性能为 A 级的保温材料的是（　　）。

A. 人员密集场所

B. 用火、燃油、燃气等具有火灾危险的场所

C. 建筑高度为 70m 的住宅建筑

D. 避难间、避难层等场所

6. 外墙内保温系统应采用不燃材料做防护层，当保温材料的燃烧性能为 B_1 级时，防护层的厚度不应小于（　　）mm。

A. 5　　B. 10

C. 15　　D. 20

7. 建筑高度大于 100m 的住宅建筑，当外墙外保温系统与基层墙体、装饰层之间无空腔时，应采用（　　）级保温材料。

A. A　　B. B_1

C. B_2　　D. B_3

8. 建筑高度大于 50m 的公共建筑，当外墙外保温系统与基层墙体、装饰层之间无空腔时，应采用（　　）级保温材料。

A. A　　B. B_1

C. B_2　　D. B_3

9. 建筑高度为 25m 的公共建筑，当采用有空腔的外保温系统时应采用（　　）级保温材料。

A. A　　B. B_1

C. B_2　　D. B_3

10. 当建筑的屋面和外墙保温系统均采用 B_1、B_2 级保温材料时，屋面与外墙之间应采用宽度不小于（　　）mm 的不燃材料设置防火隔离带进行分隔。

A. 200　　B. 300

C. 400　　D. 500

11. 建筑外墙的装饰层应采用燃烧性能为 A 级的材料，但建筑高度不大于（　　）m 时，可采用 B_1 级材料。

A. 24　　B. 27

C. 50　　D. 54

二、多项选择题

12. 以下场所中内部装修材料的燃烧性能等级应在原规定的基础上提高一级的有（　　）。（A 级除外）

A. 无窗房间　　B. 使用明火的餐厅

C. 办公室　　D. 教室

E. 科研实验室

13. 顶棚、墙面和地面应采用 A 级装修材料的场所有（　　）。

A. 图书馆　　B. 展览馆

C. 配电室　　D. 变压器室

E. 厨房

三、判断题

14. 建筑内部装修设计应尽可能采用不燃材料和难燃材料，避免采用燃烧时产生大量浓烟或有毒气体的材料，同时采取有效的防火措施。（　　）

15. 建筑内部装修不应擅自减少、改动、拆除、遮挡消防设施，疏散指示标志，安全出口，疏散出口，疏散走道和防火分区，防烟分区等。（　　）

参考答案及解析

培训项目 1

一、单项选择题

1. **【答案】** C

【解析】 民用建筑是指非生产性的住宅建筑和公共建筑。

2. **【答案】** D

【解析】 工业建筑是指供生产用的各类建筑，分为厂房和库房两大类。

3. **【答案】** C

【解析】 商业服务网点是指设置在住宅建筑的首层或首层及二层，每个分隔单元建筑面积不大于 $300m^2$ 的商店、邮政所、储蓄所、理发店等小型营业性用房。

4. **【答案】** D

【解析】 商业服务网点是指设置在住宅建筑的首层或首层及二层，每个分隔单元建筑面积不大于 $300m^2$ 的商店、邮政所、储蓄所、理发店等小型营业性用房。

5. **【答案】** D

【解析】 高层建筑是指建筑高度大于 27m 的住宅建筑和其他建筑高度大于 24m 的非单层建筑。

6. **【答案】** C

【解析】 单、多层建筑是指建筑高度不大于 27m 的住宅建筑（包括设置商业服务网点的住宅建筑），建筑高度不大于 24m（或大于 24m 的单层）的公共建筑和工业建筑。

7. **【答案】** D

【解析】 高层民用建筑根据其建筑高度、使用功能和楼层的建筑面积可分为一类和二类，建筑高度大于 100m 的建筑称为超高层建筑。

8.【答案】B

【解析】二类高层住宅建筑是指建筑高度大于 27m，但不大于 54m 的住宅建筑（包括设置商业服务网点的住宅建筑）。

9.【答案】C

【解析】一类高层公共建筑包括：

（1）建筑高度大于 50m 的公共建筑。

（2）建筑高度 24m 以上部分任一楼层建筑面积大于 $1000m^2$ 的商店、展览、电信、邮政、财贸金融建筑和其他多种功能组合的建筑。

（3）医疗建筑、重要公共建筑、独立建筑的老年人照料设施。

（4）省级及以上的广播电视和防灾指挥调度建筑、网局级和省级电力调度建筑。

（5）藏书超过 100 万册的图书馆、书库。

10.【答案】C

【解析】建筑高度大于 24m 的医疗建筑、重要公共建筑、独立建筑的老年人照料设施均属于一类高层公共建筑。

11.【答案】B

【解析】单、多层建筑是指建筑高度不大于 27m 的住宅建筑（包括设置商业服务网点的住宅建筑），建筑高度不大于 24m（或大于 24m 的单层）的公共建筑和工业建筑。一类高层公共建筑中的医疗建筑其建筑高度必须大于 24m，因此建筑高度为 21m 的医疗建筑属于多层公共建筑。

12.【答案】A

【解析】地下室是指房间地面低于室外设计地面的平均高度大于该房间平均净高 1/2 的建筑。

13.【答案】D

【解析】单、多层建筑是指建筑高度不大于 27m 的住宅建筑（包括设置商业服务网点的住宅建筑），建筑高度不大于 24m（或大于 24m 的单层）的公共建筑和工业建筑。

14.【答案】A

【解析】砖混结构建筑是指竖向承重构件采用砖墙或砖柱，水平承重构件采用钢筋混凝土楼板、屋面板的建筑。

15.【答案】C

【解析】钢筋混凝土结构建筑是指用钢筋混凝土做柱、梁、楼板及屋顶等主要承重构件，砖或其他轻质材料做墙体等围护构件的建筑。

16.【答案】A

【解析】钢与钢筋混凝土混合结构（钢混结构）建筑是指屋顶采用钢结构，其他主要承重构件采用钢筋混凝土结构的建筑。

17.【答案】D

【解析】框架结构是指由梁和柱以刚接或铰接相连接成承重体系的房屋建筑结构。承重部分构件通常采用钢筋混凝土或钢板制作的梁、柱、楼板形成骨架，墙体不承重而只起围护和分隔作用。

18.【答案】A

【解析】建筑按结构的设计使用年限可分为以下几类（见下表）：

类别	设计使用年限（年）
临时性建筑	5
易于替换结构构件的建筑	25
普通房屋和构筑物	50
标志性建筑和特别重要的建筑	100

由此可以看出，设计使用年限最短的是临时性建筑。

19.【答案】D

【解析】建筑按结构的设计使用年限可分为以下几类（见下表）：

类别	设计使用年限（年）
临时性建筑	5
易于替换结构构件的建筑	25
普通房屋和构筑物	50
标志性建筑和特别重要的建筑	100

由此可以看出，设计使用年限最长的是标志性建筑和特别重要的建筑。

20. 【答案】D

【解析】生产的火灾危险性类别为甲类：

(1) 闪点小于28℃的液体。

(2) 爆炸下限小于10%的气体。

(3) 常温下能自行分解或在空气中氧化能导致迅速自燃或爆炸的物质。

(4) 常温下受到水或空气中水蒸气的作用，能产生可燃气体并引起燃烧或爆炸的物质。

(5) 遇酸、受热、撞击、摩擦、催化以及遇有机物或硫黄等易燃的无机物，极易引起燃烧或爆炸的强氧化剂。

(6) 受撞击、摩擦或与氧化剂、有机物接触时能引起燃烧或爆炸的物质。

(7) 在密闭设备内操作温度不小于物质本身自燃点的生产。

选项D为乙类火灾危险性物质。

21. 【答案】B

【解析】生产的火灾危险性类别为乙类：

(1) 闪点不小于28℃，但小于60℃的液体。

(2) 爆炸下限不小于10%的气体。

(3) 不属于甲类的氧化剂。

(4) 不属于甲类的易燃固体。

(5) 助燃气体。

(6) 能与空气形成爆炸性混合物的浮游状态的粉尘、纤维、闪点不小于60℃的液体雾滴。

选项B为丙类火灾危险性物质。

22. 【答案】C

【解析】对于丁、戊类储存物品仓库的火灾危险性，当可燃包装质量大于物品本身质量1/4或可燃包装体积大于物品本身体积的1/2时，应按丙类确定。

23. 【答案】A

【解析】对于丁、戊类储存物品仓库的火灾危险性，当可燃包装质量大于物品本身质量1/4或可燃包装体积大于物品本身体积的1/2时，应按丙类确定。

24. 【答案】B

【解析】当符合下述条件之一时，可按火灾危险性较小的部分确定：

火灾危险性较大的生产部分占本层或本防火分区建筑面积的比例小于5%或丁、戊类厂房内的油漆工段小于10%，且发生火灾事故时不足以蔓延至其他部位或火灾危险性较大的生产部分采取了有效的防火措施。

二、多项选择题

25. 【答案】AE

【解析】工业建筑是指供生产用的各类建筑，分为厂房和库房两大类。

26. 【答案】AB

【解析】民用建筑是指非生产性的住宅建筑和公共建筑。

27. 【答案】BD

【解析】生产的火灾危险性类别为甲类：

(1) 闪点小于28℃的液体。

(2) 爆炸下限小于10%的气体。

(3) 常温下能自行分解或在空气中氧化能导致迅速自燃或爆炸的物质。

(4) 常温下受到水或空气中水蒸气的作用，能产生可燃气体并引起燃烧或爆炸的物质。

(5) 遇酸、受热、撞击、摩擦、催化以及遇有机物或硫黄等易燃的无机物，极易引起燃烧或爆炸的强氧化剂。

(6) 受撞击、摩擦或与氧化剂、有机物接触时能引起燃烧或爆炸的物质。

(7) 在密闭设备内操作温度不小于物质本

身自燃点的生产。

28.【答案】AB

【解析】生产的火灾危险性类别为丙类：

（1）闪点不小于60℃的液体。

（2）可燃固体。

29.【答案】ABC

【解析】丁、戊类厂房内的油漆工段，当采用封闭喷漆工艺，封闭喷漆空间内保持负压、油漆工段设置可燃气体探测报警系统或自动抑爆系统，且油漆工段占所在防火分区建筑面积的比例不大于20%时，可按火灾危险性较小的部分确定。

三、判断题

30.【答案】错误

【解析】基础是位于建筑最下部的承重构件，承受着建筑的全部荷载，并将这些荷载传递给地基。

31.【答案】正确

32.【答案】正确

33.【答案】错误

【解析】半地下室是指房间地面低于室外设计地面的平均高度大于该房间平均净高的1/3，且不大于1/2的建筑。

34.【答案】错误

【解析】普通房屋和构筑物设计使用年限（年）一般为50年；标志性建筑和特别重要的建筑设计使用年限（年）一般为100年。

培训项目 2

一、单项选择题

1.【答案】A

【解析】建筑材料及制品的燃烧性能等级见下表。

燃烧性能等级	名称
A	不燃材料（制品）
B_1	难燃材料（制品）
B_2	可燃材料（制品）
B_3	易燃材料（制品）

2.【答案】B

【解析】建筑材料及制品的燃烧性能等级见下表。

燃烧性能等级	名称
A	不燃材料（制品）
B_1	难燃材料（制品）
B_2	可燃材料（制品）
B_3	易燃材料（制品）

3.【答案】C

【解析】建筑材料及制品的燃烧性能等级见下表。

燃烧性能等级	名称
A	不燃材料（制品）
B_1	难燃材料（制品）
B_2	可燃材料（制品）
B_3	易燃材料（制品）

4.【答案】D

【解析】建筑材料及制品的燃烧性能等级见下表。

燃烧性能等级	名称
A	不燃材料（制品）
B_1	难燃材料（制品）
B_2	可燃材料（制品）
B_3	易燃材料（制品）

5.【答案】D

【解析】建筑构件的燃烧性能取决于组成建筑构件材料的燃烧性能。根据建筑材料的燃烧性能不同，建筑构件分为不燃性构件、难燃性构件和可燃性构件。

6.【答案】B

【解析】不燃性构件是指用不燃材料做成的构件，如混凝土柱、混凝土楼板、砖墙、混凝土楼梯等。

7.【答案】D

【解析】难燃性构件是指用难燃材料做成的构件或用可燃材料做成而用非燃烧性材料做保护层的构件，如水泥刨花复合板隔墙、木龙骨两面钉石膏板隔墙、板条抹灰墙等。

8.【答案】C

【解析】可燃性构件是指用可燃材料做成的构件，如木柱、木楼板、竹制吊顶等。

二、多项选择题

9.【答案】ABC

【解析】A级材料是指不燃材料（制品），在空气中遇明火或高温作用下不起火、不微燃、不碳化，如大理石、玻璃、钢材、混凝土石膏板、铝塑板、金属复合板等。

10.【答案】ABE

【解析】B_1级材料是指难燃材料（制品），在空气中遇明火或高温作用下难起火、难微燃、难碳化，如水泥刨花板、矿棉板、难燃木材、难燃胶合板、难燃聚氯乙烯塑料、硬PVC塑料地板等。

11.【答案】CDE

【解析】B_2级材料是指可燃材料（制品），在空气中遇明火或高温作用下会立即起火或发生微燃，火源移开后继续保持燃烧或微燃，如天然木材、胶合板、人造革、墙布、半硬质PVC塑料地板等。

三、判断题

12.【答案】正确

培训项目3

一、单项选择题

1.【答案】D

【解析】耐火稳定性是指在标准耐火试验条件下，承重建筑构件在一定时间内抵抗坍塌的能力。

2.【答案】A

【解析】耐火完整性是指在标准耐火试验条件下，当建筑分隔构件一面受火时，在一定时间内防止火焰和烟气穿透或在背火面出现火焰的能力。

3.【答案】B

【解析】耐火隔热性是指在标准耐火试验条件下，当建筑分隔构件一面受火时，在一定时间内防止其背火面温度超过规定值的能力。

二、多项选择题

4.【答案】ABC

【解析】耐火极限是指在标准耐火试验条件下，建筑构件、配件或结构从受到火的作用时起，至失去承载能力、完整性或隔热性时止所用的时间，用小时（h）表示。

5.【答案】ADE

【解析】构件发生以下任一限定情况即认为丧失完整性：

（1）依据标准耐火试验，棉垫被点燃。

（2）依据标准耐火试验，缝隙探棒可以穿过。

（3）背火面出现火焰且持续时间超过10s。

6.【答案】DE

【解析】构件背火面温升出现以下任一限定情况即认为丧失隔热性：

（1）平均温升超过初始平均温度140℃。

（2）任一位置的温升超过初始温度180℃

（初始温度应是试验开始时背火面的初始平均温度）。

7. 【答案】BCD

【解析】影响建筑构件耐火性能的主要因素有：

（1）材料本身的燃烧性能。

（2）材料的高温力学性能和导热性能。

（3）建筑构件的截面尺寸。

（4）构件的制作方法。

（5）构件间的构造方式。

（6）保护层的厚度。

三、判断题

8. 【答案】错误

【解析】建筑耐火能力取决于建筑构件的燃烧性能和耐火极限。

9. 【答案】正确

10. 【答案】错误

【解析】一些构件例如：承重构件（如梁、柱、屋架等）不具备隔断火焰和阻隔热传导的功能，所以失去稳定性即达到其耐火极限。

11. 【答案】正确

培训项目 4

一、单项选择题

1. 【答案】A

【解析】我国将建筑的耐火等级划分为以下四级，分别是一级耐火等级建筑、二级耐火等级建筑、三级耐火等级建筑、四级耐火等级建筑。

2. 【答案】B

【解析】一级耐火等级建筑是指主要建筑构件全部为不燃烧体且满足相应耐火极限要求的建筑。地下或半地下建筑、一类高层建筑的耐火等级不低于一级，如医疗建筑、重要公共建筑、高度大于 54m 的住宅等。

3. 【答案】C

【解析】二级耐火等级建筑是指主要建筑构件除吊顶为难燃烧体，其余构件为不燃烧体，且满足相应耐火极限要求的建筑。单、多层重要公共建筑和二类高层建筑的耐火等级不低于二级，如建筑高度大于 27m，但不大于 54m 的住宅。选项 D 为一类高层建筑，耐火等级不低于一级。

4. 【答案】A

【解析】防火墙在任何耐火等级的建筑中，均应采用燃烧性能为不燃性墙体，且耐火极限不低于 3.00h。

5. 【答案】B

【解析】不同耐火等级民用建筑相应构件的燃烧性能和耐火极限见下表（单位：h）。

构件名称		耐火等级			
		一级	二级	三级	四级
墙	防火墙	不燃性 3.00	不燃性 3.00	不燃性 3.00	不燃性 3.00
	承重墙	不燃性 3.00	不燃性 2.50	不燃性 2.00	难燃性 0.50
	非承重外墙	不燃性 1.00	不燃性 1.00	不燃性 0.50	可燃性
	楼梯间、前室的墙，电梯井的墙，住宅建筑单元之间的墙和分户墙	不燃性 2.00	不燃性 2.00	不燃性 1.50	难燃性 0.50
	疏散走道两侧的隔墙	不燃性 1.00	不燃性 1.00	不燃性 0.50	难燃性 0.25
	房间隔墙	不燃性 0.75	不燃性 0.50	难燃性 0.50	难燃性 0.25
柱		不燃性 3.00	不燃性 2.50	不燃性 2.00	难燃性 0.50
梁		不燃性 2.00	不燃性 1.50	不燃性 1.00	难燃性 0.50

由此可见，不同耐火等级民用建筑柱子的燃烧性能和耐火极限与承重墙一致。

6. 【答案】C

【解析】耐火等级为一级的建筑构件的耐火极限：柱 3.00h＞梁 2.00h＞楼板 1.50h＞非承重外墙 1.00h。

7. 【答案】A

【解析】不同耐火等级民用建筑梁的的燃烧性能和耐火极限见下表（单位：h）。

构件名称	耐火等级			
	一级	二级	三级	四级
梁	不燃性 2.00	不燃性 1.50	不燃性 1.00	难燃性 0.50

8. 【答案】C

【解析】不同耐火等级民用建筑楼板的燃烧性能和耐火极限见下表（单位：h）。

构件名称	耐火等级			
	一级	二级	三级	四级
楼板	不燃性 1.50	不燃性 1.00	不燃性 0.50	可燃性

二、多项选择题

9. 【答案】ABCD

【解析】影响建筑耐火等级选定的因素主要有建筑物的重要性、使用性质、火灾危险性、建筑物的高度和面积、火灾荷载的大小等。

三、判断题

10. 【答案】错误

【解析】建筑耐火等级是衡量建筑抵抗火灾能力大小的标准，由建筑构件的燃烧性能和耐火极限中的最低者决定。

11. 【答案】错误

【解析】四级耐火等级建筑是指主要构件除防火墙采用不燃烧体外，其余构件为难燃烧体和可燃烧体且满足相应耐火极限要求的建筑，如以木柱、木屋架承重的建筑。

12. 【答案】错误

【解析】除另有规定外，以木柱承重且墙体采用不燃材料的建筑，其耐火等级应按四级确定。

13. 【答案】正确

培训项目 5

一、单项选择题

1. 【答案】A

【解析】公共建筑、工业建筑防烟分区的最大允许面积及其长边最大允许长度见下表。

空间净高 H（m）	最大允许面积（m^2）	长边最大允许长度（m）
$H\leqslant 3.0$	500	24
$3.0<H\leqslant 6.0$	1000	36
$H>6.0$	2000	60；具有自然对流条件时，不应大于 75

2. 【答案】A

【解析】公共建筑、工业建筑防烟分区的最大允许面积及其长边最大允许长度见下表。

空间净高 H（m）	最大允许面积（m^2）	长边最大允许长度（m）
$H\leqslant 3.0$	500	24
$3.0<H\leqslant 6.0$	1000	36
$H>6.0$	2000	60；具有自然对流条件时，不应大于 75

3. 【答案】D

【解析】公共建筑、工业建筑防烟分区的最大允许面积及其长边最大允许长度见下表。

空间净高 H（m）	最大允许面积（m^2）	长边最大允许长度（m）
$H \leqslant 3.0$	500	24
$3.0 \leqslant H \leqslant 6.0$	1000	36
$H > 6.0$	2000	60；具有自然对流条件时，不应大于75

4. 【答案】B

【解析】公共建筑、工业建筑防烟分区的最大允许面积及其长边最大允许长度见下表。

空间净高 H（m）	最大允许面积（m^2）	长边最大允许长度（m）
$H \leqslant 3.0$	500	24
$3.0 \leqslant H \leqslant 6.0$	1000	36
$H > 6.0$	2000	60；具有自然对流条件时，不应大于75

5. 【答案】B

【解析】公共建筑、工业建筑防烟分区的最大允许面积及其长边最大允许长度见下表。

空间净高 H（m）	最大允许面积（m^2）	长边最大允许长度（m）
$H \leqslant 3.0$	500	24
$3.0 \leqslant H \leqslant 6.0$	1000	36
$H > 6.0$	2000	60；具有自然对流条件时，不应大于75

6. 【答案】C

【解析】水平防火分区是指建筑某一楼层内采用具有一定耐火能力的防火分隔物（如防火墙、防火门、防火窗和防火卷帘等），按规定的建筑面积标准分隔的防火单元。

7. 【答案】D

【解析】竖向防火分区是指采用具有一定耐火能力的楼板和窗间墙将建筑上下层隔开。对于建筑中庭、自动扶梯、楼梯间、管道井、窗槛墙等上下连通的空间，一般采用防火卷帘、防火门、防火封堵等方式对上下楼层进行防火分隔。

8. 【答案】B

【解析】高层民用建筑允许建筑高度或层数、防火分区最大允许建筑面积见下表。

名称	耐火等级	允许建筑高度或层数	防火分区的最大允许建筑面积（m^2）	备注
高层民用建筑	一、二级	按规范确定	1500	对于体育馆、剧场的观众厅，防火分区的最大允许建筑面积可适当增加

9. 【答案】A

【解析】民用建筑允许建筑高度或层数、防火分区最大允许建筑面积见下表。

名称	耐火等级	允许建筑高度或层数	防火分区的最大允许建筑面积（m^2）	备注
单、多层民用建筑	一、二级	按规范确定	2500	对于体育馆、剧场的观众厅，防火分区的最大允许建筑面积可适当增加
	三级	5层	1200	—
	四级	2层	600	—

10.【答案】C

【解析】民用建筑允许建筑高度或层数、防火分区最大允许建筑面积见下表。

名称	耐火等级	允许建筑高度或层数	防火分区的最大允许建筑面积（m^2）	备注
单、多层民用建筑	一、二级	按规范确定	2500	对于体育馆、剧场的观众厅，防火分区的最大允许建筑面积可适当增加
	三级	5层	1200	—
	四级	2层	600	—

11.【答案】D

【解析】民用建筑允许建筑高度或层数、防火分区最大允许建筑面积见下表。

名称	耐火等级	允许建筑高度或层数	防火分区的最大允许建筑面积（m^2）	备注
单、多层民用建筑	一、二级	按规范确定	2500	对于体育馆、剧场的观众厅，防火分区的最大允许建筑面积可适当增加
	三级	5层	1200	—
	四级	2层	600	—

12.【答案】D

【解析】民用建筑允许建筑高度或层数、防火分区最大允许建筑面积见下表。

名称	耐火等级	允许建筑高度或层数	防火分区的最大允许建筑面积（m^2）	备注
地下或半地下建筑（室）	一级	—	500	设备用房的防火分区最大允许建筑面积不应大于1000m^2

13.【答案】C

【解析】民用建筑允许建筑高度或层数、防火分区最大允许建筑面积见下表。

名称	耐火等级	允许建筑高度或层数	防火分区的最大允许建筑面积（m^2）	备注
单、多层民用建筑	一、二级	按规范确定	2500	对于体育馆、剧场的观众厅，防火分区的最大允许建筑面积可适当增加
	三级	5层	1200	—
	四级	2层	600	—

14.【答案】B

【解析】民用建筑允许建筑高度或层数、防火分区最大允许建筑面积见下表。

名称	耐火等级	允许建筑高度或层数	防火分区的最大允许建筑面积（m^2）	备注
单、多层民用建筑	一、二级	按规范确定	2500	对于体育馆、剧场的观众厅，防火分区的最大允许建筑面积可适当增加
	三级	5层	1200	—
	四级	2层	600	—

15. **【答案】**B

【解析】当建筑内设置自动灭火系统时，可按规范要求增加1.0倍；局部设置时，防火分区的增加面积可按该局部面积的1.0倍计算。

16. **【答案】**B

【解析】民用建筑允许建筑高度或层数、防火分区最大允许建筑面积见下表。

名称	耐火等级	允许建筑高度或层数	防火分区的最大允许建筑面积（m^2）	备注
地下或半地下建筑（室）	一级	—	500	设备用房的防火分区最大允许建筑面积不应大于1000m^2

17. **【答案】**D

【解析】厂房的层数和每个防火分区的最大允许建筑面积见下表。

生产的火灾危险性类别	厂房的耐火等级	最多允许层数	每个防火分区的最大允许建筑面积（m^2）			
			单层厂房	多层厂房	高层厂房	地下或半地下厂房（包括地下或半地下室）
乙	一级	不限	5000	4000	2000	—
	二级	6	4000	3000	1500	—

18. **【答案】**C

【解析】厂房的层数和每个防火分区的最大允许建筑面积见下表。

生产的火灾危险性类别	厂房的耐火等级	最多允许层数	每个防火分区的最大允许建筑面积（m^2）			
			单层厂房	多层厂房	高层厂房	地下或半地下厂房（包括地下或半地下室）
乙	一级	不限	5000	4000	2000	—
	二级	6	4000	3000	1500	—

19. **【答案】**C

【解析】厂房的层数和每个防火分区的最大允许建筑面积见下表。

生产的火灾危险性类别	厂房的耐火等级	最多允许层数	每个防火分区的最大允许建筑面积（m^2）			
			单层厂房	多层厂房	高层厂房	地下或半地下厂房（包括地下或半地下室）
甲	一级	宜采用单层	4000	3000	—	—
	二级		3000	2000	—	—

20. **【答案】** B

【解析】 厂房的层数和每个防火分区的最大允许建筑面积见下表。

<table>
<tr><th rowspan="2">生产的火灾危险性类别</th><th rowspan="2">厂房的耐火等级</th><th rowspan="2">最多允许层数</th><th colspan="4">每个防火分区的最大允许建筑面积（m^2）</th></tr>
<tr><th>单层厂房</th><th>多层厂房</th><th>高层厂房</th><th>地下或半地下厂房（包括地下或半地下室）</th></tr>
<tr><td rowspan="3">丙</td><td>一级</td><td>不限</td><td>不限</td><td>6000</td><td>3000</td><td>500</td></tr>
<tr><td>二级</td><td>不限</td><td>8000</td><td>4000</td><td>2000</td><td>500</td></tr>
<tr><td>三级</td><td>2</td><td>3000</td><td>2000</td><td>—</td><td>—</td></tr>
</table>

21. **【答案】** D

【解析】 厂房的层数和每个防火分区的最大允许建筑面积见下表。

<table>
<tr><th rowspan="2">生产的火灾危险性类别</th><th rowspan="2">厂房的耐火等级</th><th rowspan="2">最多允许层数</th><th colspan="4">每个防火分区的最大允许建筑面积（m^2）</th></tr>
<tr><th>单层厂房</th><th>多层厂房</th><th>高层厂房</th><th>地下或半地下厂房（包括地下或半地下室）</th></tr>
<tr><td rowspan="3">丙</td><td>一级</td><td>不限</td><td>不限</td><td>6000</td><td>3000</td><td>500</td></tr>
<tr><td>二级</td><td>不限</td><td>8000</td><td>4000</td><td>2000</td><td>500</td></tr>
<tr><td>三级</td><td>2</td><td>3000</td><td>2000</td><td>—</td><td>—</td></tr>
</table>

22. **【答案】** C

【解析】 厂房的层数和每个防火分区的最大允许建筑面积见下表。

<table>
<tr><th rowspan="2">生产的火灾危险性类别</th><th rowspan="2">厂房的耐火等级</th><th rowspan="2">最多允许层数</th><th colspan="4">每个防火分区的最大允许建筑面积（m^2）</th></tr>
<tr><th>单层厂房</th><th>多层厂房</th><th>高层厂房</th><th>地下或半地下厂房（包括地下或半地下室）</th></tr>
<tr><td rowspan="3">丙</td><td>一级</td><td>不限</td><td>不限</td><td>6000</td><td>3000</td><td>500</td></tr>
<tr><td>二级</td><td>不限</td><td>8000</td><td>4000</td><td>2000</td><td>500</td></tr>
<tr><td>三级</td><td>2</td><td>3000</td><td>2000</td><td>—</td><td>—</td></tr>
</table>

23. **【答案】** A

【解析】 仓库的层数和每个防火分区的最大允许建筑面积见下表。

<table>
<tr><th rowspan="3" colspan="2">储存物品的火灾危险性类别</th><th rowspan="3">仓库的耐火等级</th><th rowspan="3">最多允许层数</th><th colspan="7">每座仓库的最大允许占地面积和每个防火分区的最大允许建筑面积（m^2）</th></tr>
<tr><th colspan="2">单层仓库</th><th colspan="2">多层仓库</th><th colspan="2">高层仓库</th><th>地下或半地下仓库（包括地下或半地下室）</th></tr>
<tr><th>每座仓库</th><th>防火分区</th><th>每座仓库</th><th>防火分区</th><th>每座仓库</th><th>防火分区</th><th>防火分区</th></tr>
<tr><td rowspan="2">甲</td><td>3、4项</td><td>一级</td><td>1</td><td>180</td><td>60</td><td>—</td><td>—</td><td>—</td><td>—</td><td>—</td></tr>
<tr><td>1、2、5、6项</td><td>一、二级</td><td>1</td><td>750</td><td>250</td><td>—</td><td>—</td><td>—</td><td>—</td><td>—</td></tr>
</table>

24. **【答案】** A

【解析】 仓库的层数和每个防火分区的最大允许建筑面积见下表。

储存物品的火灾危险性类别		仓库的耐火等级	最多允许层数	每座仓库的最大允许占地面积和每个防火分区的最大允许建筑面积（m^2）						
				单层仓库		多层仓库		高层仓库		地下或半地下仓库（包括地下或半地下室）
				每座仓库	防火分区	每座仓库	防火分区	每座仓库	防火分区	防火分区
乙	1、3、4 项	一、二级	3	2000	500	900	300	—	—	—
		三级	1	500	250	—	—	—	—	—
	2、5、6 项	一、二级	5	2800	700	1500	500	—	—	—
		三级	1	900	300	—	—	—	—	—

25. **【答案】** C

【解析】 仓库的层数和每个防火分区的最大允许建筑面积见下表。

储存物品的火灾危险性类别	仓库的耐火等级	最多允许层数	每座仓库的最大允许占地面积和每个防火分区的最大允许建筑面积（m^2）						
			单层仓库		多层仓库		高层仓库		地下或半地下仓库（包括地下或半地下室）
			每座仓库	防火分区	每座仓库	防火分区	每座仓库	防火分区	防火分区
丁	一、二级	不限	不限	3000	不限	1500	4800	1200	500
	三级	3	3000	1000	1500	500	—	—	—
	四级	1	2100	700	—	—	—	—	—
戊	一、二级	不限	不限	不限	不限	2000	6000	1500	1000
	三级	3	3000	1000	2100	700	—	—	—
	四级	1	2100	700	—	—	—	—	—

厂房的层数和每个防火分区的最大允许建筑面积分别见下表。

生产的火灾危险性类别	厂房的耐火等级	最多允许层数	每个防火分区的最大允许建筑面积（m^2）			
			单层厂房	多层厂房	高层厂房	地下或半地下厂房（包括地下或半地下室）
丁	一、二级	不限	不限	不限	4000	1000
	三级	3	4000	2000	—	—
	四级	1	1000	—	—	—
戊	一、二级	不限	不限	不限	6000	1000
	三级	3	5000	3000	—	—
	四级	1	1500	—	—	—

26. **【答案】** A

【解析】 仓库的层数和每个防火分区的最大允许建筑面积见下表。

储存物品的火灾危险性类别	仓库的耐火等级	最多允许层数	每座仓库的最大允许占地面积和每个防火分区的最大允许建筑面积（m^2）						
			单层仓库		多层仓库		高层仓库		地下或半地下仓库（包括地下或半地下室）
			每座仓库	防火分区	每座仓库	防火分区	每座仓库	防火分区	防火分区
丁	一、二级	不限	不限	3000	不限	1500	4800	1200	500
	三级	3	3000	1000	1500	500	—	—	—
	四级	1	2100	700	—	—	—	—	—
戊	一、二级	不限	不限	不限	不限	2000	6000	1500	1000
	三级	3	3000	1000	2100	700	—	—	—
	四级	1	2100	700	—	—	—	—	—

厂房的层数和每个防火分区的最大允许建筑面积分别见下表。

生产的火灾危险性类别	厂房的耐火等级	最多允许层数	每个防火分区的最大允许建筑面积（m^2）			
			单层厂房	多层厂房	高层厂房	地下或半地下厂房（包括地下或半地下室）
丁	一、二级	不限	不限	不限	4000	1000
	三级	3	4000	2000	—	—
	四级	1	1000	—	—	—
戊	一、二级	不限	不限	不限	6000	1000
	三级	3	5000	3000	—	—
	四级	1	1500	—	—	—

27. **【答案】**D

【解析】当空间净高度大于9m时，防烟分区之间可不设置挡烟设施。

二、多项选择题

28. **【答案】**ABC

【解析】民用建筑根据建筑类型、耐火等级、建筑高度或层数规定了防火分区的最大允许建筑面积。

29. **【答案】**ABC

【解析】防烟分区的划分应综合考虑建筑类型、建筑面积和高度、顶棚高度、储烟仓形状等因素。

三、判断题

30. **【答案】**正确

31. **【答案】**错误

【解析】除甲类厂房外的一、二级耐火等级厂房，当其防火分区的建筑面积大于规范规定，且设置防火墙确有困难时，可采用防火卷帘或防火分隔水幕分隔。

32. **【答案】**正确

33. **【答案】**正确

34. **【答案】**错误

【解析】仓库内设置自动灭火系统时，除冷库的防火分区外，每座仓库的最大允许占地面积和每个防火分区的最大允许建筑面积可按规范规定增加1.0倍。

35. **【答案】**正确

36. **【答案】**错误

【解析】公共建筑、工业建筑中的走道宽度不大于2.5m时，其防烟分区的长边长度不应大于60m。

37. **【答案】**正确

培训项目 6

一、单项选择题

1. 【答案】D

【解析】民用建筑之间的防火间距见下表（单位：m）。

建筑类别		高层民用建筑	裙房和其他民用建筑		
		一、二级	一、二级	三级	四级
高层民用建筑	一、二级	13	9	11	14
裙房和其他民用建筑	一、二级	9	6	7	9
	三级	11	7	8	10
	四级	14	9	10	12

2. 【答案】B

【解析】民用建筑之间的防火间距见下表（单位：m）。

建筑类别		高层民用建筑	裙房和其他民用建筑		
		一、二级	一、二级	三级	四级
高层民用建筑	一、二级	13	9	11	14
裙房和其他民用建筑	一、二级	9	6	7	9
	三级	11	7	8	10
	四级	14	9	10	12

3. 【答案】A

【解析】民用建筑之间的防火间距见下表（单位：m）。

建筑类别		高层民用建筑	裙房和其他民用建筑		
		一、二级	一、二级	三级	四级
高层民用建筑	一、二级	13	9	11	14
裙房和其他民用建筑	一、二级	9	6	7	9
	三级	11	7	8	10
	四级	14	9	10	12

4. 【答案】D

【解析】乙类厂房与重要公共建筑的防火间距不宜小于 50m。

5. 【答案】B

【解析】乙类厂房与明火或散发火花地点的防火间距不宜小于 30m。

6. 【答案】A

【解析】厂房之间及与乙、丙、丁、戊类仓库、民用建筑的防火间距见下表（单位：m）。

名称			甲类厂房	乙类厂房（仓库）			丙、丁、戊类厂房（仓库）				民用建筑				
			单、多层	单、多层		高层	单、多层			高层	裙房，单、多层			高层	
			一、二级	一、二级	三级	一、二级	一、二级	三级	四级	一、二级	一、二级	三级	四级	一类	二类
甲类厂房	单、多层	一、二级	12	12	14	13	12	14	16	13	25			50	
乙类厂房	单、多层	一、二级	12	10	12	13	10	12	14	13					
		三级	14	12	14	15	12	14	16	15					
	高层	一、二级	13	13	15	13	13	15	17	13					

7.【答案】D

【解析】厂房之间及与乙、丙、丁、戊类仓库、民用建筑的防火间距见下表（单位：m）。

名称			甲类厂房	乙类厂房（仓库）			丙、丁、戊类厂房（仓库）				民用建筑				
			单、多层	单、多层		高层	单、多层			高层	裙房，单、多层			高层	
			一、二级	一、二级	三级	一、二级	一、二级	三级	四级	一、二级	一、二级	三级	四级	一类	二类
甲类厂房	单、多层	一、二级	12	12	14	13	12	14	16	13	25			50	
乙类厂房	单、多层	一、二级	12	10	12	13	10	12	14	13					
		三级	14	12	14	15	12	14	16	15					
	高层	一、二级	13	13	15	13	13	15	17	13					

8.【答案】B

【解析】单、多层戊类厂房之间及与戊类仓库的防火间距可按规范规定减少2m。

9.【答案】C

【解析】为丙、丁、戊类厂房服务而单独设置的生活用房应按民用建筑确定，与所属厂房的防火间距不应小于6m。

10.【答案】D

【解析】甲类仓库之间及与其他建筑、明火或散发火花地点、铁路、道路等的防火间距见下表（单位：m）。

名称	甲类仓库（储量，t）			
	甲类储存物品 第 3、4 项		甲类储存物品 第 1、2、5、6 项	
	≤5	>5	≤10	>10
厂外铁路线中心线	40			

11.【答案】C

【解析】甲类仓库之间及与其他建筑、明火或散发火花地点、铁路、道路等的防火间距见下表（单位：m）。

名称	甲类仓库（储量，t）			
	甲类储存物品 第 3、4 项		甲类储存物品 第 1、2、5、6 项	
	≤5	>5	≤10	>10
厂内铁路线中心线	30			

12.【答案】B

【解析】甲类仓库之间及与其他建筑、明火或散发火花地点、铁路、道路等的防火间距见下表（单位：m）。

名称		甲类仓库（储量，t）			
		甲类储存物品 第 3、4 项		甲类储存物品 第 1、2、5、6 项	
		≤5	>5	≤10	>10
厂外道路路边		20			
厂内道路路边	主要	10			
	次要	5			

13.【答案】B

【解析】消防车道的净宽度和净空高度均不应小于 4.0m。

14.【答案】B

【解析】消防车道靠建筑外墙一侧的边缘距离建筑外墙不宜小于 5m。

15.【答案】C

【解析】消防车道的坡度不宜大于 8%。

16.【答案】B

【解析】附设在建筑内的消防水泵房、消防控制室、柴油发电机房等其他设备用房应采用耐火极限不低于 2.00h 的隔墙和 1.50h 的不燃性楼板与其他部位隔开。

17.【答案】B

【解析】歌舞娱乐放映游艺场所平面布置要求：

(1) 不应布置在地下二层及以下楼层。

(2) 宜布置在一、二级耐火等级建筑内的首层、二层或三层的靠外墙部位。

(3) 不宜布置在袋形走道的两侧或尽端。

(4) 确需布置在地下一层时，地下一层的地面与室外出入口地坪的高差不应大于 10m。

(5) 确需布置在地下或四层及以上楼层时，一个厅、室的建筑面积不应大于 $200m^2$。

18.【答案】D

【解析】会议厅、多功能厅平面布置要求：

宜布置在首层、二层或三层。设置在三级耐火等级的建筑内时，不应布置在三层及以上楼层。确需布置在一、二级耐火等级建筑的其他楼层时，应符合下列规定：

(1) 一个厅、室的疏散门不应少于2个，且建筑面积不宜大于400m²。

(2) 设置在地下或半地下时，宜设置在地下一层，不应设置在地下三层及以下楼层。

19. **【答案】** B

【解析】 儿童活动场所平面布置的要求：宜设置在独立的建筑内，且不应设置在地下或半地下；当采用一、二级耐火等级的建筑时，不应超过3层；采用三级耐火等级的建筑时，不应超过2层；采用四级耐火等级的建筑时，应为单层。确需设置在其他民用建筑内时，应符合下列规定：

(1) 设置在一、二级耐火等级的建筑内时，应布置在首层、二层或三层。

(2) 设置在三级耐火等级的建筑内时，应布置在首层或二层。

(3) 设置在四级耐火等级的建筑内时，应布置在首层。

(4) 设置在高层建筑内时，应设置独立的安全出口和疏散楼梯。

(5) 设置在单、多层建筑内时，宜设置独立的安全出口和疏散楼梯。

20. **【答案】** D

【解析】 建筑高度大于33m的住宅建筑、一类高层公共建筑和建筑高度大于32m的二类高层公共建筑、5层及以上且总建筑面积大于3000m²（包括设置在其他建筑内五层及以上楼层）的老年人照料设施，均应设置消防电梯。

21. **【答案】** C

【解析】 消防电梯的设置要求：

(1) 消防电梯应分别设置在不同防火分区内，且每个防火分区不应少于1台。地下或半地下建筑（室）相邻两个防火分区可共用1台消防电梯。

(2) 建筑高度大于32m且设置电梯的高层厂房（仓库），每个防火分区内宜设置1台消防电梯。

(3) 电梯从首层至顶层的运行时间不宜大于60s，在首层的消防电梯入口处应设置供消防员专用的操作按钮。

(4) 电梯轿厢的内部设置专用消防对讲电话，装修应采用不燃材料。

二、多项选择题

22. **【答案】** ABDE

【解析】 建筑总平面布局应综合考虑建筑的使用性质，生产经营规模，火灾危险性及所处的环境、地形、风向等因素，合理确定建筑之间的防火间距、消防车道、消防救援场地和入口、消防水源等。

23. **【答案】** ABCE

【解析】 防火间距由于场地等原因，难以满足国家规范的要求时，可根据建筑的实际情况采取以下措施：

(1) 改变建筑的生产和使用性质，尽量降低建筑的火灾危险性；改变房屋部分结构的耐火性能，提高建筑的耐火等级。

(2) 调整生产厂房的部分工艺流程，限制库房内储存物品的数量，提高部分构件的耐火性能和燃烧性能。

(3) 将建筑的普通外墙改造为防火墙或减小相邻建筑的开口面积。

(4) 拆除部分耐火等级低、占地面积小、存在价值低且与新建筑相邻的原有陈旧建筑。

(5) 设置独立的室外防火墙。

24. **【答案】** ACE

【解析】 燃油或燃气锅炉房、油浸变压器室、柴油发电机房不应布置在人员密集场所的上一层、下一层或贴邻。

25. **【答案】** ABCD

【解析】燃油或燃气锅炉房、油浸变压器室、消防水泵房、消防控制室其疏散门应直通室外或安全出口。

26.【答案】ACE

【解析】剧场、电影院、礼堂平面布置要求：

宜设置在独立的建筑内；采用三级耐火等级建筑时，不应超过2层；确需设置在其他民用建筑内时，至少应设置1个独立的安全出口和疏散楼梯，并应符合下列规定：

（1）应采用耐火极限不低于2.00h的防火隔墙和甲级防火门与其他区域分隔。

（2）设置在一、二级耐火等级的建筑内时，观众厅宜布置在首层、二层或三层；确需布置在四层及以上楼层时，一个厅、室的疏散门不应少于2个，且每个观众厅的建筑面积不宜大于400m²。

（3）设置在三级耐火等级的建筑内时，不应布置在三层及以上楼层。

（4）设置在地下或半地下时，宜设置在地下一层，不应设置在地下三层及以下楼层。

27.【答案】DE

【解析】老年人照料设施平面布置要求：

（1）老年人照料设施宜独立设置。独立建造的一、二级耐火等级老年人照料设施的建筑高度不宜大于32m，不应大于54m；独立建造的三级耐火等级老年人照料设施，不应超过2层。

（2）当老年人照料设施与其他建筑上、下组合时，老年人照料设施宜设置在建筑的下部。

（3）当老年人照料设施中的老年人公共活动用房、康复与医疗用房设置在地下、半地下时，应设置在地下一层，每间用房的建筑面积不应大于200m²且使用人数不应大于30人。

（4）当老年人照料设施中的老年人公共活动用房、康复与医疗用房设置在地上四层及以上时，每间用房的建筑面积不应大于200m²且使用人数不应大于30人。

三、判断题

28.【答案】正确

29.【答案】错误

【解析】两座建筑相邻，较高一面外墙为防火墙，或高出相邻较低一座一、二级耐火等级建筑的屋面15m及以下范围内的外墙为防火墙时，其防火间距不限。

30.【答案】正确

31.【答案】错误

【解析】发电厂内的主变压器，其油量可按单台确定。

32.【答案】错误

【解析】储罐之间的防火间距为相邻两储罐外壁的最近水平距离。

33.【答案】正确

34.【答案】正确

35.【答案】错误

【解析】建筑、储罐或堆场与铁路的防火间距为建筑外墙、储罐外壁或相邻堆垛外缘距铁路中心线的最小水平距离。

36.【答案】正确

37.【答案】错误

【解析】建筑高度超过100m且标准层面积超过2000m²的旅馆、办公楼、综合楼等公共建筑的屋顶宜设直升机停机坪或供直升机救助的设施。

培训项目7

一、单项选择题

1.【答案】C

【解析】高层民用建筑的疏散外门、走道和楼梯的各自总宽度，应按通过人数每100人不小于1.00m计算确定。

2.【答案】A

【解析】公共建筑内安全出口和疏散门的净宽度不应小于0.9m。

3.【答案】C

【解析】公共建筑内疏散走道和疏散楼梯的净宽度不应小于1.1m。

4.【答案】B

【解析】公共建筑内各房间疏散门的数量应计算确定且不应少于2个，疏散门的净宽度不应小于0.90m。

5.【答案】B

【解析】公共建筑内各房间疏散门的数量应计算确定且不应少于2个，疏散门的净宽度不应小于0.90m，每个房间相邻2个疏散门最近边缘之间的水平距离不应小于5m。

6.【答案】B

【解析】公共建筑内的每个防火分区或一个防火分区的每个楼层，其安全出口数量应经计算确定，且不应少于2个，安全出口最近边缘之间的水平距离不应小于5.0m。

7.【答案】C

【解析】除规范另有规定外，公共建筑内疏散门和安全出口的净宽度不应小于0.90m，疏散走道和疏散楼梯的净宽度不应小于1.10m。

8.【答案】B

【解析】不超过6层的单元式住宅一侧设有栏杆的疏散楼梯，其最小宽度可不小于1.0m。

9.【答案】A

【解析】人员密集的公共场所，其疏散门的净宽度不应小于1.4m，室外疏散小巷的净宽度不应小于3.0m。

10.【答案】D

【解析】厂房内疏散走道的净宽度不宜小于1.4m，公共建筑内疏散走道的净宽度不应小于1.1m。

11.【答案】A

【解析】疏散楼梯（间）设置的一般要求：

(1) 楼梯间应能天然采光和自然通风，并宜靠外墙设置。

(2) 楼梯间应在标准层或防火分区的两端布置，便于双向疏散，并应满足安全疏散距离的要求，尽量避免袋形走道。

(3) 楼梯间内不应有影响疏散的凸出物或其他障碍物。楼梯间及前室不应设置烧水间、可燃材料储藏室、垃圾道，不应设置可燃气体和甲、乙、丙类液体管道。

(4) 除通向避难层错位的疏散楼梯外，建筑内的疏散楼梯间在各层的平面位置不应改变。

12.【答案】A

【解析】敞开楼梯间是指与走廊或大厅都敞开在建筑内的楼梯，又称普通楼梯间。

13.【答案】B

【解析】封闭楼梯间是指在楼梯间入口处设置门，以防止火灾的烟气和热气进入的楼梯间。

14.【答案】C

【解析】防烟楼梯间是指在楼梯间入口处设置防烟的前室、开敞式阳台或凹廊（统称前室）等设施，且通向前室和楼梯间的门均为防火门，以防止火灾的烟气和热气进入的楼梯间。

15.【答案】D

【解析】室外疏散楼梯是指在建筑的外墙上设置的全部敞开的楼梯。

16.【答案】B

【解析】避难走道防火隔墙的耐火极限不应低于3.0h，楼板的耐火极限不应低于1.5h。

17.【答案】A

【解析】用于防火分隔的下沉式广场等室外开敞空间内应设置不少于1部直通地面的疏散楼梯。

18.【答案】B

【解析】不同区域通向用于防火分隔的下沉式广场等室外开敞空间的开口最近边缘之间的水平距离不应小于13m。

19.【答案】C

【解析】室外开敞空间除用于人员疏散外不得用于其他商业或可能导致火灾蔓延

的用途，其中用于疏散的净面积不应小于169m²。

二、多项选择题

20. 【答案】ABE

【解析】室外疏散楼梯应采用不燃烧材料制作，楼梯的最小净宽不小于0.9m，倾斜角度不大于45°，栏杆扶手的高度不小于1.1m；在楼梯周围2.0m内的墙面上不开设其他门、窗、洞口，疏散门应为乙级防火门。

21. 【答案】ABD

【解析】高层公共建筑内楼梯间的首层疏散门、首层疏散外门、疏散走道和疏散楼梯的最小净宽度见下表。

建筑类别	楼梯间的首层疏散门、首层疏散外门	疏散走道		疏散楼梯
		单面布房	双面布房	
高层医疗建筑	1.30	1.40	1.50	1.30
其他高层公共建筑	1.20	1.30	1.40	1.20

22. 【答案】AC

【解析】除托儿所、幼儿园外，建筑面积不大于200m²且人数不超过50人的单层建筑或多层建筑的首层，可设置一个安全出口。

23. 【答案】BCDE

【解析】避难层的设置应满足下列要求：

(1) 从首层到第一个避难层之间及两个避难层之间的高度不应大于50m。

(2) 通向避难层的疏散楼梯应在避难层分隔、同层错位或上下层断开，人员必须经避难层才能上下。

(3) 避难层的净面积应能满足设计避难人数避难的要求，宜按5人/m²计算。

(4) 避难层可与设备层结合布置，但设备管道应集中布置。

(5) 避难层应设置消防电梯出口。

(6) 避难层应设置消火栓和消防软管卷盘、直接对外的可开启窗口或独立的机械防烟设施、消防专线电话和应急广播。

24. 【答案】ABE

【解析】避难走道是指设置防烟设施且两侧采用防火墙分隔，用于人员安全通行至室外的走道。避难走道的设置应符合下列规定：

(1) 避难走道防火隔墙的耐火极限不应低于3.00h，楼板的耐火极限不应低于1.50h。

(2) 避难走道直通地面的出口不应少于2个，并应设置在不同方向；当避难走道仅与一个防火分区相通且该防火分区至少有1个直通室外的安全出口时，可设置1个直通地面的出口。任一防火分区通向避难走道的门至该避难走道最近直通地面的出口的距离不应大于60m。

(3) 避难走道的净宽度不应小于任一防火分区通向该避难走道的设计疏散总净宽度。

(4) 避难走道内部装修材料的燃烧性能应为A级。

(5) 防火分区至避难走道入口处应设置防烟前室，前室的使用面积不应小于6.0m²，开向前室的门应采用甲级防火门，前室开向避难走道的门应采用乙级防火门。

(6) 避难走道内应设置消火栓、消防应急照明、应急广播和消防专线电话。

25. 【答案】BDE

【解析】防火隔间只能用于相邻两个独立使用场所的人员相互通行，其设置应符合下列规定：

(1) 防火隔间的建筑面积不应小于6.0m²。

(2) 防火隔间的门应采用甲级防火门。

(3) 不同防火分区通向防火隔间的门不应计入安全出口，门的最小间距不应小于4m。

(4) 防火隔间内部装修材料的燃烧性能应为A级。

(5) 不应用于除人员通行外的其他用途。

三、判断题

26.【答案】正确

27.【答案】错误

【解析】建筑内全部设置自动喷水灭火系统时，其安全疏散距离可按规范规定增加25%。

28.【答案】正确

29.【答案】错误

【解析】避难层是建筑高度超过100m的公共建筑和住宅建筑中发生火灾时供人员临时避难使用的楼层。

30.【答案】正确

31.【答案】错误

【解析】任一防火分区通向避难走道的门至该避难走道最近直通地面的出口的距离不应大于60m。

32.【答案】正确

培训项目8

一、单项选择题

1.【答案】A

【解析】A级材料主要有花岗石、大理石、水磨石、水泥制品、混凝土制品、石膏板、石灰制品、黏土制品、玻璃、瓷砖、马赛克、钢铁等。选项A为B_1级材料。

2.【答案】D

【解析】常用建筑内部装修材料燃烧性能等级划分见下表。

地面材料	B_1	硬PVC塑料地板、水泥刨花板、水泥木丝板、氯丁橡胶地板等
	B_2	半硬质PVC塑料地板、PVC卷材地板、木地板氯纶地毯

3.【答案】D

【解析】图书、资料、档案等本身为易燃物，一旦发生火灾，火势发展迅速。因此，要求此类场所的顶棚、墙面应采用A级装修材料，地面应使用不低于B_1级的装修材料。选项A、B、C其内部装修应全部采用A级装修材料。

4.【答案】A

【解析】歌舞娱乐放映游艺场所设置在一、二级耐火等级建筑的四层及四层以上时，室内装修的顶棚材料应采用A级的装修材料，其他部位应采用不低于B_1级的装修材料。

5.【答案】C

【解析】建筑外墙内保温防火材料的使用：对于人员密集场所，用火、燃油、燃气等具有火灾危险的场所以及各类建筑内的疏散楼梯间、避难走道、避难间、避难层等场所或部位，应采用燃烧性能为A级的保温材料；对于其他场所，应采用低烟、低毒且燃烧性能不低于B_1级的保温材料。

6.【答案】B

【解析】外墙内保温系统应采用不燃材料做防护层，当保温材料的燃烧性能为B_1级时，防护层的厚度不应小于10mm。

7.【答案】A

【解析】建筑外墙外保温系统的技术要求见下表。

建筑及场所	保温系统	建筑高度（H）	A级保温材料	B_1级保温材料	B_2级保温材料
住宅建筑	与基层墙体、装饰层之间无空腔	$H>100m$	应采用	不允许	不允许
		$27m<H\leqslant 100m$	宜采用	可采用：（1）每层设置防火隔离带 （2）建筑外墙上门、窗的耐火完整性不应低于0.50h	不允许
		$H\leqslant 27m$	宜采用	可采用，每层设置防火隔离带	可采用：（1）每层设置防火隔离带 （2）建筑外墙上门、窗的耐火完整性不应低于0.50h
	有空腔	$H>24m$	应采用	不允许	不允许
		$H\leqslant 24m$	宜采用	可采用，每层设置防火隔离带	不允许

8. **【答案】** A

【解析】 建筑外墙外保温系统的技术要求见下表。

建筑及场所	保温系统	建筑高度（H）	A级保温材料	B_1级保温材料	B_2级保温材料
除住宅建筑和设置在人员密集场所的建筑外的其他建筑	与基层墙体、装饰层之间无空腔	$H>50m$	应采用	不允许	不允许
		$24m<H\leqslant 50m$	宜采用	可采用：（1）每层设置防火隔离带 （2）建筑外墙上门、窗的耐火完整性不应低于0.50h	不允许
		$H\leqslant 24m$	宜采用	可采用，每层设置防火隔离带	可采用：（1）每层设置防火隔离带 （2）建筑外墙上门、窗的耐火完整性不应低于0.50h
	有空腔	$H>24m$	应采用	不允许	不允许
		$H\leqslant 24m$	宜采用	可采用，每层设置防火隔离带	不允许

9. 【答案】A

【解析】建筑外墙外保温系统的技术要求见下表。

建筑及场所	保温系统	建筑高度（H）	A级保温材料	B_1级保温材料	B_2级保温材料
除设置在人员密集场所的建筑外的其他建筑	有空腔	$H>24m$	应采用	不允许	不允许
		$H\leqslant 24m$	宜采用	可采用，每层设置防火隔离带	不允许

10. 【答案】D

【解析】当建筑的屋面和外墙保温系统均采用 B_1、B_2 级保温材料时，屋面与外墙之间应采用宽度不小于500mm的不燃材料设置防火隔离带进行分隔。

11. 【答案】C

【解析】建筑外墙的装饰层应采用燃烧性能为A级的材料，但建筑高度不大于50m时，可采用 B_1 级材料。

二、多项选择题

12. 【答案】ABE

【解析】地上房间发生火灾时，室内的烟气和毒气不易排出，不利于人员疏散，也不利于消防救援人员对火情的侦查与施救。故地上无窗房间内部装修材料的燃烧性能等级应在原规定的基础上提高一级（A级除外）。

使用明火的餐厅是指设有明火灶具的餐厅、宴会厅、包间等，实验室内往往存放一些易燃易爆试剂、材料等。因此，其内部装修材料的燃烧性能等级应比同类建筑的要求提高一级（A级除外）。

13. 【答案】CDE

【解析】消防水泵房、排烟机房、固定灭火系统钢瓶间、配电室、变压器室、通风和空调等设备机房在建筑中起到主控正常及安全的作用，其内部装修应全部采用A级装修材料。

厨房内明火较多，故建筑厨房内顶棚、墙面和地面应采用A级装修材料。

三、判断题

14. 【答案】正确

15. 【答案】正确

培训模块五　电气消防基本知识

扫码听备考指导

重点提示

通过学习本模块内容，熟悉供配电系统的组成，能准确说明低压供电方式，区分负荷等级。熟知电路的组成及其元件和模型。学会常用电气仪表的使用方法，具备电气识图能力。知道静电、雷电可能造成的危害并了解相应的防护措施。能够灵活运用电气线路、电气设备的防火、防爆知识，并会分析电气火灾的常见原因。

培训项目 1　电工学基础知识

一、单项选择题

1. 以下符号是交流发电机的是（　　）。

A.　　B.　　C.　　D.

2. 以下符号是一般直流电源的是（　　）。

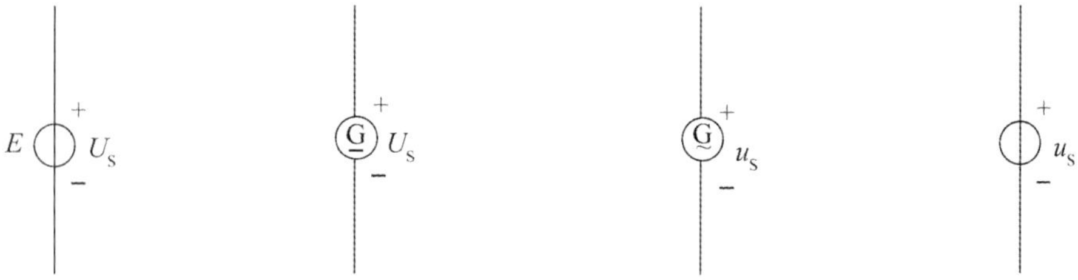

A.　　B.　　C.　　D.

3. 我国电力系统供配电额定功率为（　　）Hz。

A. 30　　B. 40

C. 50　　D. 60

4. （　　）是将其他形式的能量转换为电能的设备。

A. 电源　　B. 电阻　　C. 电感　　D. 电容

5. 在电气工程中能作为绝缘材料的，其电阻率 ρ 不得低于（　　）。

A. $1\times10^5\Omega\cdot m$　　B. $1\times10^6\Omega\cdot m$

C. $1\times10^7\Omega\cdot m$　　D. $1\times10^8\Omega\cdot m$

6. 电能的单位为（　　）。

A. J　　B. F

C. H　　　　D. W

7. 以下符号是电感的是（　　）。

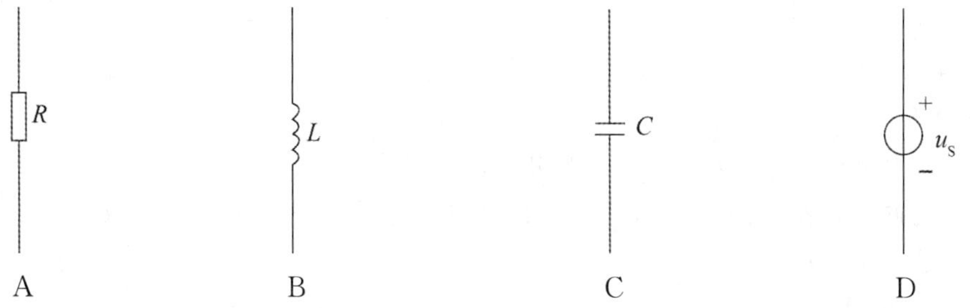

8. 能够储存磁场能量的电路元件是（　　）。

A. 电阻　　　　B. 电感

C. 电容　　　　D. 电源

9. 能够储存电场能量的电路元件是（　　）。

A. 电阻　　　　B. 电感

C. 电容　　　　D. 电源

10. 关于下图，以下说法正确的是（　　）。

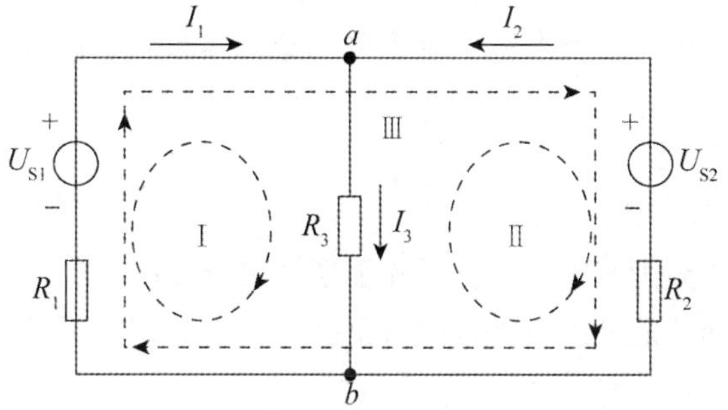

A. 图中有 6 个节点　　　　B. 图中有 2 个回路

C. 图中有 2 个网孔　　　　D. 对于 a 点，$I_1-I_2=I_3$

11. 电气技术文字符号分为基本文字符号和辅助文字符号两类。基本文字符号主要表示电气设备、装置和元器件的种类名称，分为单字母符号和双字母符号。下列单字母符号中，表示电动机的是（　　）。

A. D　　　　B. M

C. F　　　　D. T

12. 电气技术文字符号分为基本文字符号和辅助文字符号两类。基本文字符号主要表示电气设备、装置和元器件的种类名称，分为单字母符号和双字母符号。下列单字母符号中，表示控制电路的开关选择器的是（　　）。

A. Q　　　　B. R

C. U　　　　D. S

13. 电气技术文字符号分为基本文字符号和辅助文字符号两类。基本文字符号主要表示电气设备、装置和元器件的种类名称，分为单字母符号和双字母符号。下列单字母符号中，表示插头的是（　　）。

A. C　　　　B. T

C. X　　　　D. Y

14. 电气技术文字符号分为基本文字符号和辅助文字符号两类。基本文字符号主要表示电气设备、装置和元器件的种类名称，分为单字母符号和双字母符号。单字母符号“B”表示的是（　　）。

A. 变换器　　B. 保护器件

C. 继电器　　D. 信号器件

15. 电气技术文字符号分为基本文字符号和辅助文字符号两类。基本文字符号主要表示电气设备、装置和元器件的种类名称，分为单字母符号和双字母符号。双字母符号“BV”表示的是（　　）。

A. 速度变换器　　B. 温度变换器

C. 位置变换器　　D. 压力变换器

16. 电气技术文字符号分为基本文字符号和辅助文字符号两类。基本文字符号主要表示电气设备、装置和元器件的种类名称，分为单字母符号和双字母符号。双字母符号“AD”表示的是（　　）。

A. 集成电路放大器　　B. 磁放大器

C. 晶体管放大器　　D. 电子管放大器

17. 电气技术文字符号分为基本文字符号和辅助文字符号两类。基本文字符号主要表示电气设备、装置和元器件的种类名称，分为单字母符号和双字母符号。双字母符号中，表示温度变换器的是（　　）。

A. BT　　B. ST

C. KT　　D. PT

18. 电气技术文字符号分为基本文字符号和辅助文字符号两类。基本文字符号主要表示电气设备、装置和元器件的种类名称，分为单字母符号和双字母符号。双字母符号中，表示熔断器的是（　　）。

A. FA　　B. FU

C. FV　　D. FR

19. 电气技术文字符号分为基本文字符号和辅助文字符号两类。基本文字符号主要表示电气设备、装置和元器件的种类名称，分为单字母符号和双字母符号。双字母符号“GB”表示的是（　　）。

A. 蓄电池　　B. 异步发电机

C. 变频器　　D. 同步发电机

20. 电气技术文字符号分为基本文字符号和辅助文字符号两类。基本文字符号主要表示电气设备、装置和元器件的种类名称，分为单字母符号和双字母符号。双字母符号“KM”表示的是（　　）。

A. 交流继电器　　B. 接触器

C. 延时继电器　　D. 极化继电器

21. 电气技术文字符号分为基本文字符号和辅助文字符号两类。基本文字符号主要表示电气设备、装置和元器件的种类名称，分为单字母符号和双字母符号。双字母符号中，表示按钮开关的是（　　）。

A. SB　　B. SP

C. SQ　　D. ST

22. 电气技术文字符号分为基本文字符号和辅助文字符号两类。基本文字符号主要表示电气设备、装置和元器件的种类名称，分为单字母符号和双字母符号。双字母符号中，表示端子板的是（　　）。

A. XP　　B. XS

C. XJ　　D. XT

23. 电气设备、装置和元件的种类名称用基本文字符号表示，而它们的功能、状态和特征用辅助文字符号表示，辅助文字符号“ST”表示（　　）。

A. 温度传感器　　B. 启动

C. 定位　　D. 复位

24. 电气设备、装置和元件的种类名称用基本文字符号表示，而它们的功能、状态和特征用辅助文字符号表示，辅助文字符号“OFF”表示（　　）。

A. 断开　　B. 闭合

C. 停止　　D. 运转

25. 电气设备、装置和元件的种类名称用基本文字符号表示，而它们的功能、状态和特征用辅助文字符号表示，辅助文字符号“DC”表示（　　）。

A. 直流　　B. 交流

C. 接地保护　　D. 减

26. 下图电气图形符号表示的是（　　）。

A. 隔离开关　　B. 断路器

C. 负荷开关　　D. 接触器

27. 下列电气通行符号中，表示按钮开关的是（　　）。

A. 　　B. 

C. 　　D. 

28. 下列电气通行符号中，表示电流表的是（　　）。

A. 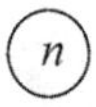

B. 

C. 

D. 

29. 三相四线制是把发电机三个线圈的末端连接在一起，形成一个公共端点，称（　　），用符号“N”表示。

A. 中点　　B. 零点

C. 中性点　　D. 公共点

30. 我国低压供配电系统的三相四线制的线电压为（　　）V，相电压为（　　）V。

A. 380，110　　B. 380，220

C. 220，380　　D. 110，380

31. 我国低压供配电系统的三相四线制的线电压是相电压的（　　）倍。

A. 2　　B. 3

C. $\sqrt{2}$　　D. $\sqrt{3}$

32. 以下系统图中，表示 IT 系统的是（　　）。

A.

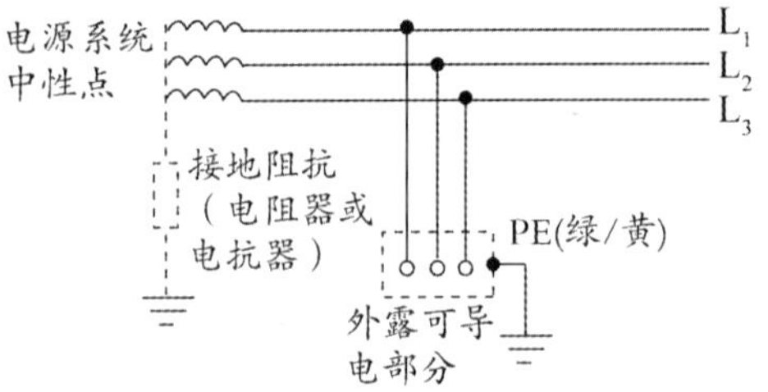

B.

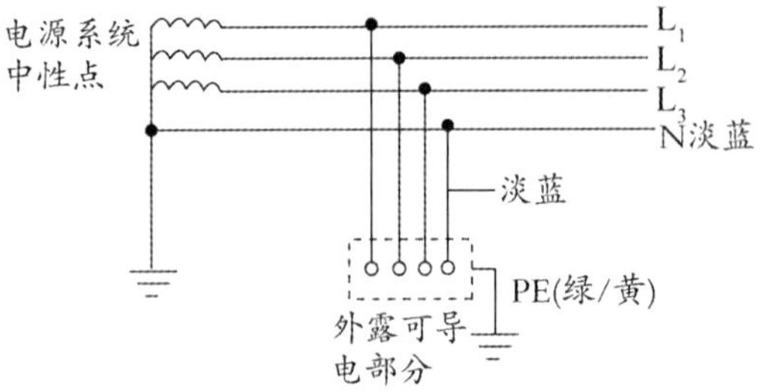

C.

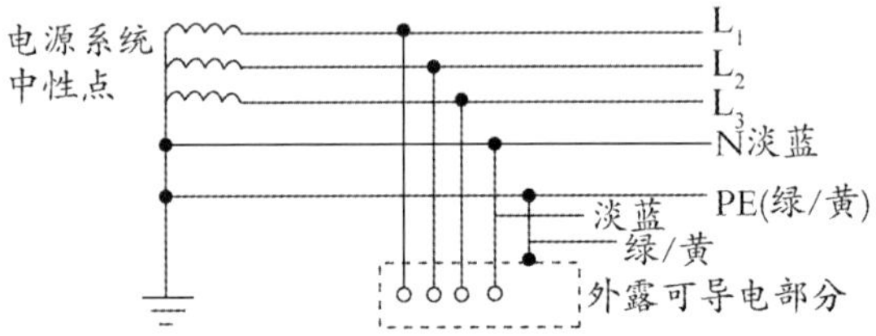

D.

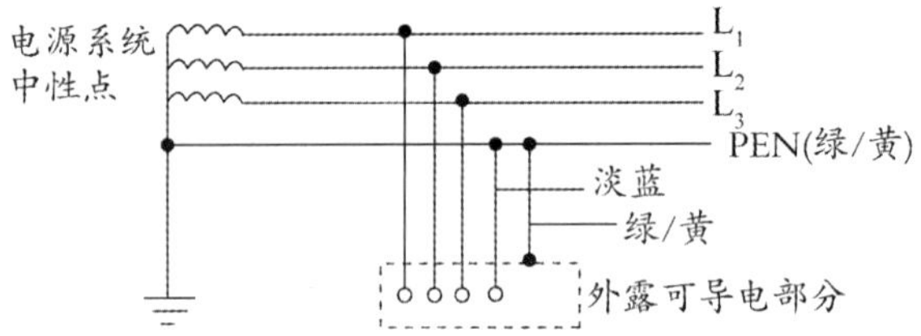

33. 以下系统图中，表示 TN－S 系统的是（　　）。

A.

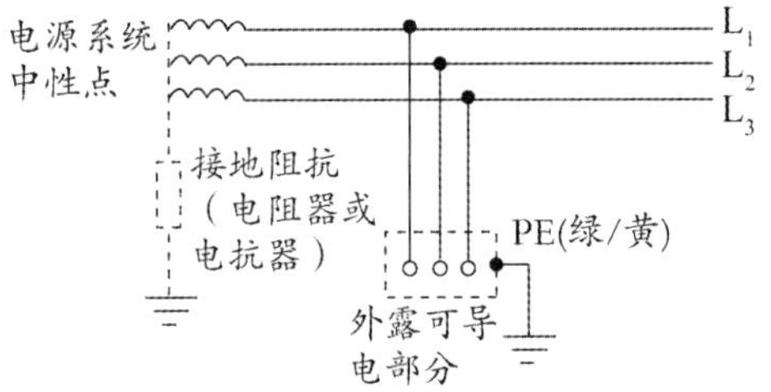

B.

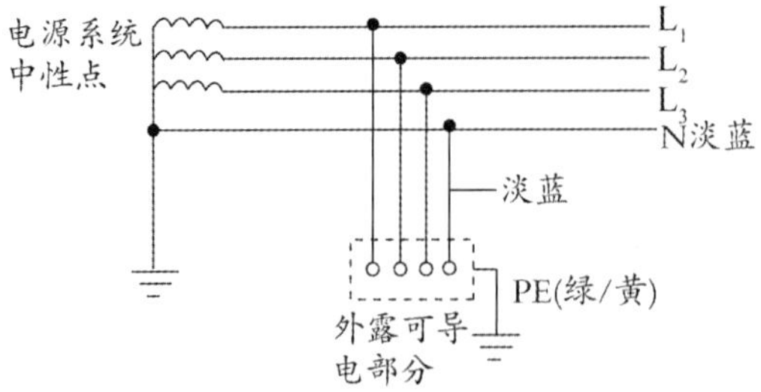

C.

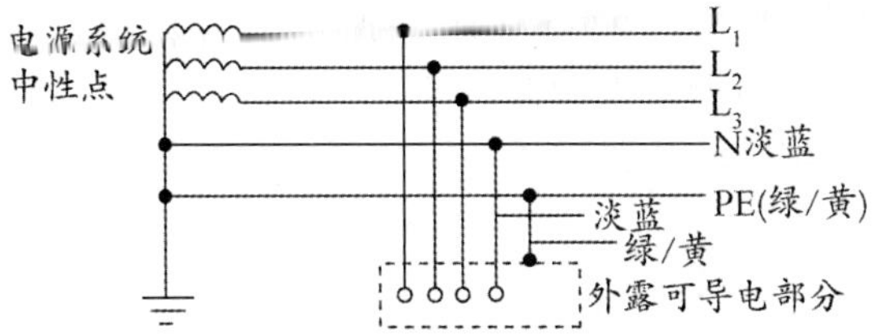

D.

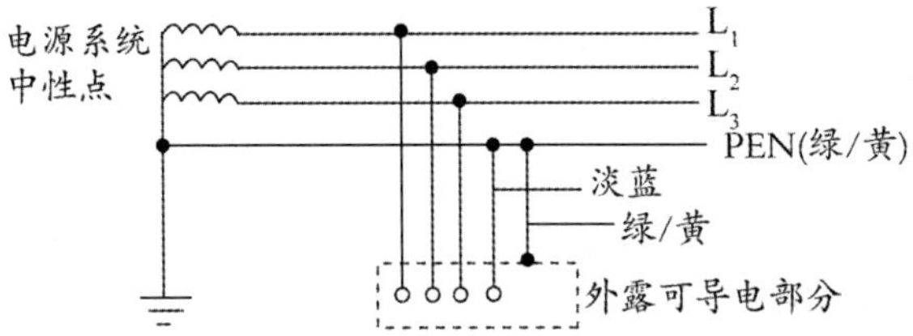

34. 以下系统图中，表示 TN－C 系统的是（　　）。

A.

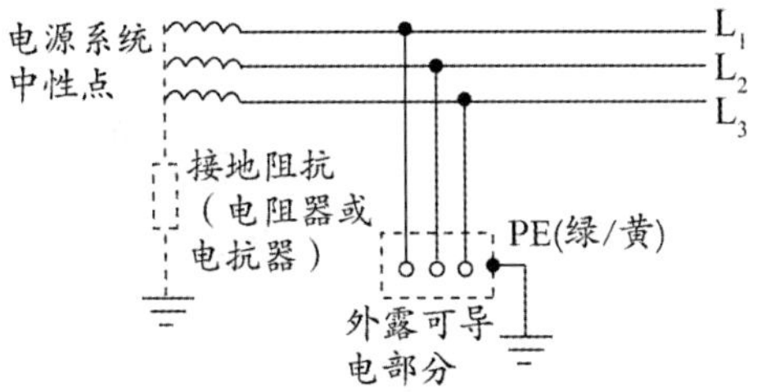

B.

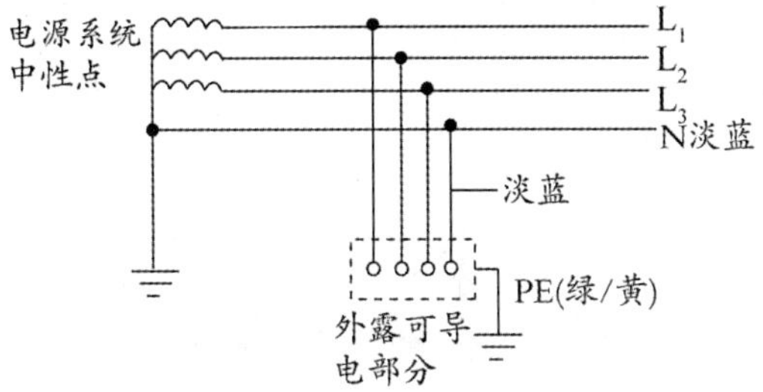

C.

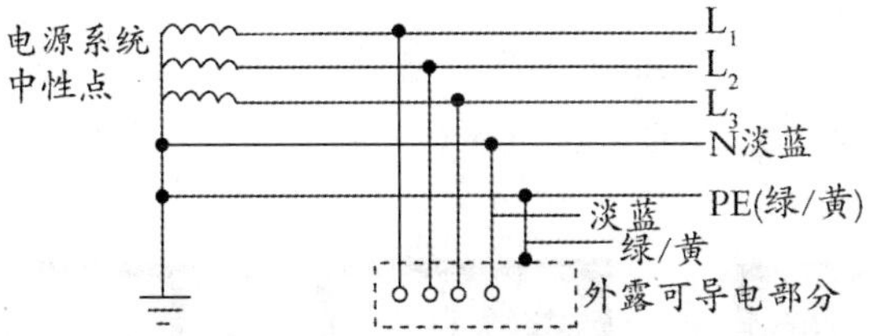

D.

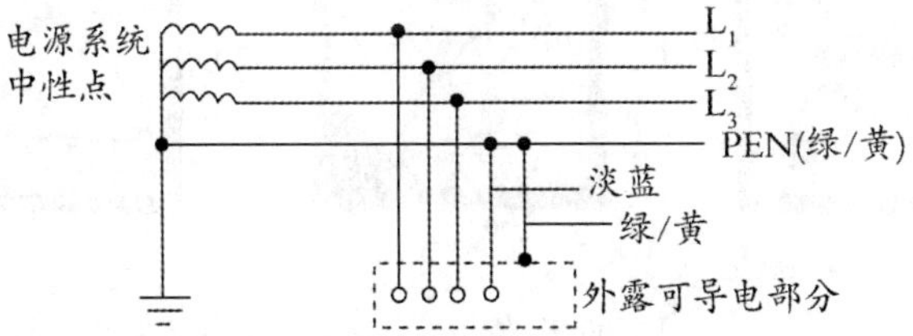

35. 下列场所中不属于一级负荷的是（　　）。

A. 建筑高度小于 50m 的乙、丙类生产厂房和丙类物品库房

B. 一级大型石油化工厂

C. 大型钢铁联合企业

D. 大型物资仓库

36. 下列场所不属于一级负荷的是（　　）。

A. 建筑高度大于 50m 的乙、丙类生产厂房和丙类物品库房

B. 可燃气体储罐（区）和甲、乙类液体储罐（区）

C. 大型钢铁联合企业

D. 大型物资仓库

37. 以下不是二级负荷判定标准的是（　　）。

A. 室外消防用水量大于 25L/s 的可燃材料堆场

B. 座位数超过 3000 的体育馆

C. 任一楼层建筑面积大于 $3000m^2$ 的商店

D. 室外消防用水量大于 25L/s 的公共建筑

38. 下列场所中不是二级负荷的是（　　）。

A. 室外消防用水量为 35L/s 的可燃材料堆场

B. 粮食仓库

C. 可燃气体储罐（区）

D. 室外消防用水量大于 25L/s 的公共建筑

39. 下列场所中是二级负荷的是（　　）。

A. 室外消防用水量为 35L/s 的可燃材料堆场

B. 2000 个座位的剧场

C. 3000 个座位的体育馆

D. $3000m^2$ 的单层展览馆

40. 下列场所中不是二级负荷的是（　　）。

A. 室外消防用水量为 40L/s 的可燃材料堆场　B. 2000 个座位的剧场

C. 5000 个座位的体育馆　D. $3000m^2$ 的单层展览馆

41. 下列场所不是二级负荷的是（　　）。

A. 粮食筒仓　B. 乙类液体储罐区

C. 2000 个座位的体育馆　D. $8000m^2$ 的二层商场

42. 以下图片中，表示功率表的是（　　）。

A. 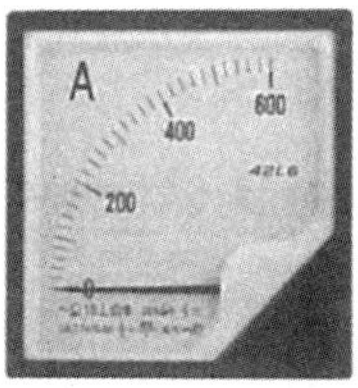

B. 

C. 

D. 

43. 当万用表挡位拨盘指向“Ω”时，可以测量（　　）。

A. 电流值　B. 电压值

C. 电阻值　D. 电容值

44. 钳形电流表使用注意事项中，错误的是（　　）。

A. 在不确定量程的情况下，先选择大量程，后选择小量程，或看铭牌值进行估算

B. 当使用最小量程测量时，如果钳形电流表量程较大，可将被测导线绕几匝，匝数要以钳口中央的匝数为准，则实际量值＝读数×匝数

C. 使用钳形电流表时，尽量远离强磁场

D. 测量时，应使被测导线处在钳口的中央，并使钳口闭合紧密

45. 进行开路试验时，应使发电机转速达到（　　），指针应指向标尺的“∞”。

A. 1r/s　　B. 2r/s　　C. 3r/s　　D. 4r/s

46. 用兆欧表测量 3500V 三相异步电动机的绝缘电阻，应选用（　　）兆欧表。

A. 500V　　B. 1000V

C. 2500V　　D. 3500V

47. 用兆欧表测量三相异步电动机的绝缘合格的判定标准。额定电压在 500V 以下的电动机绝缘电阻最低合格值均为（　　）。

A. 0.5MΩ　　B. 1MΩ

C. 0.5Ω　　D. 1Ω

48. 接地电阻测量仪使用前，应做（　　）试验。

A. 短路　　B. 断路

C. 开路　　D. 接地

49. 3 端钮的接地电阻测量仪，其 E 端应通过（　　）m 线，与（　　）相连。

A. 5，连接接地体　　B. 10，被测接地体

C. 20，电位电极　　D. 40，电流电极

50. 3 端钮的接地电阻测量仪，其 C 端应通过（　　）m 线，与（　　）相连。

A. 5，连接接地体　　B. 10，被测接地体

C. 20，电位电极　　D. 40，电流电极

51. 3 端钮的接地电阻测量仪，其 P 端应通过（　　）m 线，与（　　）相连。

A. 5，连接接地体　　B. 10，被测接地体

C. 20，电位电极　　D. 40，电流电极

52. 使用光学分辨率为 12：1 的红外测温仪对一个大小近似于直径 1m 的物体进行测温，测量距离不宜大于（　　）m。

A. 6　　B. 8

C. 10　　D. 12

53. 以下系统图中，表示 TT 系统的是（　　）。

A.

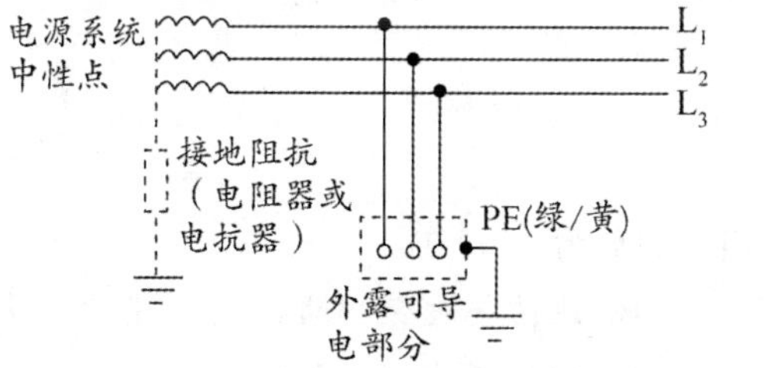

B.

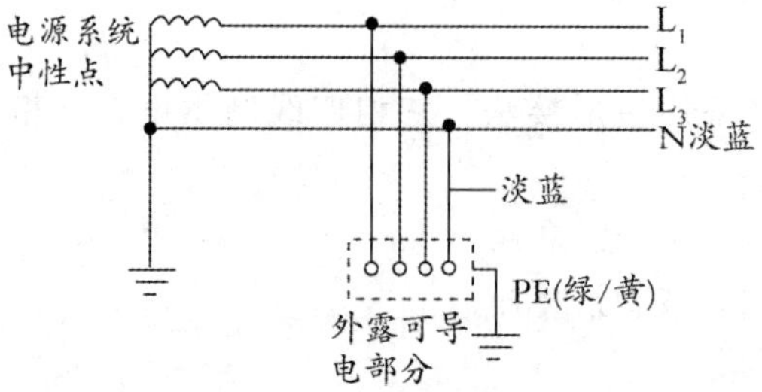

C.

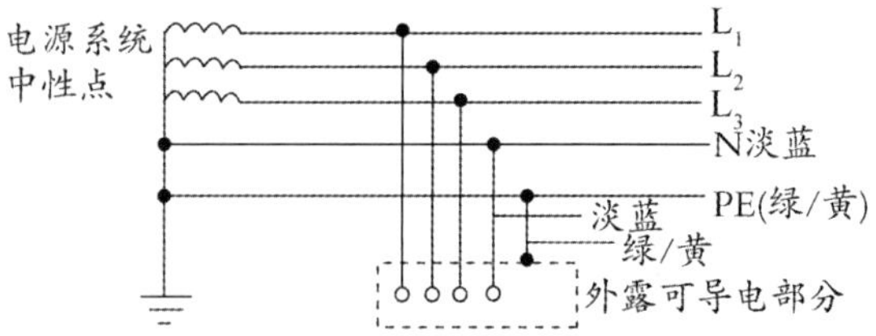

D.

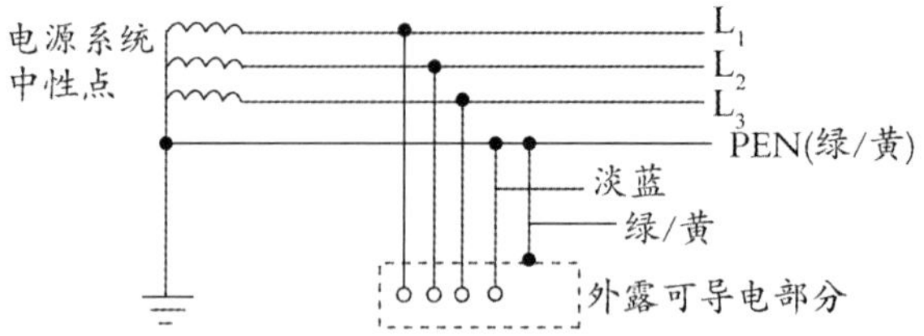

二、多项选择题

54. 接地电阻测量仪三根测试线分别至少为（　　）m。

A. 5　　B. 10

C. 20　　D. 30

E. 40

55. 4 端钮的接地电阻测量仪，应先将仪表端（　　）和（　　）用短接片短接起来。

A. E　　B. P1

C. P2　　D. C1

E. C2

56. 下列属于红外测量仪优点的有（　　）。

A. 测温范围广　　B. 测量速度快

C. 准确度高　　D. 不易受环境影响

E. 方便测量物体内部温度

57. 兆欧表使用之前，应进行的检查有（　　）。

A. 结构完好　　B. 指针归零

C. 开路试验　　D. 短路试验

E. 接地试验

58. 导线一般用包裹着绝缘层的（　　）线制成。

A. 金　　B. 银

C. 铜　　D. 铁

E. 铝

59. 变电站依据其在电力系统中的地位和作用可划分为（　　）。

A. 系统枢纽变电站　　B. 地区一次变电站

C. 地区二次变电站　　D. 地区三次变电站

E. 终端变电站

60. 在低压供配电系统中，三相交流电多采用星形接法、三相四线制供电，三相分别称为（　　）。

A. U 相　　B. V 相

C. W 相　　D. X 相

E. Y 相

61. 380V 低压配电网按接地方式可分为（　　）三种。

A. TT　　B. TN

C. TI　　D. NT

E. IT

62. 根据用电设备重要性及中断供电在政治、经济、人身安全上可能造成的损失或影响程度，电力负荷分为（　　）。

A. 超级负荷　　B. 一级负荷

C. 二级负荷　　D. 三级负荷

E. 一般负荷

63. 下列场所不是二级负荷的有（　　）。

A. 重柴油储罐区　　B. 建筑高度 33m 的医院门诊楼

C. 建筑高度 54m 的住宅楼　　D. 建筑高度 50m 的写字楼

E. 氧气储罐区

三、判断题

64. 电路的基本组成部分是电源、负载和连接电源与负载的中间环节。（　　）

65. 对任一种材料，导电是相对的，绝缘是绝对的。（　　）

66. 在一定的温度下，电阻值与材料的长度成正比，与材料的电阻率成反比，与材料的截面积成反比。（　　）

67. 交流电路的有功功率等于瞬时功率的一半。（　　）

68. 电感具有加速交流电流通过的性质。（　　）

69. 电容具有阻碍交流电流通过的性质。（　　）

70. 电流的参考方向应与实际方向一致。（　　）

71. 供配电系统是由电源系统和输配电系统组成的，产生电能并供应和输送给用电设备的系统。（　　）

72. 系统枢纽变电站位于电力系统的枢纽点，它的电压是系统最高输电电压，电压等级一般为 110kV 及以上。（　　）

73. 地区一次变电站位于地区网络的枢纽点，是与输电主网相连的地区供电端变电站。（　　）

74. 地区二次变电站从地区一次变电站受电，直接向本地区负荷供电，电压等级一般为 65kV。（　　）

75. 终端变电站在输电线路终端，接近负荷点，经降压后直接向用户供电。（　　）

76. 从三个线圈始端引出的输电线叫作端线或相线，俗称火线。（　　）

77. 端线与端线之间的电压叫作端电压，也叫作相电压。（　　）

78. IT 系统是指电源中性点接地或通过阻抗（电阻器、电抗器）接地，电气装置外露可导电部分单独直接接地的系统。（　　）

79. TT 系统是指电源中性点直接接地或通过阻抗（电阻器、电抗器）接地，电气装置的外露可导电部分接到在电气上与电源接地点无关的独立接地极上的系统。（　　）

80. TT 系统是指电源中性点直接接地，电气装置外露可导电部分单独直接接地，或通过保护导体接到电力系统的接地极上的系统。（　　）

81. TN－S 系统中，保护零线 PE 和工作零线 N 在整个系统中是共用的。（　　）

82. 在三相负载不平衡、建筑施工工地有专用的电力变压器时，可采用 TN－C－S 方式供电系统。（　）
83. 在供配电系统中，用电设备被称为电力负荷，其大小以电压或电流表示。（　）
84. 常用电气仪表按照仪表的工作原理，可分为电流表、电压表、电能表、功率表、功率因数表等。（　）
85. 常用电气仪表按照仪表的安装方式，可分为垂直安装仪表和水平使用仪表。（　）
86. 磁电系仪表的突出特点是灵敏度和准确度都很高。它既能测量直流量，又能测量交流量。（　）
87. 电磁系仪表准确度和灵敏度较差，可以测量交流量。（　）
88. 功率表属于感应系仪表。（　）
89. 万用表配有红色和黑色两种颜色表笔，测量直流电压、电流时，要注意电路的正、负极性，红表笔接正极，黑表笔接负极。（　）
90. 电磁式电流互感器的钳形电流表可以测量交流电流和直流电流，霍尔电流传感器的钳形电流表只能测量直流电流。（　）
91. 用钳形电流表测量交流电路电流时，应将火线与零线同时穿过钳形电流互感器钳口。（　）
92. 测量三相异步电动机相对地的绝缘电阻时，应先拆除电动机与电源的连线，并拆除电动机的封星或封角的连接片。（　）

培训项目 2　电器线路和设备防火常识

一、单项选择题

1. 以下不属于造成过载的原因的是（　）。
A. 设计、安装时选型不正确，使电气设备的额定容量小于实际负载容量
B. 设备或导线随意装接，增加负荷，造成超载运行
C. 检修、维护不及时，使设备或导线长期处于带病运行状态
D. 电气设备使用时间过长，超过使用寿命，绝缘老化发脆

2. 穿管敷设的铜芯绝缘软线，导线最小允许截面积是（　）mm^2。
A. 0.5　　B. 0.75
C. 1.0　　D. 1.5

3. 生活用移动式用电设备，最低要求应选用（　）导线。
A. 0.75mm^2 铜芯软线　　B. 1.0mm^2 铜芯软线
C. 0.75mm^2 铜线　　D. 1.0mm^2 铝线

4. 以下电线电缆选择错误的是（　）。
A. 生活用移动式用电设备选用 1.0mm^2 的铜芯软线
B. 生产用移动式用电设备选用 1.0mm^2 的铜芯软线
C. 穿管敷设的绝缘导线选用 1.0mm^2 的铜芯软线
D. 沿墙明敷的塑料护套线选用 1.0mm^2 的铜芯软线

5. 下列场所中，应选用铝芯线缆的是（　　）。

A. 市政照明　　B. 学生公寓

C. 桑拿浴室　　D. 氨压缩机房

6. 普通聚氯乙烯电线电缆适用温度范围为（　　）。

A. −15～80℃　　B. 0～80℃

C. −15～60℃　　D. 0～60℃

7. 电线电缆成束敷设时，应采用（　　）电线电缆。

A. 普通聚氯乙烯　　B. 交联聚氯乙烯

C. 耐火　　D. 阻燃

8. 耐火电缆中的“耐火”指在火焰燃烧情况下能保持一定时间的运行，即保持电路的完整性。该类型电线电缆在火焰中具有一定时间的供电能力。我国国家标准将耐火试验分为A、B两种级别：A级火焰温度950～1000℃，持续供火时间90min；B级火焰温度750～800℃，持续供火时间（　　）min。

A. 60　　B. 70

C. 80　　D. 90

9. 工业企业的车间，在允许开电缆沟的地方，当电缆数量大于（　　）根时，可敷在电缆沟内。

A. 3　　B. 4

C. 5　　D. 6

10. 电缆头在投入运行前要做耐压试验，测量出的绝缘电阻应与电缆头制作前后没有大的差别，其绝缘电阻值一般在（　　）MΩ以上。

A. 10　　B. 50

C. 100　　D. 200

11. 以下关于电气保护，说法错误的是（　　）。

A. 短路保护装置应保证短路电流在导体和连接件产生的热效应和机械力造成危害之前分断该短路电流

B. 所有电气线路均应设置短路保护

C. 保护电器应在过负载电流引起的导体升温对导体的绝缘、接头、端子或导体周围的物质造成损害之前分断过负载电流

D. 所有电气线路均应设置过负载保护

12. 保护电器可靠动作的电流应小于等于（　　）倍熔断器熔体额定电流。

A. 1.3　　B. 1.35

C. 1.4　　D. 1.45

13. 电气线路过负载保护，当保护电器为断路器时，保证保护电器可靠动作的电流为约定时间内的（　　）电流。

A. 约定断路　　B. 约定保护

C. 约定动作　　D. 约定熔断

14. 电气线路过负载保护，当保护电器为熔断器时，保证保护电器可靠动作的电流为约定时间内的（　　）电流。

A. 断路　　B. 保护

C. 动作　　D. 熔断

15. 电力电缆与热力管道平行时，其间距最小应为（　　）。

A. 1000mm　　B. 750mm

C. 500mm　　D. 250mm

16. 控制电缆与热力管道平行时，其间距最小应为（　　）。

A. 1000mm　　B. 750mm

C. 500mm　　D. 250mm

17. 控制电缆与热力管道垂直时，其间距最小应为（　　）。

A. 1000mm　　B. 750mm

C. 500mm　　D. 250mm

18. 电力电缆与热力管道垂直时，其间距最小应为（　　）。

A. 1000mm　　B. 750mm

C. 500mm　　D. 250mm

19. 变压器铁芯绝缘损坏后，会导致（　　），温度升高，易引发火灾。

A. 电流剧增　　B. 涡流加大

C. 产生过电压　　D. 发生短路

20. 电容器防火措施中，为防止过电压，运行电压不超过（　　）倍的额定电压。

A. 1.1　　B. 1.3

C. 1.5　　D. 1.7

21. 电容器防火措施中，为防止过电压，运行电流不超过（　　）倍的额定电流。

A. 1.1　　B. 1.3

C. 1.5　　D. 1.7

22. 电容器室温度不宜超过（　　）℃。

A. 36　　B. 38

C. 40　　D. 42

23. 电容器应设置可靠保护装置，用熔断器保护时，熔断器额定电流不应大于电容器额定电流的（　　）倍。

A. 1.1　　B. 1.2

C. 1.3　　D. 1.4

24. 以下不是电动机火灾预防的主要考虑因素是（　　）。

A. 电动机的容量和形式　　B. 电动机的起动方式

C. 电动机的保护方式　　D. 电动机的维护方式

25. 笼式电动机在起动时，把电动机定子绕组的一部分接成三角形，一部分接成星形。当起动结束后，把绕组改接成三角形，电动机就进入正常运转状态。这种起动方式被称为（　　）。

A. 电阻或电抗降压起动　　B. 自耦补偿起动

C. 星形-三角形起动　　D. 延边三角形起动

26. 对于中小容量电动机来说，用（　　）进行短路保护，既简单又可靠。

A. 断路器　　B. 热继电器

C. 熔断器　　D. 欠电流继电器

27. 普通照明灯具与可燃物之间的安全距离应符合规定，不应小于（　　）m。

A. 0.3　　B. 0.5

C. 0.7　　D. 1.2

28. 碘钨灯与可燃物之间的安全距离应符合规定，不应小于（　　）m。

A. 0.3　　B. 0.5

C. 0.7　　D. 1.2

29. 影剧院面光灯与可燃物之间的安全距离应符合规定，不应小于（　　）m。

A. 0.3　　B. 0.5

C. 0.7　　D. 1.2

30. 容量为 300W 的灯具与可燃物之间的安全距离应符合规定，不应小于（　　）m。

A. 0.3　　B. 0.5

C. 0.7　　D. 1.2

31. 容量为 1300W 的灯具与可燃物之间的安全距离应符合规定，不应小于（　　）m。

A. 0.3　　B. 0.5

C. 0.7　　D. 1.2

32. 容量为 2500W 的灯具与可燃物之间的安全距离应符合规定，不应小于（　　）m。

A. 0.3　　B. 0.5

C. 0.7　　D. 1.2

33. 以下说法中不正确的是（　　）。

A. 超过 60W 的白炽灯、卤钨灯、荧光高压汞灯等照明灯具（含镇流器）不应直接安装在可燃（装饰）材料或可燃构件上

B. 聚光灯的聚光点不应落在可燃物上

C. 灯饰所用材料的燃烧性能等级不应低于 B_2 级

D. 聚光灯、回光灯、炭精灯不应安装在可燃基座上

34. 以下说法中不正确的是（　　）。

A. 当灯具的高温部位靠近除不燃性（A 级）以外的装修材料时，应采取隔热、散热等防火保护措施

B. 对于嵌入顶棚内的灯具，灯头引线应用金属软管保护，其保护长度不宜超过 1.5m

C. 产生腐蚀性气体的蓄电池室等场所应采用密闭型灯具

D. 聚光灯、回光灯、炭精灯不应安装在可燃基座上

35. 以下说法中不正确的是（　　）。

A. 施工场地户外灯具的外壳防护等级不应低于 IP40

B. 潮湿场所（包括厨房、开水间、洗衣间、卫生间等）应采用防潮灯具

C. 产生腐蚀性气体的蓄电池室等场所应采用密闭型灯具

D. 灯饰所用材料的燃烧性能等级不应低于难燃性等级

36. 以下说法中不正确的是（　　）。

A. 在有尘埃的场所，应按防尘的保护等级分类选择合适的灯具

B. 产生腐蚀性气体的蓄电池室等场所应采用密封型灯具

C. 潮湿场所（包括厨房、开水间、洗衣间、卫生间等）应采用防潮灯具

D. 施工场地户外灯具的外壳防护等级不应低于 IP33

37. 超过（　　）kW 的固定式电热器具应采用单独回路供电，电源线应装设短路、过载及接地故障保护电器，电热器具周围（　　）m 以内不应放置可燃物。

A. 1，1.0　　B. 2，0.8

C. 3，0.5　　D. 4，0.3

38. 低于（　　）kW 的可移动式电热器具应放在不燃材料制作的工作台上，与周围可燃物应保持（　　）m 以上的距离。

A. 4，0.4　　B. 3，0.3

C. 2，0.2　　D. 1，0.1

39. 连续出现或长期出现爆炸性气体混合物的环境，按照爆炸危险区域分类属于(　　)区。

A. 0　　B. 1

C. 2　　D. 3

40. 在正常运行时，可能出现爆炸性粉尘混合物的环境按照爆炸危险区域分类属于(　　)区。

A. 0　　B. 1

C. 20　　D. 21

41. 在正常运行时，可能出现爆炸性气体的环境按照爆炸危险区域分类属于（　　）区。

A. 0　　B. 1

C. 20　　D. 21

42. 在正常运行时，不可能出现爆炸性粉尘混合物的环境；即使出现也仅是短时间存在的爆炸性粉尘混合物的环境按照爆炸危险区域分类属于（　　）区。

A. 1　　B. 2

C. 21　　D. 22

43. 爆炸危险区域分类中，2 区指的是（　　）。

A. 在正常运行时，不可能出现爆炸性粉尘混合物的环境，即使出现也仅是短时间存在爆炸性粉尘混合物的环境

B. 在正常运行时，不可能出现爆炸性气体混合物的环境，即使出现也仅是短时间存在爆炸性气体混合物的环境

C. 在正常运行时，可能出现爆炸性粉尘混合物的环境

D. 在正常运行时，可能出现爆炸性气体混合物的环境

44. 爆炸危险区域分类中，21 区指的是（　　）。

A. 在正常运行时，不可能出现爆炸性粉尘混合物的环境，即使出现也仅是短时间存在爆炸性粉尘混合物的环境

B. 在正常运行时，不可能出现爆炸性气体混合物的环境，即使出现也仅是短时间存在爆炸性气体混合物的环境

C. 在正常运行时，可能出现爆炸性粉尘混合物的环境

D. 在正常运行时，可能出现爆炸性气体混合物的环境

45. 爆炸危险区域分类中，1 区指的是（　　）。

A. 在正常运行时，不可能出现爆炸性粉尘混合物的环境，即使出现也仅是短时间存在爆炸性粉尘混合物的环境

B. 在正常运行时，不可能出现爆炸性气体混合物的环境，即使出现也仅是短时间存在

爆炸性气体混合物的环境

C. 在正常运行时，可能出现爆炸性粉尘混合物的环境

D. 在正常运行时，可能出现爆炸性气体混合物的环境

46. 爆炸危险区域分类中，20 区指的是（　　）。

A. 连续出现或长期出现爆炸性气体混合物的环境

B. 连续出现或长期出现爆炸性粉尘混合物的环境

C. 在正常运行时，可能出现爆炸性粉尘混合物的环境

D. 在正常运行时，可能出现爆炸性气体混合物的环境

47. 爆炸危险区域分类中，0 区指的是（　　）。

A. 连续出现或长期出现爆炸性气体混合物的环境

B. 连续出现或长期出现爆炸性粉尘混合物的环境

C. 在正常运行时，可能出现爆炸性粉尘混合物的环境

D. 在正常运行时，可能出现爆炸性气体混合物的环境

48. 防爆电气设备类型中，不包含（　　）设备。

A. 充油型　　B. 充气型

C. 充砂型　　D. 无火花型

49. 装置避雷针是（　　）的主要措施。

A. 直击雷防护　　B. 静电感应防护

C. 电磁感应防护　　D. 雷电侵入波防护

50. 独立避雷针是离开建筑物单独装设的。一般情况下，其接地装置应当单设，接地电阻一般不应超过（　　）Ω。

A. 1　　B. 5

C. 10　　D. 15

51. 防雷电感应接地干线与接地装置的连接不得少于（　　）处。

A. 1　　B. 2

C. 3　　D. 4

52. 以下关于电线电缆的选择中，错误的是（　　）。

A. 按敷设方式、环境条件确定的导体截面，其导体载流量不应小于计算电流

B. 线路电压损失不应小于允许值

C. 导体应满足动稳定与热稳定的要求

D. 导体最小截面应满足机械强度的要求

二、多项选择题

53. 电气设备安装、使用不当是引发火灾的主要原因，以下属于其具体表现的有（　　）。

A. 过载　　B. 短路

C. 接触不良　　D. 烧烤

E. 摩擦

54. 以下属于造成过载的原因的有（　　）。

A. 电气设备的选用和安装与使用环境不符，致使其绝缘体在高温、潮湿、酸碱环境条件下受到破坏

B. 设备或导线随意装接，增加负荷，造成超载运行

C. 检修、维护不及时，使设备或导线长期处于带病运行状态

D. 电气设备使用时间过长，超过使用寿命，绝缘老化发脆

E. 电气接头因振动或由于热的作用，使连接处发生松动

55. 以下不属于造成过载的原因的有（　　）。

A. 设计、安装时选型不正确，使电气设备的额定容量小于实际负载容量

B. 设备或导线随意装接，增加负荷，造成超载运行

C. 检修、维护不及时，使设备或导线长期处于带病运行状态

D. 电气设备使用时间过长，超过使用寿命，绝缘老化发脆

E. 电气接头长期运行，产生导电不良的氧化膜未及时清除

56. 以下不属于造成短路的原因的有（　　）。

A. 电气设备的选用和安装与使用环境不符，致使其绝缘体在高温、潮湿、酸碱环境条件下受到破坏

B. 设备或导线随意装接，增加负荷，造成超载运行

C. 错误操作或把电源投向故障线路

D. 电气设备使用时间过长，超过使用寿命，绝缘老化发脆

E. 电气接头因振动或由于热的作用，使连接处发生松动

57. 以下可能会导致线路短路的有（　　）。

A. 电气设备的选用和安装与使用环境不符，致使其绝缘体在高温、潮湿、酸碱环境条件下受到破坏

B. 电气设备使用时间过长，超过使用寿命，绝缘老化发脆

C. 使用维护不当，长期带病运行，扩大了故障范围

D. 过电压使绝缘击穿

E. 电气接头表面污损

58. 阻燃电线电缆一般采用的方法就是在护套材料中添加含有卤素的卤化物和金属氧化物，能在燃烧时释放大量的烟雾和卤化氢气体。根据燃烧时的烟气特性可分为（　　）。

A. 一般阻燃电线电缆　　B. 无烟低卤阻燃电线电缆

C. 低烟低卤阻燃电线电缆　　D. 高烟无卤阻燃电线电缆

E. 无卤阻燃电线线缆

59. 以下有关电缆敷设的要求中，错误的有（　　）。

A. 电缆线路路径要短，且尽量避免与其他管线交叉

B. 不同用途的电缆，宜分开敷设，并对其进行防火分隔

C. 电缆支持点之间的距离、电缆弯曲半径、电缆最高最低点间的高差等不得小于规定数值，以防机械损伤

D. 电缆在电缆沟内、隧道内及明敷时，不应将麻包外皮层剥去，并刷防腐漆

E. 交流回路中的单芯电缆应采用无钢铠的或非磁性材料护套的电缆

60. 以下有关电缆敷设的要求中，正确的有（　　）。

A. 电缆线路路径要短，且尽量避免与其他管线交叉

B. 不同用途的电缆，宜分开敷设，并对其进行防火分隔

C. 电缆支持点之间的距离、电缆弯曲半径、电缆最高最低点间的高差等不得超过规定数值，以防机械损伤

D. 电缆在电缆沟内、隧道内及明敷时，应将麻包外皮层剥去，并刷防腐漆

E. 交流回路中的单芯电缆应采用钢铠的或非磁性材料护套的电缆

61. 以下有关电缆敷设的要求中，正确的有（　　）。

A. 电缆线路路径要短，且尽量避免与其他管线交叉

B. 同种用途的电缆，宜分开敷设，并对其进行防火分隔

C. 电缆支持点之间的距离、电缆弯曲半径、电缆最高最低点间的高差等不得超过规定数值，以防机械损伤

D. 电缆在电缆沟内、隧道内及明敷时，应将麻包外皮层剥去，并刷防腐漆

E. 交流回路中的单芯电缆应采用无钢铠的或磁性材料护套的电缆

62. 为有效预防由于电气线路故障引发的火灾，低压配电线路还应按照相关标准要求设置（　　）保护。

A. 短路　　B. 断路

C. 过负载　　D. 接地

E. 接地故障

63. 过负载保护电器的动作特性应同时满足的条件有（　　）。

A. 线路计算电流小于等于熔断器熔体额定电流

B. 熔断器熔体额定电流应大于等于导体允许持续载流量

C. 熔断器熔体额定电流应小于等于导体允许持续载流量

D. 保证保护电器可靠动作的电流小于等于 1.45 倍熔断器熔体额定电流

E. 保证保护电器可靠动作的电流大于等于 1.45 倍熔断器熔体额定电流

64. 接地故障保护电器的选择应根据（　　）等确定。

A. 供配电系统的接地形式　　B. 电气设备品牌

C. 电气设备使用特点　　D. 导体截面

E. 导体长度

65. 防止电缆火灾发生与阻燃的对策有（　　）。

A. 远离热源和火源　　B. 封堵电缆孔洞

C. 控制防火间距　　D. 防止电缆因故障而自燃

E. 设置自动报警与灭火装置

66. 以下部位应设置防火墙的有（　　）。

A. 电缆隧道在不同厂房或车间交界处

B. 电缆隧道与主控、集控、网控室连接处

C. 不同机组及主变压器的缆道连接处

D. 电缆托架位于不同电压配电装置交界处

E. 长距离缆道每隔 80m 处

67. 以下电气设备中，属于防火重点设备的有（　　）。

A. 发电机　　B. 变压器

C. 电容器　　D. 断路器

E. 电动机

68. 下列不属于油浸式变压器火灾的原因的有（　　）。
A. 变压器产品制造质量不良，内部线圈损坏，发生断路
B. 线圈间、线圈与分接头间、端部接线处等，由于连接不好，产生接触不良
C. 油箱漏油
D. 变压器铁芯损坏
E. 变压器冷却油油质劣化

69. 以下属于变压器防火措施的有（　　）。
A. 选用优质产品，并进行严格的检查试验
B. 设置完善的变压器保护装置
C. 定期对绝缘油进行化验分析
D. 保持变压器良好的通风条件
E. 设置自动灭火系统

70. 下列关于断路器防火措施的说法中，正确的有（　　）。
A. 断路器的断流容量必须小于电力系统在其装设处的短路容量
B. 安装前应严格检查，使其符合制造技术条件
C. 定期试验绝缘性能，及时发现和消除缺陷
D. 防止油箱和充油套管渗油、漏油
E. 切断故障电流之后，应检查触头是否有烧损现象

71. 以下属于电动机主要火灾原因的有（　　）。
A. 过载
B. 单相起动和运行
C. 电源电压波动
D. 内部绕组断路
E. 接触不良

72. 以下措施属于电气设备的防爆途径的有（　　）。
A. 采用隔爆外壳
B. 采用本质安全电路
C. 装设避雷针
D. 限制摩擦速度或流速
E. 限制正常工作的温度

73. 以下属于静电防护措施的有（　　）。
A. 导体接地
B. 采用导电性地面
C. 除湿
D. 限制摩擦速度
E. 绝缘体接地

74. 以下属于第二类防雷建筑物的有（　　）。
A. 国家级重点文物保护的建筑物
B. 有爆炸危险的露天气罐和油罐
C. 年预计雷击次数等于 0.06 次的部、省级办公楼及其他重要的或人员密集的公共建筑物
D. 年预计雷击次数大于等于 0.06 次的一般性工业建筑物
E. 制造、使用或储存炸药、火药、起爆药、火工品等大量危险物质的建筑物，遇电火花会引起爆炸，从而造成巨大破坏或人身伤亡的建筑物

75. 以下属于第三类防雷建筑物的有（　　）。
A. 年预计雷击次数 0.3 次的住宅
B. 年平均雷暴日 20 天的地区，高度为 10m 的烟囱
C. 年平均雷暴日 15 天的地区，高度为 15m 的水塔
D. 年预计雷击次数 0.05 次的服装厂房

E. 年预计雷击次数 0.05 次的教学楼

三、判断题

76. 过载是指电气设备或导线的功率和电流超过了其额定值。（　）

77. 电线电缆的选择，为保证安全，其导体载流量不应大于计算电流。（　）

78. 交联聚氯乙烯电缆在燃烧时会放出大量有毒烟气，不适用于地下客运设施、地下商业区、高层建筑和重要公共设施等人员密集场所。（　）

79. 交联聚氯乙烯电线电缆不具备阻燃性能，但燃烧时不会产生大量有毒烟气，适用于有清洁要求的工业与民用建筑。（　）

80. 耐火电线电缆是指在规定试验条件下被燃烧，撤去火源后，火焰仅能在限定范围内蔓延，残焰和残灼能在限定时间内自行熄灭的电缆。（　）

81. 工业企业的车间，不易受机械损伤的场所，当不允许开挖电缆沟时，可沿墙或楼板明设。（　）

82. 工业企业的车间，在允许开电缆沟的地方，当电缆数量小于 3 根时，可直接埋地敷设。（　）

83. 电缆敷设要求电缆线路路径要短，且尽量避免与其他管线交叉。（　）

84. 同种用途的电缆，宜分开敷设，并对其进行防火分隔。（　）

85. 电缆支持点之间的距离、电缆弯曲半径、电缆最高最低点间的高差等不得超过规定数值，以防机械损伤。（　）

86. 交流回路中的单芯电缆应采用钢铠的或磁性材料护套的电缆。（　）

87. 线路计算电流应小于熔断器熔体额定电流，后者应小于导体允许持续载流量。（　）

88. 可燃气体或可燃液体管沟，不应敷设电力电缆，但有保护措施的情况下，可以敷设控制电缆。（　）

89. 在具有爆炸和火灾危险的场所（如制氢站、油泵房等）不应架空明敷电缆。（　）

90. 对处于充油电气设备（如高压电流、电压互感器）附近的电缆，应埋地、穿管敷设。（　）

91. 电缆必须与热力管道保持一定距离，与其他管道无需保持距离。（　）

92. 对通向控制室电缆夹层的孔洞、沟道、竖井的所有墙孔，楼板处电缆穿孔，和控制柜、箱、表盘下部的电缆孔洞等，都必须用耐火材料严密封堵。绝不能用有机材料封堵，以防止电缆火灾向非火灾区蔓延。（　）

93. 油断路器油量过多会有可能造成油箱爆炸，油量过少不会出现危险。（　）

94. 照明灯具火灾危险性主要有两类：照明灯具线路故障、照明灯具温度过高引燃周围可燃物。（　）

参考答案及解析

培训项目 1

一、单项选择题

1. **【答案】** C

【解析】 选项 A 为一般直流电源，选项 B 为直流发电机，选项 D 为交流电源。

2. **【答案】** A

【解析】 选项 B 为直流发电机，选项 C 为交流发电机，选项 D 为交流电源。

3.【答案】C

【解析】我国电力系统供配电为正弦交流电，额定频率为50Hz（称为工频）。

4.【答案】A

【解析】电源是将其他形式的能量转换为电能的设备。电阻、电感、电容属于负载，是将电能转换为其他形式能量的设备。

5.【答案】C

【解析】在电气工程中能作为绝缘材料的，其电阻率 ρ 不得低于 $1\times10^{7}\Omega\cdot m$。

6.【答案】A

【解析】电能的单位为J（焦），电容的单位为F（法拉），电感的单位为H（亨），功率的单位为W（瓦）。

7.【答案】B

【解析】选项A为电阻，选项C为电容，选项D为交流电源。

8.【答案】B

【解析】电阻元件是指能够消耗电能的元件；电感元件是指具有储存磁场能量这样一种电磁特性（电感性）的二端元件；电容元件是指具有储存电场能量这样一种电场特性（电容性）的二端元件；电源是将其他形式的能量转换为电能的设备。

9.【答案】C

【解析】电阻元件是指能够消耗电能的元件；电感元件是指具有储存磁场能量这样一种电磁特性（电感性）的二端元件；电容元件是指具有储存电场能量这样一种电场特性（电容性）的二端元件；电源是将其他形式的能量转换为电能的设备。

10.【答案】C

【解析】电路中3条或3条以上支路的汇交点称为节点。图中有2个节点，即 a 点和 b 点，所以选项A错误；电路中任一闭合路径称为回路，回路是由一条或多条支路组成的。图中电路有3个回路，即Ⅰ、Ⅱ、Ⅲ回路，所以选项B错误；网孔是一种特殊回路，在这些回路内不含有其他支路或回路。对于平面电路，网孔一定是独立回路。图中电路有2个网孔，即Ⅰ、Ⅱ回路，它们是独立的回路，所以选项C正确；在任一时刻，流入某一节点的电流之和等于从该节点流出的电流之和。在图中电路，对节点 a，$I_1+I_2=I_3$，所以选项D错误。

11.【答案】B

【解析】选项A，“D”表示二进制原件、延迟器件、储存器件；选项C，“F”表示保护器件；选项D，“T”表示变压器。

12.【答案】D

【解析】选项A，“Q”表示电力电路的开关；选项B，“R”表示电阻器；选项C，“U”表示调制器、变换器。

13.【答案】C

【解析】选项A，“C”表示电容器；选项B，“T”表示变压器；选项D，“Y”表示电气操作的机械装置。

14.【答案】A

【解析】保护器件用“F”表示；继电器用“K”表示；信号器件用“H”表示。

15.【答案】A

【解析】温度变换器用“BT”表示；位置变换器用“BQ”表示；压力变换器用“BP”表示。

16.【答案】C

【解析】集成电路放大器用“AJ”表示；磁放大器用“AM”表示；电子管放大器用“AV”表示。

17.【答案】A

【解析】“ST”表示温度传感器；“KT”表示延时继电器；“PT”表示始终、操作时间表。

18.【答案】B

【解析】“FA”表示具有瞬时动作的限流保护器件；“FV”表示限压保护器件；“FR”表示具有延时动作的限流保护器。

19.【答案】A

【解析】异步发电机用“GA”表示；变频器用“GF”表示；同步发电机用“GS”表示。

20. 【答案】B

【解析】交流继电器用“KA”表示；延时继电器用“KT”表示；极化继电器用“KP”表示。

21. 【答案】A

【解析】“SP”表示压力传感器；“SQ”表示位置传感器；“ST”表示温度传感器。

22. 【答案】D

【解析】“XP”表示插头；“XS”表示插座；“XJ”表示测试插孔。

23. 【答案】B

【解析】“ST”作为基本文字符号表示“温度传感器”，题目问的是“辅助文字符号”所以选项A错误；定位用“S”或“SET”表示；复位用“R”或者“RST”表示。

24. 【答案】A

【解析】闭合用“ON”表示；停止用“STP”表示；运转用“RUN”表示。

25. 【答案】A

【解析】交流用“AC”表示；接地保护用“PE”表示；减用“DEC”表示。

26. 【答案】B

【解析】隔离开关：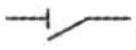；负荷开关：；接触器：。

27. 【答案】C

【解析】选项A为“当操作器件被吸合时延时闭合的动合触点”；选项B为“延时动合触点”；选项D为“旋钮开关、旋转开关（闭锁）”。

28. 【答案】B

【解析】选项A表示转速表，选项C表示电压表，选项D表示频率表。

29. 【答案】C

【解析】三相四线制是把发电机三个线圈的末端连接在一起，形成一个公共端点，称中性点，用符号“N”表示。从中性点引出的输电线称为中性线。中性线通常与大地相接，并把接地的中性点称为零点，把接地的中性线称为零线。

30. 【答案】B

【解析】我国低压供配电系统的三相四线制的线电压为380V，相电压为220V。

31. 【答案】D

【解析】我国低压供配电系统的三相四线制的线电压是相电压的$\sqrt{3}$倍。

32. 【答案】A

【解析】选项A是IT系统；选项B是TT系统；选项C是TN－S系统；选项D是TN－C系统。

33. 【答案】C

【解析】选项A是IT系统；选项B是TT系统；选项C是TN－S系统；选项D是TN－C系统。

34. 【答案】D

【解析】选项A是IT系统；选项B是TT系统；选项C是TN－S系统；选项D是TN－C系统。

35. 【答案】A

【解析】建筑高度大于50m的乙、丙类生产厂房和丙类物品库房属于一级负荷。

36. 【答案】B

【解析】可燃气体储罐（区）和甲、乙类液体储罐（区）属于二级负荷。

37. 【答案】A

【解析】室外消防用水量大于35L/s的可燃材料堆场属于二级负荷。

38. 【答案】A

【解析】室外消防用水量大于35L/s的可燃材料堆场属于二级负荷，选项A刚好是35L/s，不属于二级负荷。

39. 【答案】B

【解析】二级负荷适用场所：室外消防用水量大于35L/s的可燃材料堆场，可燃气体储罐（区）和甲、乙类液体储罐（区），粮食仓库及粮食筒仓，二类高层民用建筑，座位数超过1500个的电影院、剧场，座位数超过3000个的体育馆，任一楼层建筑面积大于3000m^{2}的商店和展览建筑，省（市）级以上的广播电视、电信和财贸金融建筑，室外消防用水量大于25L/s的其他公共建筑。选项A刚好是

35L/s，不满足二级负荷要求；选项B超过1500座，满足二级负荷要求；选项C不超过3000座，不满足二级负荷要求；选项D不超过3000m^2，不满足二级负荷要求。

40. 【答案】D

【解析】二级负荷适用场所：室外消防用水量大于35L/s的可燃材料堆场，可燃气体储罐（区）和甲、乙类液体储罐（区），粮食仓库及粮食筒仓，二类高层民用建筑，座位数超过1500个的电影院、剧场，座位数超过3000个的体育馆，任一楼层建筑面积大于3000m^{2}的商店和展览建筑，省（市）级以上的广播电视、电信和财贸金融建筑，室外消防用水量大于25L/s的其他公共建筑。选项A大于35L/s，满足二级负荷要求；选项B超过1500座，满足二级负荷要求；选项C超过3000座满足二级负荷要求；选项D不超过3000m^2，不满足二级负荷要求。

41. 【答案】C

【解析】二级负荷适用场所：室外消防用水量大于35L/s的可燃材料堆场，可燃气体储罐（区）和甲、乙类液体储罐（区），粮食仓库及粮食筒仓，二类高层民用建筑，座位数超过1500个的电影院、剧场，座位数超过3000个的体育馆，任一楼层建筑面积大于3000m^{2}的商店和展览建筑，省（市）级以上的广播电视、电信和财贸金融建筑，室外消防用水量大于25L/s的其他公共建筑。

选项A、B、D满足要求，选项C不超过3000个座位，不属于二级负荷。

42. 【答案】D

【解析】选项A是电流表；选项B是电压表；选项C是功率因数表。

43. 【答案】C

【解析】当万用表挡位拨盘指向“A”时，可以测量电流值；当万用表挡位拨盘指向“V”时，可以测量电压值；当万用表挡位拨盘指向“F”时，可以测量电容值。

44. 【答案】B

【解析】当使用最小量程测量时，如果钳形电流表量程较大，可将被测导线绕几匝，匝数要以钳口中央的匝数为准，则实际量值=读数/匝数。

45. 【答案】B

【解析】进行开路试验时，应使发电机转速达到额定转速120r/min，这时指针应指向标尺的“∞”位置。120r/min=2r/s。

46. 【答案】C

【解析】通常，测量额定电压在500V以下的电动机，选择500V兆欧表；测量额定电压为500～3000V的电动机，选择1000V兆欧表；测量额定电压在3000V以上的电动机，选择2500V兆欧表；额定电压在500V以下的新电动机在使用前应使用1000V兆欧表进行测量。

47. 【答案】A

【解析】用兆欧表测量三相异步电动机的绝缘合格的判定标准。额定电压在500V以下的电动机绝缘电阻最低合格值均为0.5MΩ；新安装的电动机绝缘电阻合格值不得低于1MΩ。

48. 【答案】A

【解析】接地电阻测量仪使用前，应做短路试验，仪表的短路试验目的是检查仪表的准确度。

49. 【答案】A

【解析】3端钮的接地电阻测量仪，其E、P、C端分别与连接接地体E′（5m线）、电位电极P′（20m线）、电流电极C′（40m线）的连接线相接。

50. 【答案】D

【解析】3端钮的接地电阻测量仪，其E、P、C端分别与连接接地体E′（5m线）、电位电极P′（20m线）、电流电极C′（40m线）的连接线相接。

51. 【答案】C

【解析】3端钮的接地电阻测量仪，其E、

P、C端分别与连接接地体 E′（5m 线）、电位电极 P′（20m 线）、电流电极 C′（40m 线）的连接线相接。

52.【答案】D

【解析】光学分辨率由红外测温仪到被测物之间的距离 D 与测量光斑直径 S 之比确定。如 $D:S=12:1$，表示当测量距离为 12m 远时，覆盖测量面积为直径 1m 的圆；如果大于 12m 处存在一个 1m 直径的物体，测量的物体温度将不准确。

53.【答案】B

【解析】选项 A 是 IT 系统，选项 B 是 TT 系统，选项 C 是 TN－S 系统，选项 D 是 TN－C 系统。

二、多项选择题

54.【答案】ACE

【解析】接地电阻测量仪 3 根测试线分别至少为 5m、20m、40m。

55.【答案】BD

【解析】4 端钮的接地电阻测量仪，先将仪表端 P1 与 C1 用短接片短接起来，当作 E 端钮使用。

56.【答案】ABC

【解析】红外测温仪主要采用非接触测量的方式，具有测温范围广、测量速度快、准确度高等优点，也存在易受环境影响、对于光亮或者抛光的金属表面测温误差大、不方便测量物体内部温度等缺点。

57.【答案】ACD

【解析】兆欧表使用前应做好检查工作，以确保安全操作。先检查外观，兆欧表的外观检查主要包括：表的外壳是否完好；接线端子、摇柄、表头等状态是否完好；测试用导线是否完好。使用前，兆欧表指针可停留在任意位置，这并不影响最后的测量结果。在测量前还应对兆欧表进行开路试验和短路试验，以检查兆欧表是否可以正常工作，无需进行接地试验。

58.【答案】CE

【解析】导线一般用包裹着绝缘层的铜线或铝线制成。

59.【答案】ABCE

【解析】变电站依据其在电力系统中的地位和作用可划分为四类：系统枢纽变电站、地区一次变电站、地区二次变电站、终端变电站。

60.【答案】ABC

【解析】在低压供配电系统中，三相交流电多采用星形接法、三相四线制供电，三相分别称为 U 相、V 相、W 相。

61.【答案】ABE

【解析】我国《户外严酷条件下的电气设施第 2 部分：一般防护要求》（GB/T9089.2）采用了国际电工委员会（IEC）的规定，将低压供配电系统按接地形式分为 TT、TN 和 IT 三种。

62.【答案】BCD

【解析】根据用电设备重要性及中断供电在政治、经济、人身安全上可能造成的损失或影响程度，电力负荷分为一级负荷、二级负荷和三级负荷。

63.【答案】ABE

【解析】二级负荷适用场所：室外消防用水量大于 35L/s 的可燃材料堆场，可燃气体储罐（区）和甲、乙类液体储罐（区），粮食仓库及粮食筒仓，二类高层民用建筑，座位数超过 1500 个的电影院、剧场，座位数超过 3000 个的体育馆，任一楼层建筑面积大于 3000m^2 的商店和展览建筑，省（市）级以上的广播电视、电信和财贸金融建筑，室外消防用水量大于 25L/s 的其他公共建筑。选项 A 是丙类液体储罐，不满足二级负荷要求；选项 B 是一类高层公共建筑，属于一级负荷；选项 C 是二类高层住宅建筑，满足二级负荷要求；选项 D 是二类高层公共建筑，满足二级负荷要求；选项 E 不是可燃气体储罐，不满足二级负荷要求。

三、判断题

64.【答案】正确

65.【答案】错误

【解析】对任一种材料，导电是绝对的，绝缘是相对的。

66. 【答案】错误

【解析】在一定的温度下，电阻值与材料的长度成正比，与材料的电阻率成正比，与材料的截面积成反比。

67. 【答案】错误

【解析】交流电路的有功功率等于瞬时功率最大值的一半。

68. 【答案】错误

【解析】由于电感线圈两端电压与电流相位不同，电感具有阻碍交流电流通过的性质，称为感抗。

69. 【答案】正确

70. 【答案】错误

【解析】电流参考方向的选择是任意的。

71. 【答案】正确

72. 【答案】错误

【解析】系统枢纽变电站位于电力系统的枢纽点，它的电压是系统最高输电电压，电压等级一般为 220kV 及以上。

73. 【答案】错误

【解析】地区一次变电站位于地区网络的枢纽点，是与输电主网相连的地区受电端变电站，任务是直接从主网受电，向本供电区域供电。

74. 【答案】错误

【解析】地区二次变电站从地区一次变电站受电，直接向本地区负荷供电，电压等级一般为 35kV。

75. 【答案】正确

76. 【答案】正确

77. 【答案】错误

【解析】端线与端线之间的电压叫作线电压，如 $U\mathrm{uv}=U\mathrm{vw}=U\mathrm{wu}$。端线与中性线之间的电压叫作相电压，$U\mathrm{u}=U\mathrm{v}=U\mathrm{w}$。

78. 【答案】错误

【解析】IT 系统指电源中性点不接地或通过阻抗（电阻器、电抗器）接地，电气装置外露可导电部分单独直接接地，或通过保护导体接到电力系统的接地极上的系统。

79. 【答案】错误

【解析】TT 方式中电源中性点必须直接接地。

80. 【答案】错误

【解析】TT 系统的电气装置的外露可导电部分应接到在电气上与电源接地点无关的独立接地极上。

81. 【答案】错误

【解析】TN－S 系统中，保护零线（地线）PE 和工作零线 N 在整个系统中是分开的，它是把工作零线 N 和保护零线 PE 严格分开的供电系统。TN－C 系统中保护零线 PE 和工作零线 N 在整个系统中是共用的。

82. 【答案】错误

【解析】在三相负载不平衡、建筑施工工地有专用的电力变压器时，必须采用 TN－S 方式供电系统。

83. 【答案】错误

【解析】在供配电系统中，用电设备被称为电力负荷，其大小以功率或电流表示。

84. 【答案】错误

【解析】常用电气仪表按照仪表的工作原理，可分为磁电系仪表、电磁系仪表、电动系仪表、整流系仪表、感应系仪表、数字系仪表等；按照仪表的测量内容，可分为电流表、电压表、电能表、功率表、功率因数表等。

85. 【答案】错误

【解析】常用电气仪表按照仪表的安装方式，可分为安装式仪表和便携式仪表；按照使用方式，可分为垂直安装仪表和水平使用仪表。

86. 【答案】错误

【解析】磁电系仪表的突出特点是灵敏度和准确度都很高。然而它只能测量直流量，不能测量交流量。磁电系仪表主要用来制作直流电流表和直流电压表。

87. 【答案】正确

88. 【答案】错误

【解析】功率表属于电动系仪表，常见的电能表属于感应系仪表。

89. 【答案】正确

90. 【答案】错误

【解析】电磁式电流互感器的钳形电流表能测量交流电流，霍尔电流传感器的钳形电流表可以测量交流电流和直流电流。

91. 【答案】错误

【解析】火线与零线穿过钳形电流互感器钳口时，正常工作电路中除了工作电流外没有漏电流通过，此时流过检测互感器的电流大小相等、方向相反、总和为零，钳形电流表显示的电流数据也为零。如钳形电流表显示的电流数据不为零，则说明电路中存在漏电电流，此时的数值即漏电电流的大小。这种方法只能测量交流电路漏电流，不能测量正常电流量。

92. 【答案】错误

【解析】测量三相异步电动机相对地的绝缘电阻时，应先拆除电动机与电源的连线，不拆除电动机的封星或封角的连接片。

培训项目 2

一、单项选择题

1. 【答案】D

【解析】选项 D 属于产生短路的主要原因。

2. 【答案】C

【解析】穿管敷设的绝缘线，采用铜芯软线和铜线，线芯最小截面积为 $1.0mm^2$；采用铝线，线芯最小截面积为 $2.5mm^2$。

3. 【答案】A

【解析】移动式用电设备应选用软线。生活用移动式用电设备导线线芯最小截面积为 $0.75mm^2$，生产用移动式用电设备导线线芯最小截面积为 $1.0mm^2$。

4. 【答案】D

【解析】沿墙明敷的塑料护套线不可以使用铜芯软线。

5. 【答案】D

【解析】固定敷设的供电线路宜选用铜芯线缆。对铜有腐蚀而对铝腐蚀相对较轻的环境、氨压缩机房等场所应选用铝芯线缆。除了线芯截面积为 $6mm^2$ 及以下的线缆外，下列场所也不应选用铝芯而应选用铜芯线缆：

(1) 重要电源、重要的操作回路及二次回路、电机的励磁回路等需要确保长期运行、连接可靠的回路。

(2) 移动设备的线路及振动场所的线路。

(3) 对铝有腐蚀的环境。

(4) 高温环境、潮湿环境、爆炸及火灾危险环境。

(5) 工业及市政工程等。

(6) 非熟练人员容易接触的线路，如公共建筑与居住建筑。

6. 【答案】C

【解析】普通聚氯乙烯电线电缆适用温度范围为－15～60℃，使用场所的环境温度超出该范围时，应采用特种聚氯乙烯电线电缆。

7. 【答案】D

【解析】电线电缆成束敷设时，应采用阻燃电线电缆。电线在槽盒内敷设时，也宜选择阻燃电线。

8. 【答案】D

【解析】我国国家标准将耐火试验分为 A、B 两种级别：A 级火焰温度 950～1000℃，持续供火时间 90min；B 级火焰温度 750～800℃，持续供火时间 90min。

9. 【答案】B

【解析】工业企业的车间，在允许开电缆沟的地方，当电缆数量大于 4 根时，可敷在电缆沟内。

10. 【答案】B

【解析】电缆头在投入运行前要做耐压试验，测量出的绝缘电阻应与电缆头制作前后没有大的差别，其绝缘电阻值一般在 50MΩ 以上。

11. 【答案】D

【解析】对于突然断电比过负载造成的损

失更大的线路，如消防水泵之类的负荷，其过负载保护应作为报警信号，不应作为直接切断电路的触发信号，选项D错误。

12. 【答案】D

【解析】过负载保护电器的动作特性应同时满足以下两个条件：

(1) 线路计算电流小于等于熔断器熔体额定电流，后者应小于等于导体允许持续载流量。

(2) 保证保护电器可靠动作的电流小于等于1.45倍熔断器熔体额定电流。

13. 【答案】C

【解析】当保护电器为断路器时，保证保护电器可靠动作的电流为约定时间内的约定动作电流。

14. 【答案】D

【解析】当保护电器为熔断器时，保证保护电器可靠动作的电流为约定时间内的熔断电流。

15. 【答案】A

【解析】缆道尽可能远离热力管道及油管道，其最小允许距离见下表（单位：mm）。

名称	电力电缆		控制电缆	
	平行	垂直	平行	垂直
热力管道	1000	500	500	250
一般管道	500	300	500	250

16. 【答案】C

【解析】缆道尽可能远离热力管道及油管道，其最小允许距离见下表（单位：mm）。

名称	电力电缆		控制电缆	
	平行	垂直	平行	垂直
热力管道	1000	500	500	250
一般管道	500	300	500	250

17. 【答案】D

【解析】缆道尽可能远离热力管道及油管道，其最小允许距离见下表（单位：mm）。

名称	电力电缆		控制电缆	
	平行	垂直	平行	垂直
热力管道	1000	500	500	250
一般管道	500	300	500	250

18. 【答案】C

【解析】缆道尽可能远离热力管道及油管道，其最小允许距离见下表（单位：mm）。

名称	电力电缆		控制电缆	
	平行	垂直	平行	垂直
热力管道	1000	500	500	250
一般管道	500	300	500	250

19. 【答案】B

【解析】铁芯绝缘损坏后，涡流加大，温度升高。

20. 【答案】A

【解析】为防止过电压，运行电压不超过1.1倍的额定电压，运行电流不宜超过

40.【答案】D

【解析】爆炸危险区域类别及其分区见下表。

类别	分区	
爆炸性气体环境危险区域	0 区	连续出现或长期出现爆炸性气体混合物的环境
	1 区	在正常运行时，可能出现爆炸性气体混合物的环境
	2 区	在正常运行时，不可能出现爆炸性气体混合物的环境，即使出现也仅是短时间存在的爆炸性气体混合物的环境
爆炸性粉尘环境危险区域	20 区	连续出现或长期出现爆炸性粉尘混合物的环境
	21 区	在正常运行时，可能出现爆炸性粉尘混合物的环境
	22 区	在正常运行时，不可能出现爆炸性粉尘混合物的环境，即使出现也仅是短时间存在的爆炸性粉尘混合物的环境

41.【答案】B

【解析】爆炸危险区域类别及其分区见下表。

类别	分区	
爆炸性气体环境危险区域	0 区	连续出现或长期出现爆炸性气体混合物的环境
	1 区	在正常运行时，可能出现爆炸性气体混合物的环境
	2 区	在正常运行时，不可能出现爆炸性气体混合物的环境，即使出现也仅是短时间存在的爆炸性气体混合物的环境
爆炸性粉尘环境危险区域	20 区	连续出现或长期出现爆炸性粉尘混合物的环境
	21 区	在正常运行时，可能出现爆炸性粉尘混合物的环境
	22 区	在正常运行时，不可能出现爆炸性粉尘混合物的环境，即使出现也仅是短时间存在的爆炸性粉尘混合物的环境

42.【答案】D

【解析】爆炸危险区域类别及其分区见下表。

类别	分区	
爆炸性气体环境危险区域	0 区	连续出现或长期出现爆炸性气体混合物的环境
	1 区	在正常运行时，可能出现爆炸性气体混合物的环境
	2 区	在正常运行时，不可能出现爆炸性气体混合物的环境，即使出现也仅是短时间存在的爆炸性气体混合物的环境
爆炸性粉尘环境危险区域	20 区	连续出现或长期出现爆炸性粉尘混合物的环境
	21 区	在正常运行时，可能出现爆炸性粉尘混合物的环境
	22 区	在正常运行时，不可能出现爆炸性粉尘混合物的环境，即使出现也仅是短时间存在的爆炸性粉尘混合物的环境

43.【答案】B

【解析】爆炸危险区域类别及其分区见下表。

类别	分区	
爆炸性气体环境危险区域	0 区	连续出现或长期出现爆炸性气体混合物的环境
	1 区	在正常运行时，可能出现爆炸性气体混合物的环境
	2 区	在正常运行时，不可能出现爆炸性气体混合物的环境，即使出现也仅是短时间存在的爆炸性气体混合物的环境
爆炸性粉尘环境危险区域	20 区	连续出现或长期出现爆炸性粉尘混合物的环境
	21 区	在正常运行时，可能出现爆炸性粉尘混合物的环境
	22 区	在正常运行时，不可能出现爆炸性粉尘混合物的环境，即使出现也仅是短时间存在的爆炸性粉尘混合物的环境

44. **【答案】**C

【解析】爆炸危险区域类别及其分区见下表。

类别	分区	
爆炸性气体环境危险区域	0 区	连续出现或长期出现爆炸性气体混合物的环境
	1 区	在正常运行时，可能出现爆炸性气体混合物的环境
	2 区	在正常运行时，不可能出现爆炸性气体混合物的环境，即使出现也仅是短时间存在的爆炸性气体混合物的环境
爆炸性粉尘环境危险区域	20 区	连续出现或长期出现爆炸性粉尘混合物的环境
	21 区	在正常运行时，可能出现爆炸性粉尘混合物的环境
	22 区	在正常运行时，不可能出现爆炸性粉尘混合物的环境，即使出现也仅是短时间存在的爆炸性粉尘混合物的环境

45. **【答案】**D

【解析】爆炸危险区域类别及其分区见下表。

类别	分区	
爆炸性气体环境危险区域	0 区	连续出现或长期出现爆炸性气体混合物的环境
	1 区	在正常运行时，可能出现爆炸性气体混合物的环境
	2 区	在正常运行时，不可能出现爆炸性气体混合物的环境，即使出现也仅是短时间存在的爆炸性气体混合物的环境
爆炸性粉尘环境危险区域	20 区	连续出现或长期出现爆炸性粉尘混合物的环境
	21 区	在正常运行时，可能出现爆炸性粉尘混合物的环境
	22 区	在正常运行时，不可能出现爆炸性粉尘混合物的环境，即使出现也仅是短时间存在的爆炸性粉尘混合物的环境

46. **【答案】**B

【解析】爆炸危险区域类别及其分区见下表。

类别	分区	
爆炸性气体环境危险区域	0 区	连续出现或长期出现爆炸性气体混合物的环境
	1 区	在正常运行时，可能出现爆炸性气体混合物的环境
	2 区	在正常运行时，不可能出现爆炸性气体混合物的环境，即使出现也仅是短时间存在的爆炸性气体混合物的环境
爆炸性粉尘环境危险区域	20 区	连续出现或长期出现爆炸性粉尘混合物的环境
	21 区	在正常运行时，可能出现爆炸性粉尘混合物的环境
	22 区	在正常运行时，不可能出现爆炸性粉尘混合物的环境，即使出现也仅是短时间存在的爆炸性粉尘混合物的环境

47. **【答案】** A

【解析】 爆炸危险区域类别及其分区见下表。

类别	分区	
爆炸性气体环境危险区域	0 区	连续出现或长期出现爆炸性气体混合物的环境
	1 区	在正常运行时，可能出现爆炸性气体混合物的环境
	2 区	在正常运行时，不可能出现爆炸性气体混合物的环境，即使出现也仅是短时间存在的爆炸性气体混合物的环境
爆炸性粉尘环境危险区域	20 区	连续出现或长期出现爆炸性粉尘混合物的环境
	21 区	在正常运行时，可能出现爆炸性粉尘混合物的环境
	22 区	在正常运行时，不可能出现爆炸性粉尘混合物的环境，即使出现也仅是短时间存在的爆炸性粉尘混合物的环境

48. **【答案】** B

【解析】 爆炸性环境用电设备类型及标志见下表。

防爆电气设备类型	标志	防爆电气设备类型	标志
隔爆型电气设备	d	充砂型电气设备	q
本质安全型电气设备	i	正压型电气设备	p
增安型电气设备	e	充油型电气设备	o
浇封型电气设备	m	无火花型电气设备	n
气密型电气设备	h	特殊型电气设备	s

49. **【答案】** A

【解析】 装设避雷针、避雷线、避雷网、避雷带是直击雷防护的主要措施。

50. **【答案】** C

【解析】 独立避雷针是离开建筑物单独装设的。一般情况下，其接地装置应当单设，接地电阻一般不应超过 10Ω。

51. **【答案】** B

【解析】 防雷电感应接地干线与接地装置的连接不得少于 2 处。

52. **【答案】** B

【解析】 线路电压损失不应超过允许值，所以选项 B 错误。

二、多项选择题

53. **【答案】** ABCE

【解析】 电气设备安装、使用不当是引发火灾的主要原因，具体表现为以下几个方面：①过载。②短路、电弧和火花。③接触不良。④烘烤。⑤摩擦。

54. **【答案】** BC

【解析】造成过载的原因有以下几个方面：①设计、安装时选型不正确，使电气设备的额定容量小于实际负载容量。②设备或导线随意装接，增加负荷，造成超载运行。③检修、维护不及时，使设备或导线长期处于带病运行状态。选项A、D属于产生短路的主要原因，选项E属于接触不良的原因。

55. 【答案】DE

【解析】造成过载的原因有以下几个方面：①设计、安装时选型不正确，使电气设备的额定容量小于实际负载容量。②设备或导线随意装接，增加负荷，造成超载运行。③检修、维护不及时，使设备或导线长期处于带病运行状态。选项D属于产生短路的主要原因，选项E属于接触不良的原因。

56. 【答案】BE

【解析】短路是电气设备最严重的一种故障状态，产生短路的主要原因有：

(1) 电气设备的选用和安装与使用环境不符，致使其绝缘体在高温、潮湿、酸碱环境条件下受到破坏。

(2) 电气设备使用时间过长，超过使用寿命，绝缘老化发脆。

(3) 使用维护不当，长期带病运行，扩大了故障范围。

(4) 过电压使绝缘击穿。

(5) 错误操作或把电源投向故障线路。

选项B是造成过载的原因，选项E是接触不良的原因。

57. 【答案】ABCD

【解析】短路是电气设备最严重的一种故障状态，产生短路的主要原因有：

(1) 电气设备的选用和安装与使用环境不符，致使其绝缘体在高温、潮湿、酸碱环境条件下受到破坏。

(2) 电气设备使用时间过长，超过使用寿命，绝缘老化发脆。

(3) 使用维护不当，长期带病运行，扩大了故障范围。

(4) 过电压使绝缘击穿。

(5) 错误操作或把电源投向故障线路。

选项E是造成接触不良的原因。

58. 【答案】ACE

【解析】阻燃电线电缆一般采用的方法就是在护套材料中添加含有卤素的卤化物和金属氧化物，能在燃烧时释放大量的烟雾和卤化氢气体。根据燃烧时的烟气特性可分为一般阻燃电线电缆、低烟低卤阻燃电线电缆、无卤阻燃电线电缆三大类。

59. 【答案】CD

【解析】电缆支持点之间的距离、电缆弯曲半径、电缆最高最低点间的高差等不得超过规定数值，以防机械损伤，选项C错误。电缆在电缆沟内、隧道内及明敷时，应将麻包外皮层剥去，并刷防腐漆，选项D错误。

60. 【答案】ABCD

【解析】交流回路中的单芯电缆应采用无钢铠的或非磁性材料护套的电缆，选项E错误。

61. 【答案】ACD

【解析】不同用途的电缆，宜分开敷设，并对其进行防火分隔，选项B错误。交流回路中的单芯电缆应采用无钢铠的或非磁性材料护套的电缆，选项E错误。

62. 【答案】ACE

【解析】低压配电线路还应按照《低压配电设计规范》及《漏电保护器安装和运行》等相关标准要求设置短路保护、过负载保护和接地故障保护。

63. 【答案】ACD

【解析】过负载保护电器的动作特性应同时满足以下两个条件：

(1) 线路计算电流小于等于熔断器熔体额定电流，后者应小于等于导体允许持续载流量。

(2) 保证保护电器可靠动作的电流小于等于1.45倍熔断器熔体额定电流。

64. 【答案】ACD

【解析】接地故障保护电器的选择应根据供配电系统的接地形式、电气设备使用特点及导体截面等确定。

65. 【答案】ABDE

【解析】防止电缆火灾发生与阻燃的对策有：远离热源和火源、封堵电缆孔洞、防火分隔、防止电缆因故障而自燃、设置自动报警与灭火装置。

66. 【答案】ABCD

【解析】在电缆隧道、电缆沟及托架的下列部位应设置带门的防火墙：不同厂房或车间交界处，进入室内处，不同电压配电装置交界处，不同机组及主变压器的缆道连接处，隧道与主控、集控、网控室连接处，长距离缆道每隔100m处等，均应设置防火墙。

67. 【答案】BCDE

【解析】电气设备狭义上是发电机、变压器、电力线路、断路器等电力设备的统称，而在广义上还应包括电器设备，是对供配电设备和用电设备的统称。这些设备中防火的重点是变压器、断路器、电容器、电动机、照明设施和电加热设备等。

68. 【答案】AD

【解析】油浸电力变压器内部充有大量绝缘油，同时还有一定数量的可燃物，如果遇到高温、火花和电弧，容易引起火灾和爆炸，从而导致变压器发生火灾。

(1) 由于变压器产品制造质量不良、检修失当、长期过负荷运行等，使内部线圈绝缘损坏，发生短路，电流剧增，从而使绝缘材料和变压器油过热。

(2) 线圈间、线圈与分接头间、端部接线处等，由于连接不好，产生接触不良，造成局部接触电阻过大，从而导致局部高温。

(3) 铁芯绝缘损坏后，涡流加大，温度升高。

(4) 当变压器冷却油油质劣化后，雷击或操作过电压会使油中产生电弧闪络。油箱漏油后，冷却散热能力下降，变压器会过热。

(5) 用电设备过负荷、故障短路、外力使瓷瓶损坏。当此情况发生时，如果变压器保护装置设置不当，会引起变压器的过热。

选项A断路不会引起过热，选项D铁芯损坏也不会引起温度升高。

69. 【答案】ABCD

【解析】选项E属于灭火措施，不是防火措施。

70. 【答案】BCDE

【解析】断路器的断流容量必须大于电力系统在其装设处的短路容量，所以选项A错误。

71. 【答案】ABCE

【解析】电动机主要火灾原因有过载、单相起动和运行、电源电压波动、内部绕组短路、接触不良、选型不当、机械摩擦、铁损过大等。内部绕组断路不能引起火灾。

72. 【答案】ABE

【解析】电气防爆措施途径主要有：采用隔爆外壳，采用本质安全电路，采用超前切断电源，隔离阀，限制正常工作的温度五种措施。选项C属于防雷措施，选项D属于静电防护措施。

73. 【答案】ABDE

【解析】静电防护措施主要有：环境危险程度控制、工艺控制、接地和屏蔽、增湿和采用静电中和器。选项A、B、E属于接地措施，选项D属于工艺控制手段。随着湿度的增加，绝缘体表面上形成薄薄的水膜。它能使绝缘体的表面电阻大大降低，能加速静电的泄漏，因此选项C错误。

74. 【答案】AB

【解析】选项C、D属于第三类防雷建筑物，选项E属于第一类防雷建筑物。

75. 【答案】AE

【解析】下列建筑物应划为第三类防雷建筑物：

(1) 省级重点文物保护的建筑物和省级

档案馆。

(2) 年预计雷击次数大于等于0.012次，小于等于0.06次的部、省级办公楼及其他重要的或人员密集的公共建筑物。

(3) 年预计雷击次数大于等于0.06次，小于等于0.3次的住宅、办公楼等一般性民用建筑物。

(4) 年预计雷击次数大于等于0.06次的一般性工业建筑物。

(5) 年平均雷暴日15天以上地区，高度为15m及以上的烟囱、水塔等孤立高耸的建筑物。年平均雷暴日15天及15天以下地区，高度为20m及以上的烟囱、水塔等孤立高耸的建筑物。

选项B、C、D均不满足以上要求，所以不属于第三类防雷建筑。选项A符合上述第三条，选项E符合上述第二条，属于第三类防雷建筑。

三、判断题

76. **【答案】**正确

77. **【答案】**错误

【解析】按敷设方式、环境条件确定的导体截面，其导体载流量不应小于计算电流。

78. **【答案】**错误

【解析】普通聚氯乙烯电缆在燃烧时会放出大量有毒烟气，不适用于地下客运设施、地下商业区、高层建筑和重要公共设施等人员密集场所。但交联聚氯乙烯电缆在燃烧时不会放出大量有毒烟气。

79. **【答案】**正确

80. **【答案】**错误

【解析】阻燃电线电缆是指在规定试验条件下被燃烧，撤去火源后，火焰仅能在限定范围内蔓延，残焰和残灼能在限定时间内自行熄灭的电缆。阻燃电线电缆在火灾发生时很快中止工作，其功能在于难燃、阻止火势蔓延及自熄。耐火指在火焰燃烧情况下能保持一定时间的运行，即保持电路的完整性，该类型电线电缆在火焰中具有一定时间的供电能力。耐火电线电缆在火灾发生时能持续工作（传送电流和信号），其本身延燃与否不在考核之列。

81. **【答案】**正确

82. **【答案】**错误

【解析】工业企业的车间，在允许开电缆沟的地方，当电缆数量小于3根且不太长，又无腐蚀性液体时，可穿管埋地敷设。

83. **【答案】**正确

84. **【答案】**错误

【解析】不同用途的电缆，宜分开敷设，并对其进行防火分隔。

85. **【答案】**正确

86. **【答案】**错误

【解析】交流回路中的单芯电缆应采用无钢铠的或非磁性材料护套的电缆。

87. **【答案】**错误

【解析】线路计算电流小于等于熔断器熔体额定电流，后者应小于等于导体允许持续载流量。

88. **【答案】**错误

【解析】可燃气体或可燃液体管沟，不应敷设电缆，包括电力电缆和控制电缆。

89. **【答案】**正确

90. **【答案】**正确

91. **【答案】**错误

【解析】缆道尽可能远离热力管道及油管道，其最小允许距离见下表（单位：mm）。

名称	电力电缆		控制电缆	
	平行	垂直	平行	垂直
热力管道	1000	500	500	250
一般管道	500	300	500	250

92.【答案】错误

【解析】防火封堵材料既有有机材料，也有无机材料。电缆孔洞绝不能用木板等易燃物品承托或封堵。

93.【答案】错误

【解析】油断路器在运行中，油箱内的油量必须符合油标规定的要求，若油量过多，空气垫小，切断大电流时，使油箱所受压力升高，可能造成油箱爆炸；若油量过少，会使油气、氢气等从油中析出时路径过短，使其在油中没有得到足够冷却就与油面上部空间的油气混合物接触，有可能将其引燃，产生爆炸、火灾危险。

94.【答案】错误

【解析】照明灯具火灾危险性主要有三类：照明灯具线路故障、照明灯具温度过高以及照明灯具与可燃物距离过小引燃周围可燃物。

培训模块六　消防设施基本知识

扫码听备考指导

重点提示

通过学习本模块内容，要求对火灾自动报警系统、自动灭火系统以及其他消防设施的设置场所有所基本了解。能准确掌握各个系统、设施的组成及工作方式，并能说明其设置的依据及要求。

培训项目 1　火灾自动报警系统基本知识

一、单项选择题

1. 下列建筑或场所，应设置火灾自动报警系统的是（　　）。
   A. 总建筑面积 3000m^2 的单层制衣厂房　　B. 总建筑面积 3000m^2 的二层玩具厂房
   C. 总建筑面积 3000m^2 的三层电子厂房　　D. 总建筑面积 3000m^2 的四层制鞋厂房
2. 下列建筑或场所，应设置火灾自动报警系统的是（　　）。
   A. 占地面积 1000m^2 的单层制衣厂房　　B. 占地面积 1000m^2 的二层玩具厂房
   C. 占地面积 1000m^2 的三层电子厂房　　D. 占地面积 1000m^2 的四层制鞋厂房
3. 下列建筑或场所，应设置火灾自动报警系统的是（　　）。
   A. 占地面积 1000m^2 的棉花仓库　　B. 占地面积 1000m^2 的化纤仓库
   C. 占地面积 1000m^2 的卷烟仓库　　D. 占地面积 1000m^2 的丝麻仓库
4. 下列建筑或场所，应设置火灾自动报警系统的是（　　）。
   A. 总建筑面积 2000m^2 的二层棉花仓库　　B. 总建筑面积 2000m^2 的二层化纤仓库
   C. 总建筑面积 2000m^2 的二层卷烟仓库　　D. 总建筑面积 2000m^2 的二层丝麻仓库
5. 下列建筑或场所，应设置火灾自动报警系统的是（　　）。
   A. 总建筑面积 1500m^2 的单层客运站　　B. 总建筑面积 3000m^2 的二层展览馆
   C. 每层建筑面积 1500m^2 的二层商场　　D. 总建筑面积 1000m^2 的地下商店
6. 下列建筑或场所，可不设置火灾自动报警系统的是（　　）。
   A. 占地面积 1000m^2 的四层商店　　B. 占地面积 1500m^2 的三层展览馆
   C. 占地面积 1000m^2 的单层客运站　　D. 占地面积 800m^2 的地下商店
7. 下列建筑或场所，应设置火灾自动报警系统的是（　　）。
   A. 座位数 2000 的电影院　　B. 座位数 2000 的会堂
   C. 座位数 2000 的礼堂　　D. 座位数 2000 的体育馆
8. 下列建筑或场所，可不设置火灾自动报警系统的是（　　）。
   A. 座位数 3000 的电影院　　B. 座位数 3000 的会堂
   C. 座位数 3000 的礼堂　　D. 座位数 3000 的体育馆
9. （　　）不属于火灾自动报警系统的基本形式。
   A. 独立报警系统　　B. 区域报警系统

C. 集中报警系统　　　　　　　　　　　D. 控制中心报警系统

10. 以下说法中正确的是（　　）。

A. 仅需要报警，不需要联动自动消防设备的保护对象宜采用区域报警系统

B. 不仅需要报警，同时需要联动自动消防设备的保护对象，应采用集中报警系统

C. 设置有火灾自动报警系统的场所，应设置消防控制室

D. 集中报警系统的火灾报警逻辑与区域报警系统不同

11. 以下说法中错误的是（　　）。

A. 设置两个及两个以上消防控制室的保护对象，应采用控制中心报警系统

B. 设置两个及两个以上集中报警系统的保护对象，应采用控制中心报警系统

C. 主消防控制室应能显示所有火灾报警信号和联动控制状态信号

D. 各分消防控制室内消防设备之间可互相传输、显示状态信息，且可互相控制

12. 以下说法中错误的是（　　）。

A. 仅需要报警，不需要联动自动消防设备的保护对象宜采用区域报警系统

B. 消防联动控制器是按设定的控制逻辑向各相关受控设备发送了联动控制信号，并接收相关设备的联动反馈信号的设备

C. 设置一台具有集中控制功能的火灾报警控制器和消防联动控制器的保护对象，应采用控制中心报警系统

D. 当有两个及两个以上消防控制室时，应确定一个主消防控制室

13. 下图示意的是（　　）。

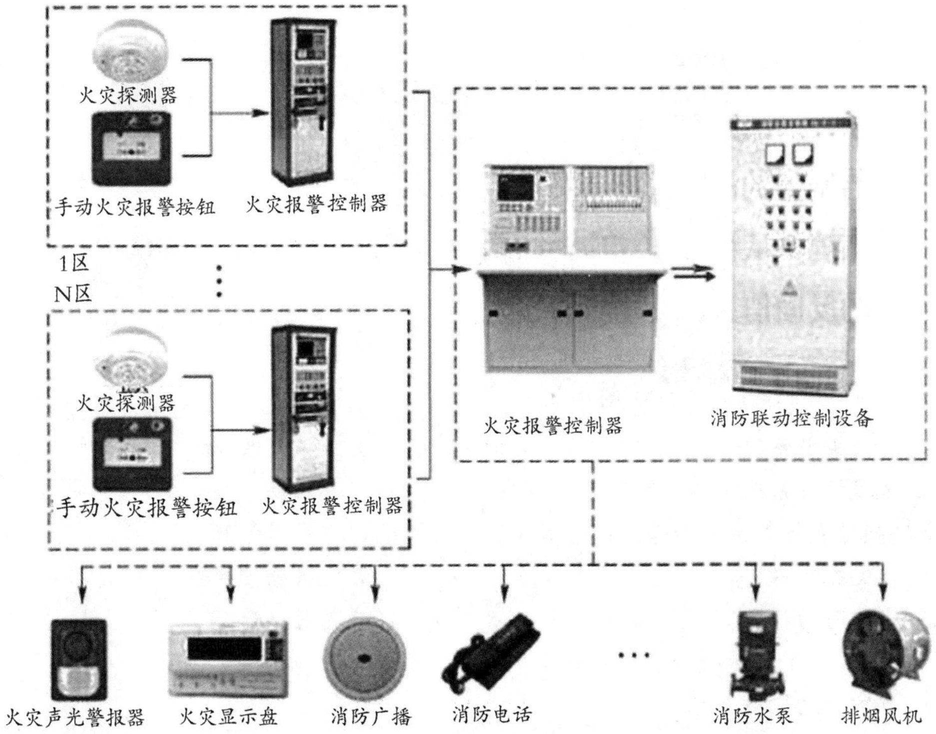

A. 大型报警系统　　　　　　　　　　　B. 集中报警系统

C. 混合报警系统　　　　　　　　　　　D. 控制中心报警系统

14. 下图示意的是（　　）。

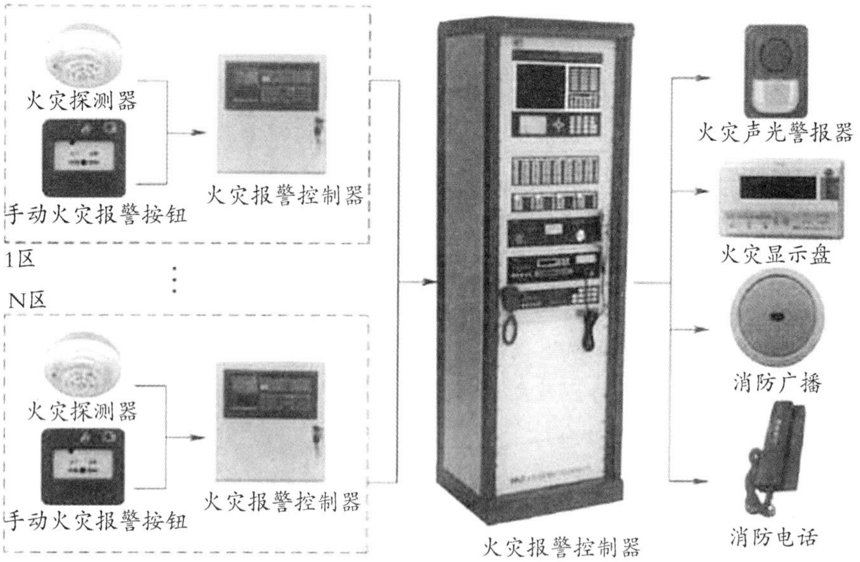

A. 中型报警系统　　B. 集中报警系统

C. 混合报警系统　　D. 控制中心报警系统

15. 下图示意的是（　　）。

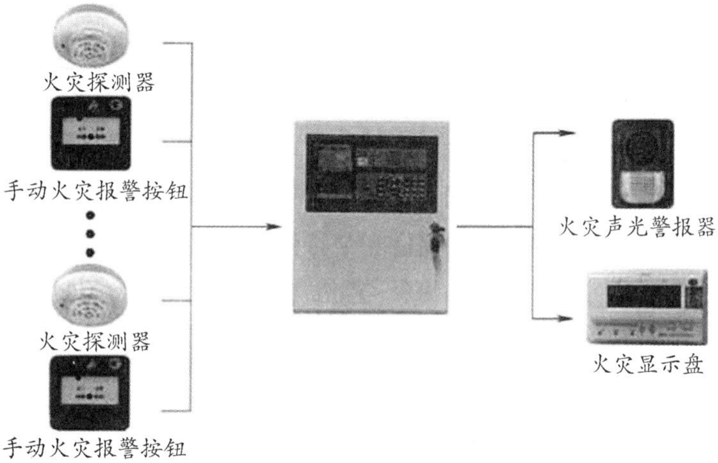

A. 小型报警系统　　B. 集中报警系统

C. 区域报警系统　　D. 独立报警系统

16. 集中报警系统与区域报警系统的组成相比，最主要的差别在于（　　）。

A. 火灾探测器　　B. 火灾报警控制器

C. 消防联动控制器　　D. 声光警报器

17. 下列组件属于区域报警系统的是（　　）。

A. 消防应急广播

B. 消防应急电话

C. 联动控制系统

D. 火灾显示盘

二、多项选择题

18. 火灾自动报警系统包括（　　）。
    A. 火灾探测报警系统　　B. 消防联动控制系统
    C. 防排烟系统　　D. 自动灭火系统
    E. 消火栓系统
19. 下列建筑或场所，应设置火灾自动报警系统的有（　　）。
    A. 建筑面积 2000m² 的单层制鞋厂　　B. 总建筑面积 3000m² 的三层玩具厂
    C. 占地面积 1500m² 的二层服装厂　　D. 占地面积 1500m² 的二层服装仓库
    E. 总建筑面积 1500m² 的单层卷烟仓库
20. 下列建筑或场所，应设置火灾自动报警系统的有（　　）。
    A. 文物珍藏库　　B. 藏书 10 万册的图书馆
    C. 老年人照料设施　　D. 100 张床位的医院门诊楼
    E. 歌舞娱乐放映游艺场所
21. 下列建筑或场所，应设置火灾自动报警系统的有（　　）。
    A. 总建筑面积 3000m² 的两层玩具厂　　B. 总建筑面积 1500m² 的卷烟仓库
    C. 总建筑面积 1000m² 的地下商场　　D. 3000 个座位的体育馆
    E. 300 个床位的病房楼
22. 下列建筑或场所，应设置火灾自动报警系统的有（　　）。
    A. 藏书 60 万册的图书馆　　B. 省级电视台
    C. 2000 个座位的礼堂　　D. 歌舞娱乐放映游艺场所
    E. 老年人照料设施
23. 下列建筑或场所，可不设置火灾自动报警系统的有（　　）。
    A. 2000 个座位的剧场　　B. 500m² 的地下商场
    C. 200 张床位的医院门诊楼　　D. 1500m² 的单层展览馆
    E. 大型幼儿园的教师办公室
24. 火灾自动报警系统的基本形式有（　　）。
    A. 独立报警系统　　B. 区域报警系统
    C. 集中报警系统　　D. 控制中心报警系统
    E. 混合报警系统
25. 区域报警系统主要由（　　）组成。
    A. 火灾探测器　　B. 手动火灾报警按钮
    C. 火灾声光警报器　　D. 区域型火灾报警控制器
    E. 消防应急广播

三、判断题

26. 火灾探测报警系统的作用是控制及监视消防水泵、排烟风机、消防电梯以及防火卷帘等相关消防设备，发生火灾时执行预设的消防功能。（　　）
27. 火灾探测报警系统的作用是通过探测保护现场的火焰、热量和烟雾等相关参数发出报警信号，显示火灾发生的部位，发出声、光报警信号以通知相关人员进行疏散和实施火灾扑救。（　　）
28. 二类高层公共建筑内建筑面积 300m² 的营业厅必须设置火灾自动报警系统。（　　）

29. 二类高层公共建筑内建筑面积大于 50m^2 的不燃物品库房可不设置火灾自动报警系统。（　　）

30. 一类高层公共建筑内建筑面积大于 50m^2 的不燃物品库房可不设置火灾自动报警系统。（　　）

31. 县市级及以上广播电视建筑、邮政建筑、电信建筑应设置火灾自动报警系统。（　　）

32. 仅需要报警，不需要联动自动消防设备的保护对象宜采用区域报警系统。（　　）

33. 火灾探测器的作用是接收、显示和传递火灾报警信号。（　　）

34. 集中报警系统的火灾报警逻辑与区域报警系统相同。（　　）

35. 不仅需要报警，同时需要联动自动消防设备，且只设置一台具有集中控制功能的火灾报警控制器和消防联动控制器的保护对象，应采用控制中心报警系统。（　　）

36. 采用集中报警系统的场所，应设置一个消防控制室。（　　）

培训项目 2　自动灭火系统基本知识

一、单项选择题

1. 自动喷水灭火系统主要用于扑救（　　）火灾。
   A. 初期　　B. 中期
   C. 后期　　D. 任意时期

2. 下列厂房或生产部位，应设置自动灭火系统的是（　　）。
   A. 5000 纱锭的棉纺厂开包车间　　B. 5000 锭的麻纺厂梳麻车间
   C. 1500m^2 的制衣厂　　D. 1500m^2 的木器厂房

3. 下列厂房或生产部位，可不设置自动灭火系统的是（　　）。
   A. 火柴厂的烤梗、筛选部位
   B. 泡沫塑料厂的预发、成型、切片、压花部位
   C. 多层乙类厂房
   D. 1000m^2 的地下丙类厂房

4. 下列厂房或生产部位，应设置自动灭火系统的是（　　）。
   A. 1500m^2 的单层电子厂　　B. 2000m^2 的二层木器厂房
   C. 1000m^2 的半地下丙类厂房　　D. 500m^2 的地下丙类厂房

5. 下列仓库，应设置自动灭火系统的是（　　）。
   A. 占地面积 500m^2 的火柴仓库　　B. 占地面积 500m^2 的毛皮仓库
   C. 难燃物品的高架仓库　　D. 500m^2 的可燃物品地下仓库

6. 下列仓库，应设置自动灭火系统的是（　　）。
   A. 单层占地面积 2000m^2 的棉花库房
   B. 邮政建筑内建筑面积 500m^2 的空邮袋库
   C. 设计温度－18℃的高架冷库
   D. 1000m^2 的可燃物品地下仓库

7. 下列仓库，可不设置自动灭火系统的是（　　）。
   A. 单层建筑面积 1500m^2 的棉花库房

B. 单层建筑面积 1500m^2 的化纤库房

C. 难燃物品高层仓库

D. 总建筑面积 5000m^2 的多层丙类仓库

8. 在单、多层公共建筑中，可不设置自动灭火系统的是（　　）。

A. 2000 个座位的剧场　　B. 3000 个座位的礼堂

C. 4000 个座位的体育馆　　D. 5000 个座位的体育场

9. 在单、多层公共建筑中，可不设置自动灭火系统的是（　　）。

A. 总建筑面积 6000m^2 的单层展览馆　　B. 总建筑面积 5000m^2 的二层商店

C. 总建筑面积 4000m^2 的三层餐饮楼　　D. 总建筑面积 3000m^2 的四层病房楼

10. 下列建筑或部位，应设置雨淋系统的是（　　）。

A. 藏书量超过 100 万册的图书馆

B. 泡沫塑料厂的预发、成型、切片、压花部位

C. 乒乓球厂的分球检验部位

D. 火柴厂的烤梗、筛选部位

11. 根据要求，下列部位宜设置水幕系统的是（　　）。

A. 超过 1000 个座位的多层剧场与舞台相连的侧台口

B. 超过 1500 个座位的单层会堂与舞台相连的后台口

C. 高层公共建筑内超过 500 个座位礼堂的舞台口

D. 甲等剧场的舞台口

12. 以下属于自动喷水灭火系统设置场所中危险Ⅰ级的是（　　）。

A. 舞台葡萄架下部　　B. 书库

C. 医院　　D. 住宅楼

13. 以下属于自动喷水灭火系统设置场所中危险Ⅱ级的是（　　）。

A. 汽车停车场　　B. 摄影棚

C. 高层办公楼　　D. 火车站

14. 以下属于自动喷水灭火系统设置场所轻危险级的是（　　）。

A. 电影院　　B. 总建筑面积小于 5000m^2 的地上商场

C. 木结构建筑　　D. 幼儿园

15. 以下自动喷水灭火系统中，属于开式系统的是（　　）。

A. 湿式系统　　B. 干式系统

C. 预作用系统　　D. 雨淋系统

16. 准工作状态时配水管道内充满用于启动系统的有压水，火灾发生时喷头受热开放后即能喷水灭火的系统是（　　）。

A. 湿式系统　　B. 干式系统

C. 预作用系统　　D. 雨淋系统

17. 准工作状态时配水管道内不充水，发生火灾时由火灾自动报警系统、充气管道上的压力开关联锁控制预作用装置和启动消防水泵向配水管道供水，喷头受热开放后喷水灭火的系统是（　　）。

A. 湿式系统　　B. 干式系统

C. 预作用系统　　D. 雨淋系统

18. 不具备直接灭火的能力，主要用于发生火灾时通过密集喷洒形成水墙或水帘，达到阻隔火蔓延及热扩散目的的系统是（　　）。

A. 湿式系统　　B. 干式系统

C. 水幕系统　　D. 雨淋系统

19. 水幕系统属于（　　）。

A. 湿式系统　　B. 干式系统

C. 开式系统　　D. 闭式系统

20. 以下几个系统的组成中，不需要排气阀的是（　　）。

A. 湿式系统　　B. 干式系统

C. 预作用系统　　D. 雨淋系统

21. 湿式系统的适用温度范围是（　　）。

A. 不低于 4℃且不高于 70℃

B. 不低于 0℃且不高于 100℃

C. 低于 4℃或高于 70℃

D. 低于 0℃或高于 100℃

22. 准工作状态时配水管道内充满用于启动系统的有压气体，火灾发生时喷头受热开放，配水管道排气充水后喷水灭火的系统是（　　）。

A. 湿式系统　　B. 干式系统

C. 预作用系统　　D. 雨淋系统

23. 湿式系统启动后，能发出信号，指示起火区域的设备是（　　）。

A. 闭式喷头　　B. 湿式报警阀

C. 压力开关　　D. 水流指示器

24. 低压二氧化碳灭火系统灭火剂储存温度为（　　）。

A. −16～−14℃　　B. −18～−16℃

C. −20～−18℃　　D. −22～−20℃

25. 以下火灾不可以用二氧化碳灭火系统的是（　　）。

A. 沥青火灾　　B. 棉毛深位火灾

C. 硝化纤维火灾　　D. 木材火灾

26. 可用于保护经常有人的场所的气体灭火系统是（　　）。

A. 二氧化碳灭火系统　　B. 七氟丙烷灭火系统

C. 惰性气体灭火系统　　D. 热气溶胶预制灭火系统

27. 被称为洁净气体灭火系统的是（　　）。

A. 二氧化碳灭火系统　　B. 七氟丙烷灭火系统

C. 惰性气体灭火系统　　D. 热气溶胶预制灭火系统

28. 不得用于电子计算机房的气体灭火系统是（　　）。

A. 二氧化碳灭火系统　　B. 惰性气体灭火系统

C. S 型热气溶胶预制灭火系统　　D. K 型热气溶胶预制灭火系统

29. 用一套灭火剂储存装置保护一个防护区或保护对象的灭火系统是（　　）。

A. 全淹没灭火系统　　B. 单元独立灭火系统

C. 局部应用灭火系统　　D. 组合分配灭火系统

30. 下图中，“4”指的是（　　）。

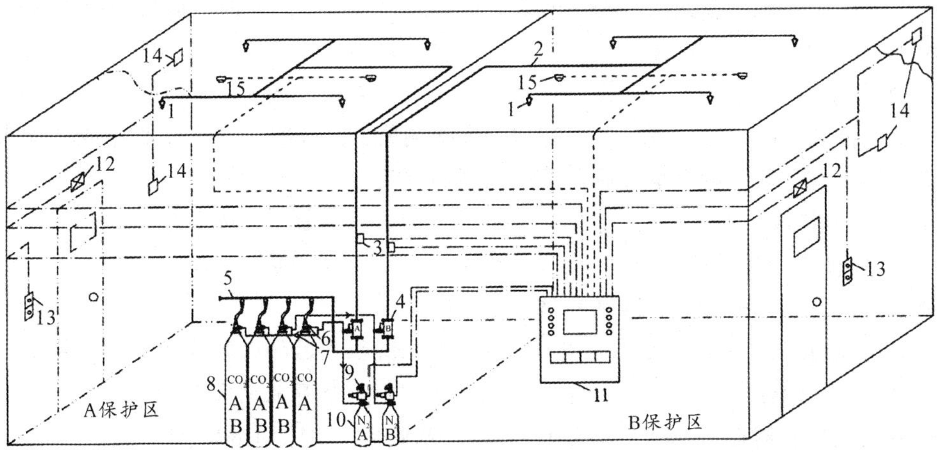

A. 选择阀　　B. 压力信号器　　C. 单向阀　　D. 启动装置

31. 下图中，“3”指的是（　　）。

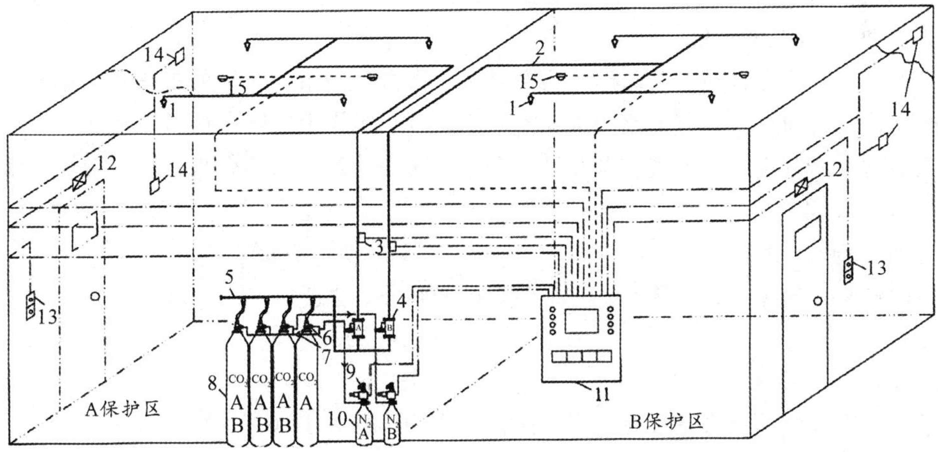

A. 选择阀　　B. 压力信号器　　C. 单向阀　　D. 启动装置

32. 下图中，“9”指的是（　　）。

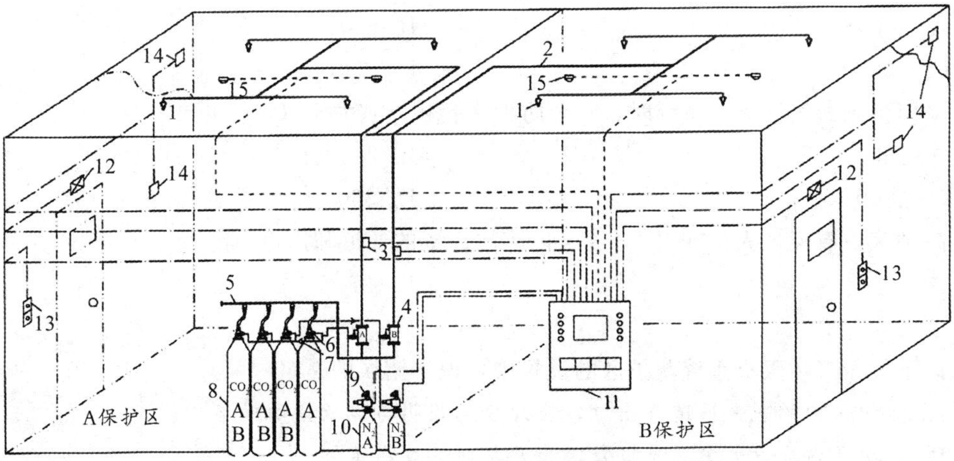

A. 选择阀　　B. 压力信号器

C. 单向阀　　　　D. 启动装置

33. 气体灭火控制器在收到满足条件的信号后，经过（　　）延时时间后发出灭火指令。

A. 不大于 10s　　　　B. 不大于 20s

C. 不大于 30s　　　　D. 不大于 60s

34. 当某气体灭火防护区发生火情，感烟火灾探测器、其他类型火灾探测器或手动火灾报警按钮发出首个联动触发信号后，灭火控制器启动（　　）。

A. 声光警报器　　　　B. 关停联动设备程序

C. 延时程序　　　　D. 灭火指令

35. 喷洒指示灯启动的时间最准确的是（　　）。

A. 控制器接收第一个报警信号后　　　　B. 控制器接收第二个报警信号后

C. 延时结束后　　　　D. 气体释放到管网后

36. 气体灭火控制器在“手动”状态下，（　　）后会发出联动指令。

A. 第一个探测器动作

B. 第二个满足条件的探测器动作

C. 按下“紧急启动/停止”的“启动”按钮

D. 按下手动报警按钮

37. 气体灭火系统在自动与手动操作均失灵时，人员利用系统所设的机械式启动机构释放灭火剂，在启动气体钢瓶失效的情况下，下列各个操作中，顺序正确的是（　　）。

①手动关闭风机、防火阀、电源等。②去除止动簧片。③开启瓶头阀。④开启选择阀。

A. ②①③④　　　　B. ②④③①

C. ①②④③　　　　D. ②①④③

38. 采用管网式气体灭火系统时，一个防护区面积不宜大于（　　）m^2。

A. 500　　　　B. 600

C. 700　　　　D. 800

39. 采用管网式气体灭火系统时，一个防护区容积不宜大于（　　）m^3。

A. 1600　　　　B. 2400

C. 3200　　　　D. 3600

40. 采用预制式气体灭火系统时，一个防护区面积不宜大于（　　）m^2。

A. 500　　　　B. 600

C. 700　　　　D. 800

41. 采用预制式气体灭火系统时，一个防护区容积不宜大于（　　）m^3。

A. 1600　　　　B. 2400

C. 3200　　　　D. 3600

42. 防护区应有保证人员在（　　）s 内疏散完毕的通道和出口。

A. 30　　　　B. 40

C. 50　　　　D. 60

43. 以下关于气体灭火系统防护区的设置中，说法错误的是（　　）。

A. 防护区内的疏散通道及出口，应设应急照明与疏散指示标志

B. 防护区内应设火灾声光报警器和灭火剂喷放指示灯

C. 防护区的门应向疏散方向开启，并能自行关闭

D. 地下防护区和无窗或设固定窗扇的地上防护区，应设置机械排风装置

44. 为防止气体灭火防护区结构因火灾或内部压力增加而损坏，要求防护区围护结构及门窗的耐火极限均不宜低于（　　）h。

A. 0.25　　B. 0.5

C. 1.0　　D. 1.5

45. 为防止气体灭火防护区结构因火灾或内部压力增加而损坏，要求防护区吊顶的耐火极限均不宜低于（　　）h。

A. 0.25　　B. 0.5

C. 1.0　　D. 1.5

46. 为防止气体灭火防护区结构因火灾或内部压力增加而损坏，防护区围护结构承受内压的允许压强不宜低于（　　）Pa。

A. 1000　　B. 1200

C. 1400　　D. 1600

47. 防护区应设置泄压口，七氟丙烷灭火系统的泄压口应位于防护区净高的（　　）以上。

A. 1/2　　B. 1/3

C. 2/3　　D. 1/4

48. 防护区应设置泄压口，二氧化碳灭火系统的泄压口应位于防护区净高的（　　）以上。

A. 1/2　　B. 1/3

C. 2/3　　D. 1/4

49. 采用全淹没二氧化碳灭火系统扑救气体、液体、电气火灾和固体表面火灾时，在喷放二氧化碳前不能自动关闭的开口，其面积不应大于防护区总内表面积的（　　）%，且开口不应设在底面。

A. 1　　B. 2

C. 3　　D. 4

50. 采用局部应用二氧化碳灭火系统的保护对象，应符合下列规定：保护对象周围的空气流动速度不宜大于（　　）m/s。

A. 1　　B. 2

C. 3　　D. 4

51. 采用局部应用二氧化碳灭火系统的保护对象，当保护对象为可燃液体时，液面至容器缘口的距离不得小于（　　）mm。

A. 100　　B. 150

C. 200　　D. 250

52. 气体灭火防护区的最低环境温度不应低于（　　）℃。

A. −5　　B. −10

C. −20　　D. −30

53. 单罐容量大于 $1000m^3$ 的固定顶罐应设置（　　）泡沫灭火系统。

A. 移动式　　B. 半移动式

C. 固定式　　D. 半固定式

54. 罐壁高度小于 7m 或容量不大于 $200m^3$ 的储罐，可采用（　　）泡沫灭火系统。

A. 移动式　　B. 半移动式

C. 固定式　　D. 半固定式

55. （　　）系统是泡沫从储罐底部注入，并通过软管浮升到液体燃料表面进行灭火的泡沫灭火系统。

A. 液上式　　B. 半液上式

C. 液下式　　D. 半液下式

56. 低倍数泡沫灭火系统是指发泡倍数小于（　　）的泡沫灭火系统。

A. 10　　B. 20

C. 100　　D. 200

57. 发泡倍数为 201～1000 的泡沫灭火系统，是（　　）倍数泡沫灭火系统。

A. 低　　B. 中

C. 高　　D. 超高

58. 下图所示为（　　）泡沫灭火系统。

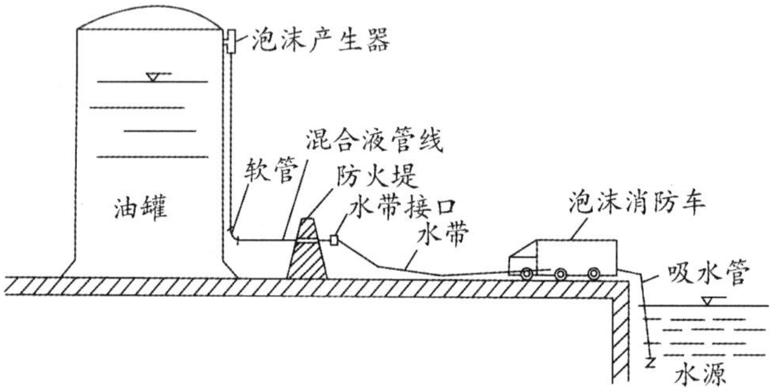

A. 固定式　　B. 移动式

C. 半移动式　　D. 半固定式

59. 下图所示为（　　）泡沫灭火系统。

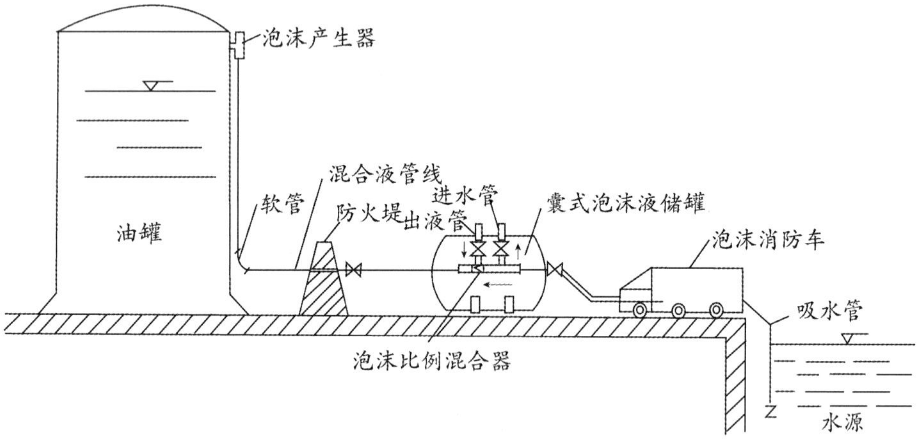

A. 固定式　　B. 移动式

C. 半移动式　　D. 半固定式

60. 水喷雾灭火系统不可用于（　　）。

A. 柴油火灾　　B. 饮料酒火灾

C. 电气火灾　　D. 活泼金属火灾

61. 下图中，“6” 表示的是水喷雾灭火系统组成的（　　）。

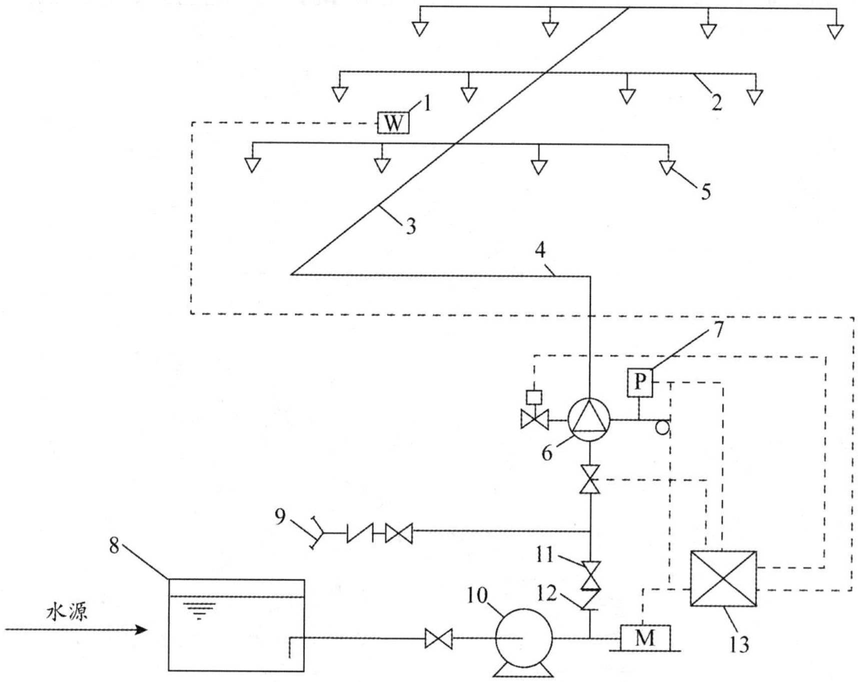

A. 水泵　　B. 止回阀

C. 雨淋报警阀　　D. 闸阀

62. 下图中，“11” 表示的是水喷雾灭火系统组成的（　　）。

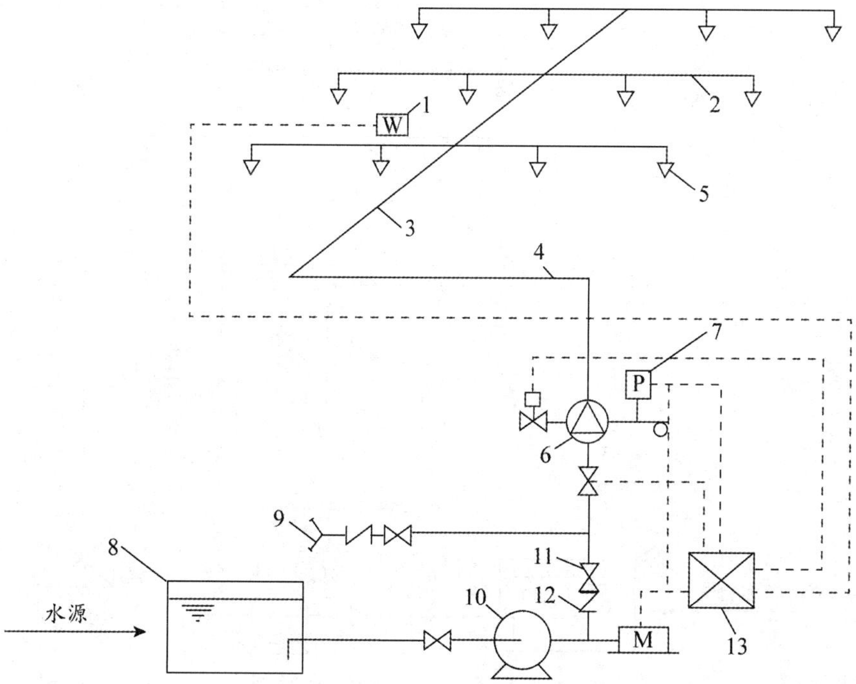

A. 水泵　　B. 止回阀

C. 雨淋报警阀　　D. 闸阀

63. 下图中，“9”表示的是水喷雾灭火系统组成的（　　）。

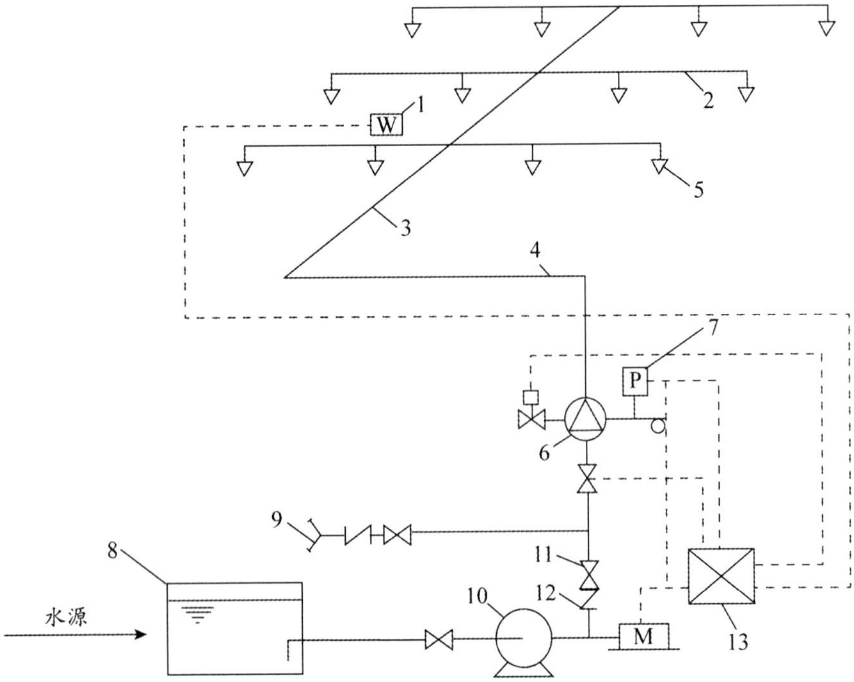

A. 水泵　　　　B. 止回阀

C. 雨淋报警阀　　　　D. 水泵接合器

64. 下图中，“9”表示的是水喷雾灭火系统组成的（　　）。

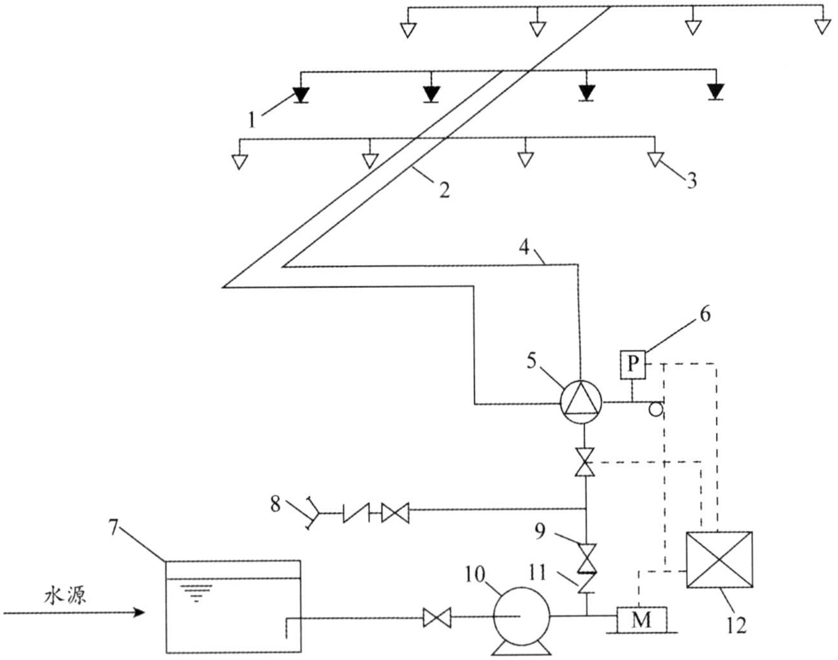

A. 水泵　　　　B. 止回阀

C. 雨淋报警阀　　　　D. 闸阀

65. 下图中，“1”表示的是水喷雾灭火系统组成的（　　）。

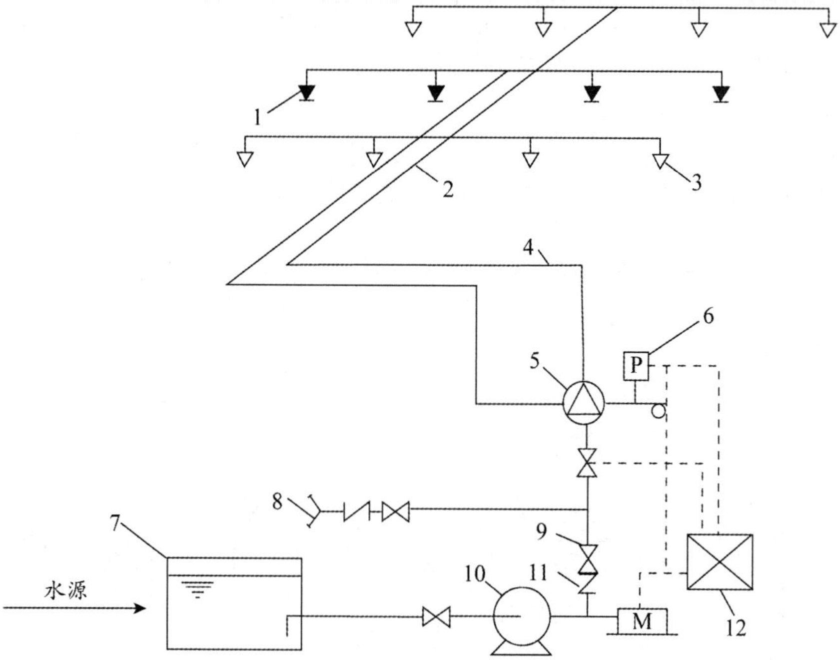

A. 开式喷头　　B. 闭式喷头

C. 压力开关　　D. 感烟探测器

66. 低压细水雾灭火系统额定工作压力小于（　　）MPa。

A. 1.2　　B. 2.4

C. 3.5　　D. 4.2

67. 高压细水雾灭火系统额定工作压力大于或等于（　　）MPa。

A. 1.2　　B. 2.4

C. 3.5　　D. 4.2

68. 系统额定工作压力为10MPa的细水雾灭火系统，属于（　　）系统。

A. 低压　　B. 中压

C. 高压　　D. 超高压

69. 细水雾灭火系统不可以扑灭（　　）火灾。

A. 可燃固体　　B. 可燃液体

C. 电气　　D. 可燃固体深位

70. 以下火灾中，细水雾灭火系统不适用的火灾是（　　）。

A. 木材　　B. 柴油

C. 电动机　　D. 碳化钙

71. 以下火灾中，细水雾灭火系统可用于扑灭（　　）火灾。

A. 液化天然气　　B. 氨基钠

C. 天然橡胶　　D. 碳化钙

72. 水炮系统适用于扑灭（　　）。

A. 固体火灾　　B. 气体火灾

C. 液体火灾　　D. 金属火灾

73. 干粉灭火系统不能扑灭的火灾是（　　）。

A. 木材　　B. 棉花　　C. 酒精　　D. 炸药

74. 下列选项中，可以用干粉灭火系统扑灭的是（　　）。

A. 氢化钠　　B. 硝化纤维

C. 镁　　D. 煤

75. 下面干粉灭火系统组成示意图中，“4”表示的是（　　）。

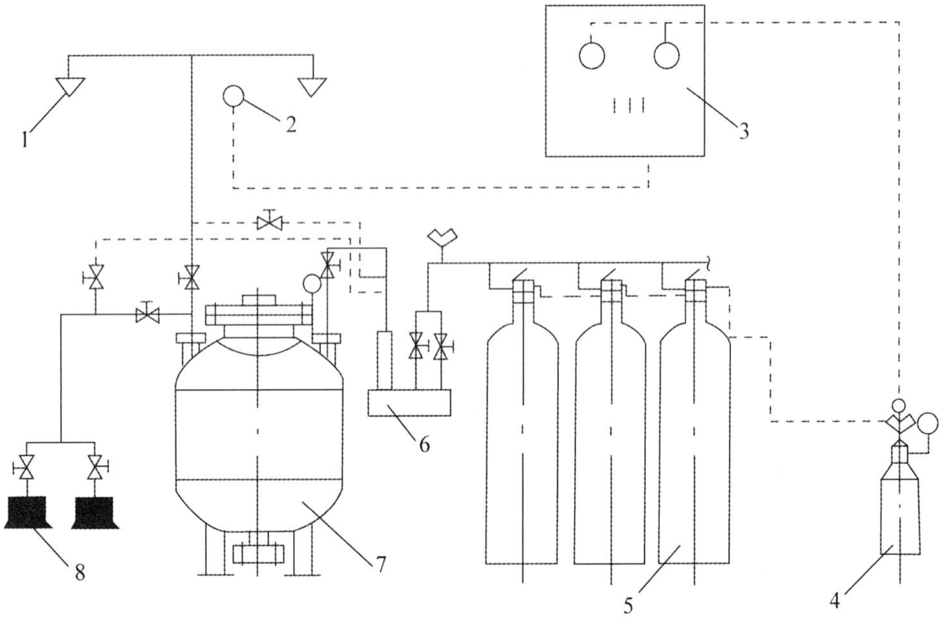

A. 干粉储存容器　　B. 驱动气体瓶组

C. 启动气体瓶组　　D. 灭火气体瓶组

76. 下面干粉灭火系统组成示意图中，“5”表示的是（　　）。

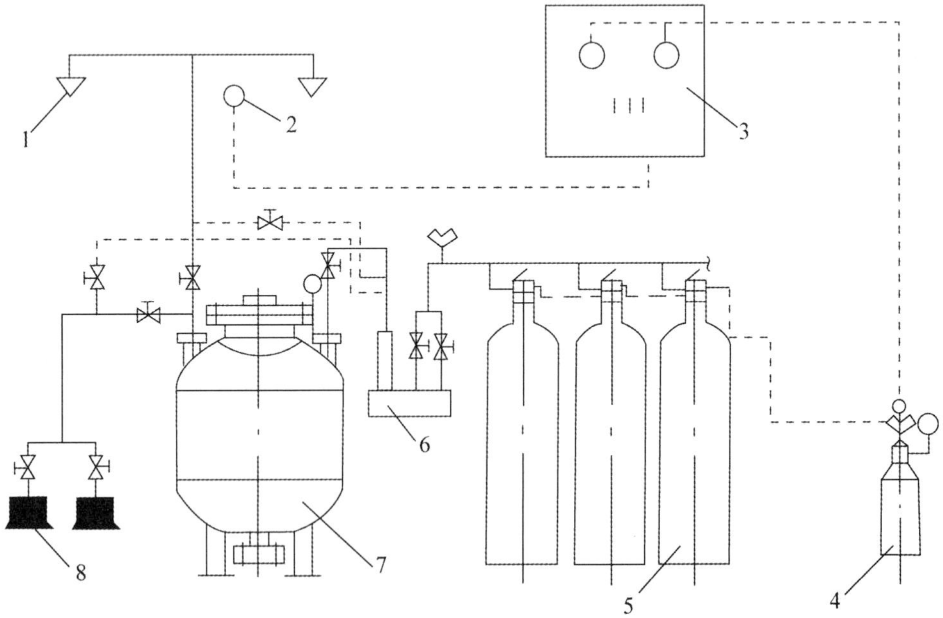

A. 干粉储存容器　　B. 驱动气体瓶组

C. 启动气体瓶组　　　　D. 灭火气体瓶组

二、多项选择题

77. 根据火灾荷载、室内空间条件、人员密集程度、采用自动喷水灭火系统扑救初期火灾的难易程度，以及疏散及外部增援条件等因素，可将自动喷水灭火系统的设置场所危险等级划分为（　　）。

A. 轻危险级　　　　B. 中危险级

C. 重危险级　　　　D. 严重危险级

E. 仓库危险级

78. 以下属于自动喷水灭火系统设置场所中危险Ⅱ级的有（　　）。

A. 多层旅馆　　　　B. 高层旅馆

C. 汽车停车场　　　　D. 书库

E. 医院

79. 以下属于自动喷水灭火系统设置场所中危险Ⅰ级的有（　　）。

A. 单层旅馆　　　　B. 疗养院

C. 食品加工厂　　　　D. 舞台葡萄架下部

E. 摄影棚

80. 以下属于湿式系统组成部分的有（　　）。

A. 水流指示器　　　　B. 末端试水装置

C. 湿式报警阀　　　　D. 闭式喷头

E. 充气设备

81. 湿式报警阀打开后，（　　）动作并输出启动消防水泵的信号。

A. 喷头

B. 报警阀组的压力开关

C. 消防水箱出水管上的流量开关

D. 消防水泵出水管上的压力开关

E. 水流指示器

82. 以下属于干式系统组成部分的有（　　）。

A. 管道　　　　B. 开式喷头

C. 充气设备　　　　D. 供水设施

E. 末端试水装置

83. 干式报警阀打开后，（　　）动作并输出启动消防水泵的信号。

A. 充气设备

B. 报警阀组的压力开关

C. 消防水箱出水管上的流量开关

D. 消防水泵出水管上的压力开关

E. 信号阀

84. 火灾时，当触发（　　）时，联动开启预作用阀组，使系统在闭式喷头动作前转换成湿式系统，并在闭式喷头开启后立即喷水。

A. 同一报警区域内两个及以上独立的感烟探测器

B. 同一报警区域内一个感烟探测器与一个手动报警按钮

C. 同一报警区域内一个感烟探测器或一个手动报警按钮

D. 同一报警区域内两个及以上独立的感温探测器

E. 同一报警区域内一个感烟探测器与一个感温探测器

85. 自动喷水灭火系统处于准工作状态时，由（　　）维持水源侧管道内充水的压力。

A. 消防泵　　B. 稳压泵

C. 消防水箱　　D. 水泵接合器

E. 气压给水设备

86. 气体灭火系统按照使用的灭火剂不同，可分为（　　）。

A. 二氧化碳灭火系统

B. 七氟丙烷灭火系统

C. 惰性气体灭火系统

D. 热气溶胶灭火系统

E. 预制灭火系统

87. 气体灭火系统按照应用方式不同，可分为（　　）。

A. 管网灭火系统　　B. 全淹没气体灭火系统

C. 单元独立灭火系统　　D. 外储压式灭火系统

E. 局部应用气体灭火系统

88. 气体灭火系统按照结构特点的不同，可分为（　　）。

A. 管网灭火系统

B. 预制灭火系统

C. 单元独立灭火系统

D. 组合分配灭火系统

E. 局部应用气体灭火系统

89. 气体灭火系统按照装配形式不同，可分为（　　）。

A. 管网灭火系统　　B. 预制灭火系统

C. 单元独立灭火系统　　D. 组合分配灭火系统

E. 外储压式气体灭火系统

90. 二氧化碳灭火系统不适用于扑救（　　）。

A. 电气火灾　　B. 固体表面火灾

C. 液体火灾　　D. 活泼金属火灾

E. 含氧化剂的化学制品火灾

91. 七氟丙烷灭火系统可以用于扑救（　　）。

A. 电气火灾　　B. 液体火灾

C. 固体表面火灾　　D. 固体深位火灾

E. 活泼金属火灾

92. 热气溶胶预制灭火系统不应设置在（　　）。

A. 密闭空间场所　　B. 较大空间场所

C. 人员密集场所　　D. 有爆炸危险的场所

E. 有超净要求的场所

93. 下图表示的有（　　）。

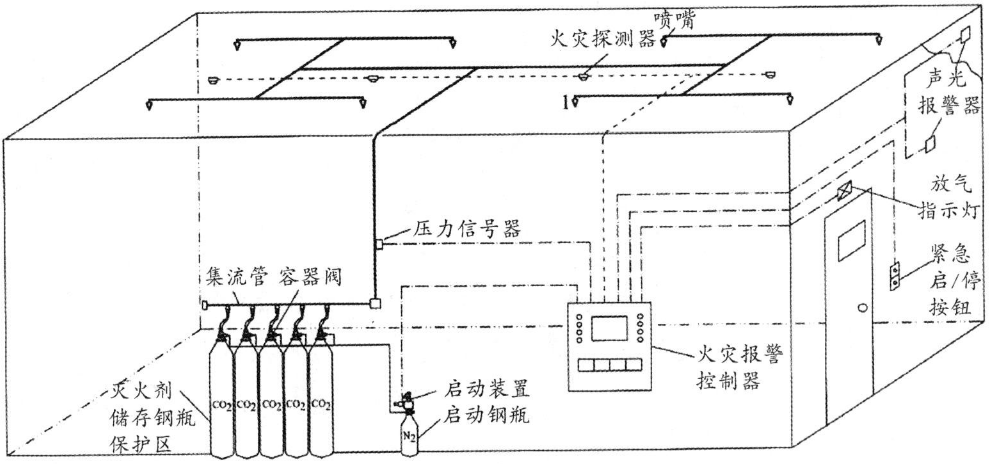

A. 氮气灭火系统　　　　B. 二氧化碳灭火系统

C. 单元独立灭火系统　　　　D. 管网式灭火系统

E. 预制灭火系统

94. 管网气体灭火系统的启动方式有（　　）。

A. 自动控制　　　　B. 手动控制

C. 机械应急操作　　　　D. 紧急启动

E. 电动启动

95. 以下关于气体灭火系统防护区中，说法错误的有（　　）。

A. 防护区宜以单个封闭空间划分，同一区间的吊顶层和地板下需同时保护时，可合为一个防护区

B. 防护区内应设火灾声报警

C. 当防护区设有防爆泄压孔时或防护区门窗缝隙未设密封条的，可不单独设置泄压口

D. 采用局部应用二氧化碳灭火系统的保护对象，当保护对象为可燃液体时，喷头距液面的距离不得小于150mm

E. 为防止防护区结构因火灾或内部压力增加而损坏，要求防护区吊顶的耐火极限不应低于0.5h

96. 液下喷射泡沫灭火系统，宜采用（　　）泡沫液。

A. 蛋白　　　　B. 氟蛋白

C. 水成膜　　　　D. 成膜氟蛋白

E. 抗溶

97. 以下选项按系统形式分类的有（　　）。

A. 固定式系统　　　　B. 液上式系统

C. 全淹没系统　　　　D. 局部应用系统

E. 泡沫喷雾系统

98. 按照结构形式分类，泡沫灭火系统可以分为（　　）。

A. 固定式系统　　　　B. 局部应用系统

C. 半固定式系统　　　　D. 全淹没系统

E. 移动式系统

99. 下图所示为（　　）泡沫灭火系统。

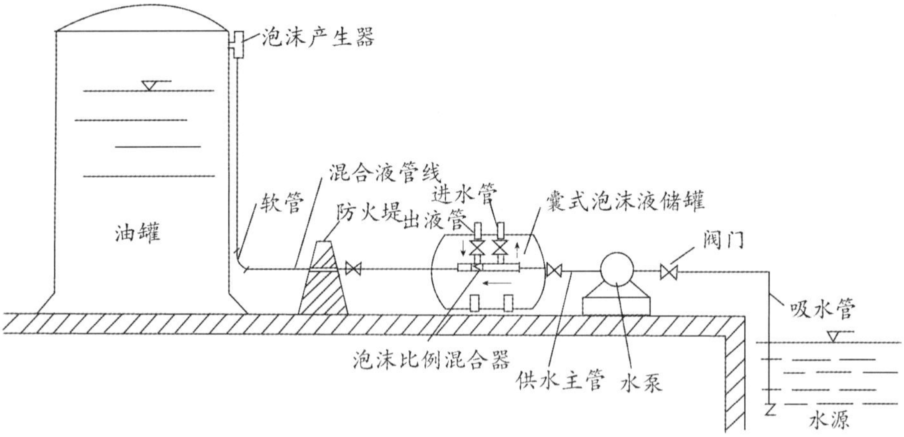

A. 固定式　　B. 移动式

C. 液上式　　D. 半液下式

E. 半固定式

100. 下图所示为（　　）泡沫灭火系统。

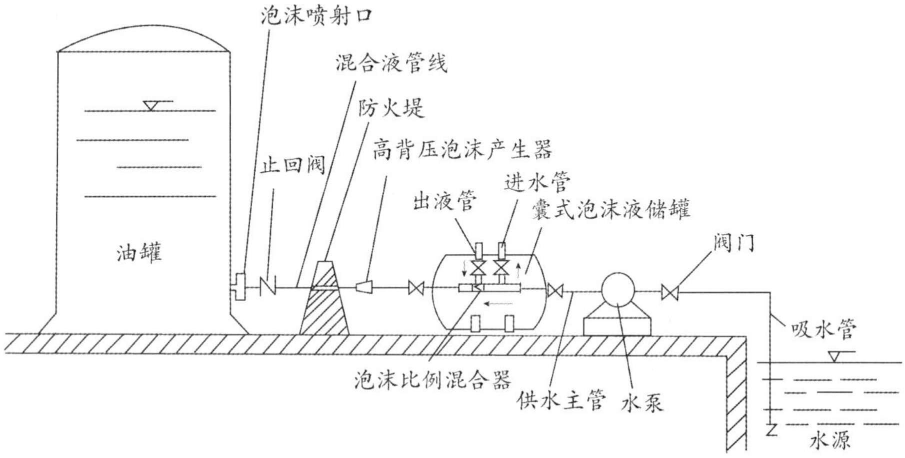

A. 固定式　　B. 移动式

C. 液下式　　D. 半液下式

E. 半固定式

101. 以下对水喷雾灭火系统的分类中，按照应用方式划分的有（　　）。

A. 电动启动水喷雾灭火系统

B. 传动管启动水喷雾灭火系统

C. 固定式水喷雾灭火系统

D. 自动喷水-水喷雾混合配置系统

E. 泡沫-水喷雾联用系统

102. 按应用方式的不同，可以将细水雾灭火系统分为（　　）。

A. 低压系统　　B. 全淹没式系统

C. 中压系统　　D. 局部应用式系统

E. 高压系统

103. 按照安装形式的不同，固定消防炮可以分为（　　）。

A. 固定式消防炮系统　　B. 远控消防炮系统

C. 手动消防炮系统　　D. 智能型消防炮系统

E. 移动炮系统

104. 干粉灭火系统按照灭火方式分类，可以分为（　　）。

A. 全淹没系统　　B. 组合分配系统

C. 局部应用系统　　D. 单元独立系统

E. 手持软管系统

105. 泡沫消防炮喷射出的泡沫液，覆盖在燃烧物表面形成泡沫层，起到（　　）的作用，迅速扑灭或抑制火灾。

A. 切割火焰　　B. 隔氧窒息

C. 辐射热阻隔　　D. 吸热冷却

E. 破坏燃烧链

三、判断题

106. 单层占地面积不大于 3000m² 的棉花库房，可不设置自动喷水灭火系统。（　　）

107. 每座占地面积大于 500m² 的火柴仓库应设置自动灭火系统。（　　）

108. 占地面积大于 1000m² 的木器厂房应设置自动灭火系统。（　　）

109. 甲类厂房应设置自动灭火系统。（　　）

110. 高层乙、丙类厂房应设置自动灭火系统。（　　）

111. 一类高层公共建筑内的溜冰场应设置自动灭火系统。（　　）

112. 建筑高度大于 50m 的住宅建筑应设置自动灭火系统。（　　）

113. 超过 5000 个座位的体育场应设置自动灭火系统。（　　）

114. 藏书量超过 50 万册的图书馆应设置自动灭火系统。（　　）

115. 设置送回风道（管）的集中空气调节系统且总建筑面积大于 1500m² 的办公建筑应设置自动灭火系统。（　　）

116. 超过 1500 个座位的礼堂应设置自动灭火系统。（　　）

117. 3000 个座位的体育馆应设置自动灭火系统。（　　）

118. 设置在多层建筑中首层、二层和三层且任一层建筑面积小于 500m² 的地上歌舞娱乐放映游艺场所可不设置自动灭火系统。（　　）

119. 老年人照料设施应设置自动灭火系统。（　　）

120. 自动喷水灭火系统的设置场所危险等级划分将高层住宅划分为中危险级。（　　）

121. 自动喷水灭火系统的设置场所危险等级划分将多层办公楼划分为中危险级Ⅰ级。（　　）

122. 自动喷水灭火系统的设置场所危险等级划分将高层旅馆划分为中危险级Ⅰ级。（　　）

123. 自动喷水灭火系统的设置场所危险等级划分将高层广播电视大楼划分为中危险级Ⅱ级。（　　）

124. 自动喷水灭火系统的设置场所危险等级划分将高层邮政楼划分为中危险级Ⅰ级。（　　）

125. 自动喷水灭火系统的设置场所危险等级划分将多层医院划分为轻危险级。（　　）

126. 自动喷水灭火系统的设置场所危险等级划分将大型高铁站划分为中危险Ⅱ级。（　　）
127. 自动喷水灭火系统的设置场所危险等级划分将国际机场划分为严重危险级。（　　）
128. 自动喷水灭火系统的设置场所危险等级划分将总建筑面积 $10000m^2$ 的商场划分为中危险Ⅰ级。（　　）
129. 自动喷水灭火系统的设置场所危险等级划分将总建筑面积 $500m^2$ 的地下商场划分为中危险Ⅰ级。（　　）
130. 自动喷水灭火系统的设置场所危险等级划分将国家文物保护单位划分为中危险Ⅱ级。（　　）
131. 自动喷水灭火系统的设置场所危险等级划分将冷藏库划分为轻危险级。（　　）
132. 自动喷水灭火系统的设置场所危险等级划分将食品生产车间划分为轻危险级。（　　）
133. 自动喷水灭火系统的设置场所危险等级划分将舞台划分为中危险Ⅰ级。（　　）
134. 自动喷水灭火系统的设置场所危险等级划分将汽车停车场划分为中危险Ⅰ级。（　　）
135. 自动喷水灭火系统的设置场所危险等级划分将总建筑面积 $1000m^2$ 及以上的地下商场划分为中危险Ⅱ级。（　　）
136. 自动喷水灭火系统的设置场所危险等级划分将净空高度不超过 8m、物品高度不超过 3.5m 的超级市场划分为严重危险Ⅰ级。（　　）
137. 自动喷水灭火系统的设置场所危险等级划分将谷物加工车间划分为中危险级Ⅱ级。（　　）
138. 自动喷水灭火系统的设置场所危险等级划分将烟草及制品生产车间划分为严重危险Ⅱ级。（　　）
139. 自动喷水灭火系统的设置场所危险等级划分将舞台葡萄架下部划分为严重危险Ⅰ级。（　　）
140. 自动喷水灭火系统的设置场所危险等级划分将印刷厂生产车间划分为严重危险Ⅰ级。（　　）
141. 省级市广播电视发射塔内的微波机房宜采用气体灭火系统。（　　）
142. 国家图书馆内的阅览室，宜采用气体灭火系统。（　　）
143. 活泼金属火灾可以用低压二氧化碳灭火系统扑救。（　　）
144. 预制灭火系统具有自动控制、手动控制和机械应急操作三种启动方式。（　　）
145. 自动控制方式的气体灭火系统对于平时无人工作的防护区，可设置为无延时喷射。（　　）
146. 灭火控制器处于自动控制状态时，手动控制无效。（　　）
147. 柜式无管网气体灭火装置直接设置在防护区内，装置内不含选择阀。（　　）
148. 当气体灭火防护区设有防爆泄压孔时，或防护区门窗缝隙未设密封条的，可不单独设置泄压口。（　　）
149. 喷放灭火剂前，防护区所有开口均应能自行关闭。（　　）
150. 细水雾灭火系统可以直接扑灭可燃气体火灾。（　　）
151. 干粉消防炮可以扑灭液化石油气火灾。（　　）
152. 手动消防炮系统具有安全性高、操作简便和投资相对少等优点，适用于有爆炸危险性、产生强辐射热的场所。（　　）
153. 自动跟踪定位射流灭火系统是指利用红外线、数字图像或其他火灾探测组件对火、温

度等的探测进行早期火灾的自动跟踪定位，并运用自动控制方式来实现灭火的各种室内外固定射流灭火系统。　　（　　）

培训项目3　其他消防设施基本知识

一、单项选择题

1. 当采用一路消防供水或只有一条入户引入管，且室外消火栓设计流量大于（　　）L/s时，应设置消防水池。

A. 10　　B. 15　　C. 20　　D. 25

2. 采用一路消防供水且建筑高度大于（　　）m时，应设置消防水池。

A. 24　　B. 50　　C. 54　　D. 100

3. （　　）是消防给水系统的“心脏”。

A. 消防水池　　B. 消防水箱

C. 消防水泵　　D. 消防水管

4. 下面离心泵组成示意图中，（　　）是叶轮。

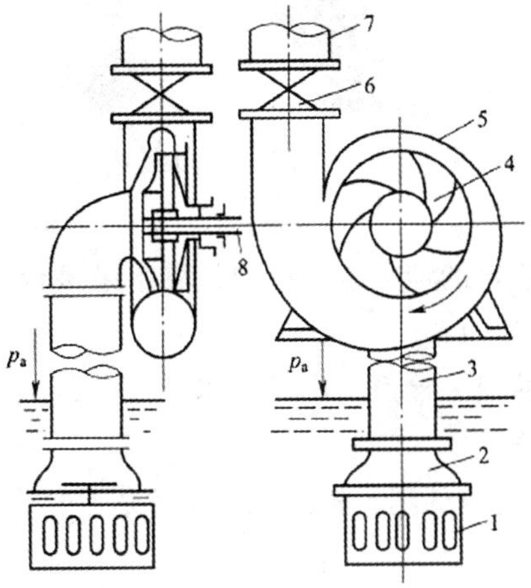

A. 1　　B. 2　　C. 3　　D. 4

5. 下面离心泵组成示意图中，（　　）是底阀。

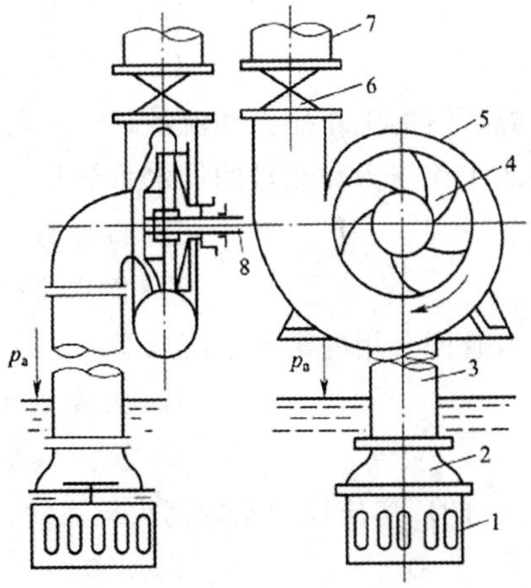

A. 1　　B. 2　　C. 3　　D. 4

6. 下图所示为（　　）。

A. 地上消火栓　　B. 地下消火栓

C. 地上水泵接合器　　D. 地下水泵接合器

7. 下图所示为（　　）。

A. 地上消火栓　　B. 地下消火栓

C. 地上水泵接合器　　D. 地下水泵接合器

8. 超过（　　）层的公共建筑的消火栓系统应设置水泵接合器。

A. 3　　B. 4　　C. 5　　D. 6

9. 超过（　　）层的厂房的消火栓系统应设置水泵接合器。

A. 3　　B. 4　　C. 5　　D. 6

10. 超过（　　）层的地下建筑的消火栓系统应设置水泵接合器。

A. 1　　B. 2

C. 3　　D. 4

11. 采用（　　）给水系统的建筑物，应设置高位消防水箱。

A. 常压　　B. 常高压

C. 低压　　D. 临时高压

12. 平时不能满足水灭火设施所需的工作压力和流量，火灾时通过自动或手动启动消防水泵以满足水灭火设施所需的工作压力和流量的供水系统是（　　）。

A. 高压消防给水系统　　B. 临时高压消防给水系统

C. 常压消防给水系统　　D. 低压消防给水系统

13. 生产给水管网与消防给水管网合用的给水系统属于（　　）给水系统。

A. 独立消防　　B. 生活、消防合用

C. 生产、消防合用　　D. 生产、生活、消防合用

14. 占地面积大于（　　）m^2 的厂房应设置室内消火栓系统。

A. 200　　B. 300

C. 400　　D. 500

15. 高层公共建筑和建筑高度大于（　　）m 的住宅建筑应设置室内消火栓系统。

A. 18　　B. 21

C. 27　　D. 54

16. 体积大于（　　）m^3 的车站、码头、机场的候车（船、机）建筑、展览建筑、商店建筑、旅馆建筑、医疗建筑、老年人照料设施和图书馆建筑等单、多层建筑应设置室内消火栓系统。

A. 2000　　B. 3000

C. 4000　　D. 5000

17. 超过（　　）个座位的剧场和电影院应设置室内消火栓系统。

A. 800　　B. 1000

C. 1200　　D. 1600

18. 超过（　　）个座位的礼堂、体育馆应设置室内消火栓系统。

A. 800　　B. 1000

C. 1200　　D. 1600

19. 建筑高度大于（　　）m 的办公建筑、教学建筑应设置室内消火栓系统。

A. 15　　B. 18

C. 21　　D. 24

20. 建筑体积大于（　　）m^3 的办公建筑、教学建筑应设置室内消火栓系统。

A. 8000　　B. 10000

C. 15000　　D. 20000

21. 下列场所中，可不设置防烟系统的是（　　）。

A. 防烟楼梯间　　B. 消防电梯前室

C. 避难层　　D. 疏散走道

22. 建筑面积大于（　　）m^2 的丁类生产车间应设置排烟设施。

A. 3000　　B. 4000

C. 5000　　D. 6000

23. 丙类厂房内，建筑面积大于（　　）m^2，且经常有人停留的地上房间应设置排烟设施。

A. 300　　B. 400

C. 500　　D. 600

24. 占地面积大于（　　）m^2 的丙类仓库应设置排烟设施。

A. 400　　B. 600

C. 800　　D. 1000

25. 民用建筑内，长度大于（　　）m 的疏散走道应设置排烟设施。

A. 20　　B. 30

C. 40　　D. 50

26. 设置在一、二、三层且房间建筑面积大于（　　）m^2 的歌舞娱乐放映游艺场所应设置排烟设施。

A. 50　　B. 100

C. 150　　D. 200

27. 公共建筑内建筑面积大于（　　）m^2 且经常有人停留的地上房间应设置排烟设施。

A. 100　　B. 200

C. 300　　D. 400

28. 公共建筑内建筑面积大于（　　）m^2 且可燃物较多的地上房间应设置排烟设施。

A. 100　　B. 200

C. 300　　D. 400

29. （　　）是利用建筑物本身的采光通风开口基本起到防止烟气进一步进入安全区域的作用。

A. 自然排烟　　B. 自然通风

C. 自然防烟　　D. 自然换气

30. 下图中，“2”表示的是（　　）。

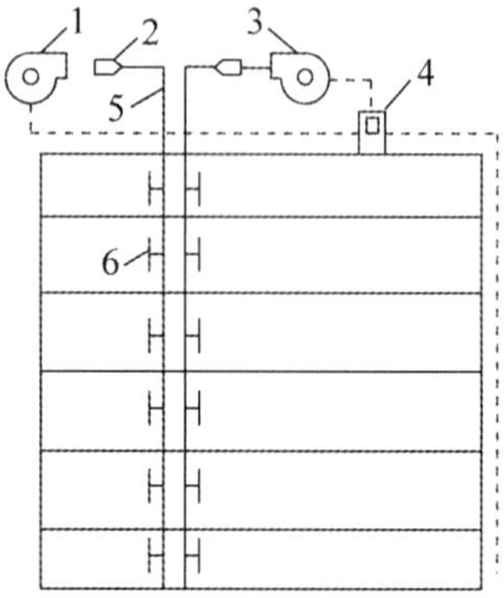

A. 止回阀　　B. 防火阀

C. 排烟防火阀　　D. 蝶阀

31. 机械加压送风系统开启后，防烟楼梯间压力为 P_1，前室压力为 P_2，走道压力为 P_3，房间压力为 P_4，下列压力大小排序正确的是（　　）。

A. $P_1>P_2>P_3>P_4$　　B. $P_4>P_3>P_2>P_1$

C. $P_4>P_2>P_3>P_1$　　D. $P_1>P_3>P_2>P_4$

32. 当火灾发生时，控制器收到满足条件的信号后，停止该（　　）的空气调节系统。

A. 栋建筑　　B. 层

C. 防火分区　　D. 防烟分区

33. 下图中，“1”表示的是（　　）。

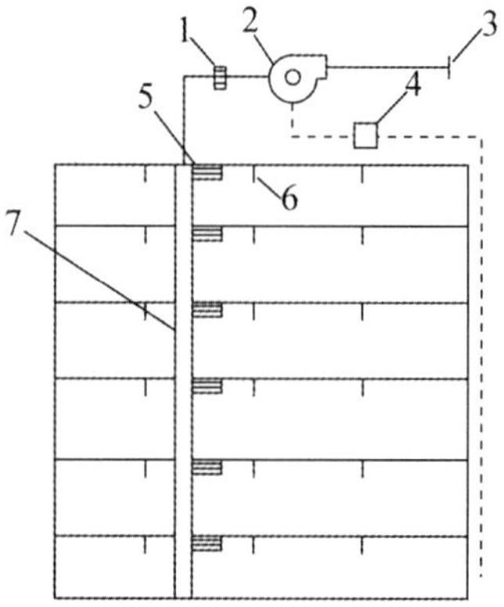

A. 止回阀　　B. 防火阀

C. 防火排烟阀　　D. 蝶阀

34. 建筑高度小于（　　）m 的住宅可以不设置疏散照明。

A. 24　　B. 27

C. 30　　D. 33

35. 建筑面积大于（　　）m^2 的营业厅、餐厅、演播室等人员密集的场所应设置疏散照明。

A. 100　　B. 200

C. 300　　D. 400

36. 建筑面积大于（　　）m^2 的地下或半地下公共活动场所应设置疏散照明。

A. 100　　B. 200

C. 300　　D. 400

37. 灭火器内部充装六氟丙烷的灭火器属于（　　）灭火器。

A. 水基型　　B. 干粉型

C. 二氧化碳　　D. 洁净气体

38. 集中控制型应急照明系统工作时，应急灯具由（　　）控制器控制。

A. 火灾报警　　B. 消防联动

C. 应急照明集中　　D. 安防

39. 动力气体与灭火剂储存在同一个容器内，依靠这些气体压力驱动将灭火剂喷出的灭火器是（　　）。

A. 贮气瓶式灭火器　　B. 贮压式灭火器

C. 动力式灭火器　　D. 压力式灭火器

40. BC 干粉灭火器不可以扑救（　　）类火灾。

A. E　　B. C

C. B　　D. A

41. 洁净气体灭火器不可以扑救（　　）类火灾。

A. A　　B. B

C. C　　D. E

42. 水基型灭火器不能在低于（　　）℃的环境中使用。

A. −10　　B. 0

C. 4　　D. 5

43. 二氧化碳灭火器不能在高于（　　）℃的环境中使用。

A. 38　　B. 47

C. 55　　D. 72

44. 不同的灭火器，对有效喷射时间的要求也不同，但必须满足在最高使用温度条件下不得低于（　　）s。

A. 3　　B. 4

C. 5　　D. 6

45. 喷射滞后时间反映了灭火器动作速度的快慢，技术上一般要求在灭火器的使用温度范围内，其喷射滞后时间不大于（　　）s，间歇喷射的滞后时间不大于（　　）s。

A. 3，1　　B. 5，3

C. 3，5　　D. 1，3

46. 喷射剩余率是指额定充装状态下的灭火器，在喷射到内部压力与外部环境压力相等时，内部剩余灭火剂量相对于额定充装量的百分比。一般要求是在（20±5)℃时不大于(　　)%。

A. 1　　B. 5

C. 10　　D. 15

47. 喷射剩余率是指额定充装状态下的灭火器，在喷射到内部压力与外部环境压力相等时，内部剩余灭火剂量相对于额定充装量的百分比。一般要求是在灭火器的使用温度范围内不大于（　　)%。

A. 1　　B. 5

C. 10　　D. 15

48. 甲级防火门的耐火极限不低于（　　）h。

A. 0.5　　B. 1.0

C. 1.5　　D. 2.0

49. 防火阀由阀体、叶片、执行机构和温感器等部件组成，安装在通风、空气调节系统的送、回风管道上，平时呈开启状态，火灾时当管道内烟气温度达到（　　)℃时关闭。

A. 60　　B. 70

C. 80　　D. 90

50. 公共建筑内厨房的排油烟管道宜按防火分区设置，且在与竖向排风管连接的支管处应设置公称动作温度为（　　)℃的防火阀。

A. 70　　B. 120

C. 150　　D. 180

51. 排烟防火阀由阀体、叶片、执行机构和温感器等部件组成，安装在机械排烟系统的管道上，平时呈开启状态，火灾时当排烟管道内烟气温度达到（　　)℃时关闭。

A. 150　　B. 180

C. 230　　D. 280

52. 建筑高度大于（　　）m 的住宅应设置消防电梯。

A. 27　　B. 30

C. 33　　D. 36

53. 建筑高度大于（　　）m 的二类高层公共建筑应设置消防电梯。

A. 24　　B. 32

C. 40　　D. 50

54. 埋深大于（　　）m 且总建筑面积大于（　　）m^2 的其他地下或半地下建筑应设置消防电梯。

A. 5，3000　　B. 10，3000

C. 5，5000　　D. 10，5000

55. 消防电梯应能每层停靠，其载重量不小于（　　）kg。

A. 800　　B. 1000

C. 1200　　D. 1500

56. 电梯从首层至顶层的运行时间不宜大于（　　）s。

A. 30　　B. 60

C. 90　　D. 120

57. 应急逃生器按照器材结构分类，属于（　　）。

A. 绳索类　　B. 滑道类

C. 梯类　　D. 呼吸器类

58. 逃生滑道最高可配置在不高于（　　）m 的楼层内。

A. 60　　B. 30

C. 15　　D. 6

59. 逃生缓降器最高可配置在不高于（　　）m 的楼层内。

A. 60　　B. 30

C. 15　　D. 6

60. 悬挂式逃生梯最高可配置在不高于（　　）m 的楼层内。

A. 60　　B. 30

C. 15　　D. 6

61. 逃生绳最高可配置在不高于（　　）m 的楼层内。

A. 60　　B. 30

C. 15　　D. 6

62. 地上建筑可配备过滤式消防自救呼吸器或化学氧消防自救呼吸器，高于 30m 的楼层内应配备防护时间不少于（　　）min 的自救呼吸器。

A. 5　　B. 10　　C. 20　　D. 30

63. 逃生缓降器、逃生梯、应急逃生器、逃生绳供人员逃生的开口高度应在（　　）m 以上，宽度应在（　　）m 以上。

A. 1.5，0.5　　B. 1.0，0.5

C. 0.5，1.5　　D. 0.5，1.0

64. 逃生缓降器、逃生梯、应急逃生器、逃生绳供人员逃生的开口下沿距所在楼层地面高度应在（　　）m 以上。

A. 0.8　　B. 0.9

C. 1.0　　D. 1.2

65. 下面逃生缓降器的组成示意图中，“4”是（　　）。

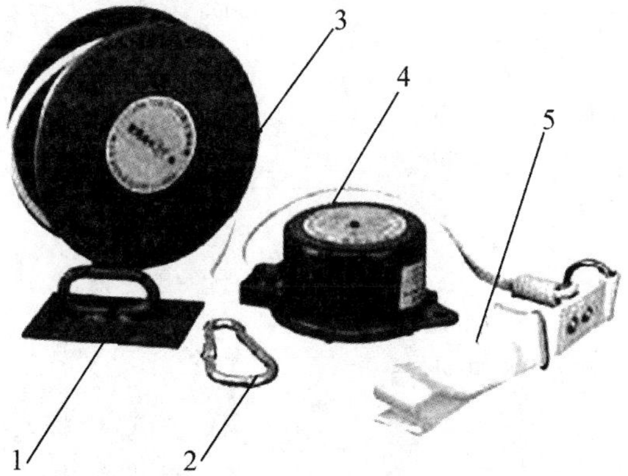

A. 绳索卷盘　　B. 墙面固定栓

C. 调速器　　D. 安全带

66. 逃生绳直径不得小于（　　）mm，最小破断强度应不小于（　　）kN。

A. 6，8　　B. 8，10

C. 10，12　　D. 12，14

二、多项选择题

67. 以下可作为消防水源的有（　　）。

A. 消防水池　　B. 河流

C. 游泳池　　D. 污水池

E. 中水清水池

68. 以下属于消防给水设施的有（　　）。

A. 消火栓　　B. 水泵接合器

C. 消防水泵　　D. 高位水箱

E. 稳压泵

69. 水泵接合器出口公称通径有（　　）mm。

A. 65　　B. 100

C. 150　　D. 200

E. 250

70. 下列场所中，应设置防烟系统的有（　　）。

A. 防烟楼梯间前室　　B. 消防电梯间

C. 避难走道前室　　D. 中庭

E. 歌舞娱乐放映游艺场所

71. 以下报警信号可以用来作为开启送风口和启动加压送风机的联动触发信号的有（　　）。

A. 一只感烟探测器

B. 一只手动报警按钮

C. 一只感温探测器

D. 同一分区的两只独立火灾探测器

E. 同一分区的一只火灾探测器与一只手动火灾报警按钮

72. 消防联动控制器在接收到满足逻辑关系的联动触发信号后，联动开启该防火分区内（　　）前室及合用前室的常闭送风口，同时开启该防火分区楼梯间的全部加压送风机。

A. 着火层　　B. 着火层上一层

C. 着火层下一层　　D. 所有楼层

E. 着火层以上所有层

73. A 类火灾可以使用（　　）灭火器。

A. 水基型　　B. ABC 干粉

C. BC 干粉　　D. 洁净气体

E. 二氧化碳

74. E 类火灾可以使用（　　）灭火器。

A. 水基型　　B. ABC 干粉

C. BC 干粉　　D. 洁净气体

E. 二氧化碳

75. 在配置灭火器时，应考虑（　　）。

A. 灭火器的火灾适应类型　　B. 灭火剂的相容性

C. 灭火剂对被保护物品的污损程度　　D. 灭火器的适用环境温度

E. 灭火器的价格

76. 喷射性能是指对灭火器喷射灭火剂的技术要求，包括（　　）。

A. 有效喷射时间　　B. 喷射滞后时间

C. 有效喷射量　　D. 有效喷射距离

E. 喷射剩余率

77. 特级防火卷帘应满足（　　）要求。

A. 耐火完整性　　B. 耐火隔热性

C. 耐火美观性　　D. 放水性能

E. 防烟性能

三、判断题

78. 当生产、生活用水量达到最大时，市政给水管网或入户引入管不能满足室内、室外消防给水设计流量时，应设置消防水箱。（　　）

79. 消防水泵的类型很多，按出口压力等级可分为低压消防泵、中压消防泵、中低压消防泵、高压消防泵和高低压消防泵。（　　）

80. 消防水泵按工作方式分类可分为供水消防泵、稳压消防泵、供泡沫液消防泵。（　　）

81. 多台水泵并联可以增加扬程。（　　）

82. 消防水泵并联，总流量等于两台水泵各自流量之和。（　　）

83. 总建筑面积大于 $10000m^2$ 的公共建筑和其他重要建筑，必须设置高位消防水箱。（　　）

84. 当市政供水管网的供水能力在满足生产、生活最大小时用水量后，仍能满足初期火灾所需的消防流量和压力时，市政直接供水可替代高位消防水箱。（　　）

85. 火灾发生时，现场的火灾扑救人员可直接在低压室外消火栓连接水带与水枪出水灭火。（　　）

86. 消防泵应具有自动启动和停止的功能。（　　）

87. 高压室内消火栓系统在使用时无须启泵，可直接使用。（　　）

88. 防烟系统专指采用机械加压送风方式阻止火灾烟气侵入楼梯间、前室、避难层（间）等空间的系统。（　　）

89. 排烟系统是指采用自然排烟或机械排烟的方式，将房间、走道等空间的火灾烟气排至建筑物外的系统。（　　）

90. 建筑高度小于 27m 的建筑可以不设置疏散照明。（　　）

91. 在配置灭火器时，应考虑使用灭火器人员的体能。（　　）

92. 在配置灭火器时，应考虑灭火器摆放位置。（　　）

93. 磷酸铵盐灭火剂和碳酸氢钠灭火剂可以配合使用。（　　）

94. 当建筑内每个防火分区的通风、空气调节系统均独立设置时，水平风管与竖向总管的交接处可不设置防火阀。（　　）

95. 地下建筑可配备过滤式消防自救呼吸器或化学氧消防自救呼吸器。（　　）

96. 防火门属于固定式防火分隔。（　　）

参考答案及解析

培训项目 1

一、单项选择题

1. 【答案】A

【解析】任一层建筑面积大于 $1500m^2$ 或总建筑面积大于 $3000m^2$ 的制鞋、制衣、玩具、电子等类似用途的厂房应设置火灾自动报警系统。

2. 【答案】D

【解析】任一层建筑面积大于 $1500m^2$ 或总建筑面积大于 $3000m^2$ 的制鞋、制衣、玩具、电子等类似用途的厂房应设置火灾自动报警系统。

3. 【答案】C

【解析】每座占地面积大于 $1000m^2$ 的棉、毛、丝、麻、化纤及其制品的仓库，占地面积大于 $500m^2$ 或总建筑面积大于 $1000m^2$ 的卷烟仓库应设置火灾自动报警系统。

4. 【答案】C

【解析】每座占地面积大于 $1000m^2$ 的棉、毛、丝、麻、化纤及其制品的仓库，占地面积大于 $500m^2$ 或总建筑面积大于 $1000m^2$ 的卷烟仓库应设置火灾自动报警系统。

5. 【答案】D

【解析】任一层建筑面积大于 $1500m^2$ 或总建筑面积大于 $3000m^2$ 的商店、展览、财贸金融、客运和货运等类似用途的建筑，总建筑面积大于 $500m^2$ 的地下或半地下商店，应设置火灾自动报警系统。

6. 【答案】C

【解析】任一层建筑面积大于 $1500m^2$ 或总建筑面积大于 $3000m^2$ 的商店、展览、财贸金融、客运和货运等类似用途的建筑，总建筑面积大于 $500m^2$ 的地下或半地下商店，应设置火灾自动报警系统。

7. 【答案】A

【解析】特等、甲等剧场，座位数超过 1500 个的其他等级的剧场或电影院，座位数超过 2000 个的会堂或礼堂，座位数超过 3000 个的体育馆应设置火灾自动报警系统。

8. 【答案】D

【解析】特等、甲等剧场，座位数超过 1500 个的其他等级的剧场或电影院，座位数超过 2000 个的会堂或礼堂，座位数超过 3000 个的体育馆应设置火灾自动报警系统。

9. 【答案】A

【解析】火灾自动报警系统的基本形式有区域报警系统、集中报警系统和控制中心报警系统三种类型。

10. 【答案】A

【解析】不仅需要报警，同时需要联动自动消防设备，且只设置一台具有集中控制功能的火灾报警控制器和消防联动控制器的保护对象，应采用集中报警系统，选项 B 错误。设置区域报警系统的场所不必设置消防控制室，设置集中报警系统和控制中心报警系统的场所，应设置消防控制室，选项 C 错误。集中报警系统的火灾报警逻辑与区域报警系统相同，选项 D 错误。

11. 【答案】D

【解析】各分消防控制室内消防设备之间可互相传输、显示状态信息，但不应互相控制。

12. 【答案】C

【解析】设置一台具有集中控制功能的火灾报警控制器和消防联动控制器的保护对象，应采用集中报警系统。

13. 【答案】D

【解析】设置两个及两个以上消防控制室的保护对象，或已设置两个及两个以上集中报警系统的保护对象，应采用控制中心报警系统。

14.【答案】B

【解析】不仅需要报警，同时需要联动自动消防设备，且只设置一台具有集中控制功能的火灾报警控制器和消防联动控制器的保护对象，应采用集中报警系统，并设置一个消防控制室。

15.【答案】C

【解析】题图示意的是由火灾探测器、手动火灾报警按钮、火灾声光警报器及区域型火灾报警控制器等组成的区域报警系统。

16.【答案】C

【解析】集中报警系统主要由火灾探测器、手动火灾报警按钮、火灾声光警报器、消防应急广播、消防专用电话、消防控制室图形显示装置、集中型火灾报警控制器、消防联动控制系统等组成。区域报警系统主要由火灾探测器、手动火灾报警按钮、火灾声光警报器及区域型火灾报警控制器等组成。

17.【答案】D

【解析】区域报警系统报警，不联动消防设备。选项A、B、C属于集中报警系统。

二、多项选择题

18.【答案】AB

【解析】火灾自动报警系统包括火灾探测报警系统和消防联动控制系统。火灾自动报警系统与自动灭火系统、防排烟系统以及消火栓系统等消防设施一起构成完整的建筑消防系统。

19.【答案】ADE

【解析】任一层建筑面积大于1500m^2或总建筑面积大于3000m^2的制鞋、制衣、玩具、电子等类似用途的厂房，每座占地面积大于1000m^2的棉、毛、丝、麻、化纤及其制品的仓库，占地面积大于500m^2或总建筑面积大于1000m^2的卷烟仓库应设置火灾自动报警系统。

20.【答案】ACE

【解析】图书或文物的珍藏库，每座藏书超过50万册的图书馆，重要的档案馆，大、中型幼儿园的儿童用房等场所，老年人照料设施，任一层建筑面积大于1500m^2或总建筑面积大于3000m^2的疗养院的病房楼、旅馆建筑和其他儿童活动场所，不少于200床位的医院门诊楼、病房楼和手术部等，歌舞娱乐放映游艺场所，应设置火灾自动报警系统。

21.【答案】BCE

【解析】任一层建筑面积大于1500m^2或总建筑面积大于3000m^2的制鞋、制衣、玩具、电子等类似用途的厂房，每座占地面积大于1000m^2的棉、毛、丝、麻、化纤及其制品的仓库，占地面积大于500m^2或总建筑面积大于1000m^2的卷烟仓库，任一层建筑面积大于1500m^2或总建筑面积大于3000m^2的商店、展览、财贸金融、客运和货运等类似用途的建筑，总建筑面积大于500m^2的地下或半地下商店，特等、甲等剧场，座位数超过1500个的其他等级的剧场或电影院，座位数超过2000个的会堂或礼堂，座位数超过3000个的体育馆应设置火灾自动报警系统，不少于200张床位的医院门诊楼、病房楼和手术部应设置火灾自动报警系统。

22.【答案】ABDE

【解析】图书或文物的珍藏库，每座藏书超过50万册的图书馆，重要的档案馆，大、中型幼儿园的儿童用房等场所，老年人照料设施，座位数超过2000个的会堂或礼堂，歌舞娱乐放映游艺场所，地市级及以上广播电视建筑应设置火灾自动报警系统。

23.【答案】BDE

【解析】座位数超过1500个的其他等级的剧场或电影院，任一层建筑面积大于1500m^2或总建筑面积大于3000m^2的商店、展览、财贸金融、客运和货运等类似用途的建筑，总建筑面积大于500m^2的地下或半地下商店。不少于200床位的医院门诊楼、病房楼和手术部，大、中型幼儿园的儿童用房等场所应设置火灾自动报警系统。

24.【答案】BCD

【解析】火灾自动报警系统的基本形式有区域报警系统、集中报警系统和控制中心报警系统三种类型。

25.【答案】ABCD

【解析】区域报警系统主要由火灾探测器、手动火灾报警按钮、火灾声光警报器及区域型火灾报警控制器等组成。

三、判断题

26.【答案】错误

【解析】火灾探测报警系统的作用是通过探测保护现场的火焰、热量和烟雾等相关参数发出报警信号，显示火灾发生的部位，发出声、光报警信号以通知相关人员进行疏散和实施火灾扑救。消防联动控制系统的作用是控制及监视消防水泵、排烟风机、消防电梯以及防火卷帘等相关消防设备，发生火灾时执行预设的消防功能。

27.【答案】正确

28.【答案】错误

【解析】二类高层公共建筑内建筑面积大于 $500m^2$ 的营业厅应设置火灾自动报警系统。

29.【答案】正确

30.【答案】错误

【解析】一类高层公共建筑应设置火灾自动报警系统。

31.【答案】错误

【解析】地市级及以上广播电视建筑、邮政建筑、电信建筑应设置火灾自动报警系统。

32.【答案】正确

33.【答案】错误

【解析】火灾报警控制器的作用是接收、显示和传递火灾报警信号。

34.【答案】正确

35.【答案】错误

【解析】不仅需要报警，同时需要联动自动消防设备，且只设置一台具有集中控制功能的火灾报警控制器和消防联动控制器的保护对象，应采用集中报警系统。

36.【答案】正确

培训项目 2

一、单项选择题

1.【答案】A

【解析】自动喷水灭火系统主要用于扑救建（构）筑物初期火灾。

2.【答案】B

【解析】除不宜用水保护或灭火的场所外，下列厂房或生产部位应设置自动灭火系统，并宜采用自动喷水灭火系统：

(1) 不小于 50000 纱锭的棉纺厂的开包、清花车间，不小于 5000 锭的麻纺厂的分级、梳麻车间，火柴厂的烤梗、筛选部位。

(2) 占地面积大于 $1500m^2$ 或总建筑面积大于 $3000m^2$ 的单、多层制鞋、制衣、玩具及电子等类似生产的厂房。

(3) 占地面积大于 $1500m^2$ 的木器厂房。

(4) 泡沫塑料厂的预发、成型、切片、压花部位。

(5) 高层乙、丙类厂房。

(6) 建筑面积大于 $500m^2$ 的地下或半地下丙类厂房。

3.【答案】C

【解析】除不宜用水保护或灭火的场所外，下列厂房或生产部位应设置自动灭火系统，并宜采用自动喷水灭火系统：

(1) 不小于 50000 纱锭的棉纺厂的开包、清花车间，不小于 5000 锭的麻纺厂的分级、梳麻车间，火柴厂的烤梗、筛选部位。

(2) 占地面积大于 $1500m^2$ 或总建筑面积大于 $3000m^2$ 的单、多层制鞋、制衣、玩具及电子等类似生产的厂房。

(3) 占地面积大于 $1500m^2$ 的木器厂房。

(4) 泡沫塑料厂的预发、成型、切片、压花部位。

(5) 高层乙、丙类厂房。

(6) 建筑面积大于 $500m^2$ 的地下或半地下

丙类厂房。

4. 【答案】C

【解析】除不宜用水保护或灭火的场所外，下列厂房或生产部位应设置自动灭火系统，并宜采用自动喷水灭火系统：

(1) 不小于 50000 纱锭的棉纺厂的开包、清花车间，不小于 5000 锭的麻纺厂的分级、梳麻车间，火柴厂的烤梗、筛选部位。

(2) 占地面积大于 $1500m^2$ 或总建筑面积大于 $3000m^2$ 的单、多层制鞋、制衣、玩具及电子等类似生产的厂房。

(3) 占地面积大于 $1500m^2$ 的木器厂房。

(4) 泡沫塑料厂的预发、成型、切片、压花部位。

(5) 高层乙、丙类厂房。

(6) 建筑面积大于 $500m^2$ 的地下或半地下丙类厂房。

5. 【答案】C

【解析】除不宜用水保护或灭火的仓库外，下列仓库应设置自动灭火系统，并宜采用自动喷水灭火系统：

(1) 每座占地面积大于 $1000m^2$ 的棉、毛、丝、麻、化纤、毛皮及其制品的仓库。需要注意的是，单层占地面积不大于 $2000m^2$ 的棉花库房，可不设置自动喷水灭火系统。

(2) 每座占地面积大于 $600m^2$ 的火柴仓库。

(3) 邮政建筑内建筑面积大于 $500m^2$ 的空邮袋库。

(4) 可燃、难燃物品的高架仓库和高层仓库。

(5) 设计温度高于 0℃ 的高架冷库，设计温度高于 0℃ 且每个防火分区建筑面积大于 $1500m^2$ 的非高架冷库。

(6) 总建筑面积大于 $500m^2$ 的可燃物品地下仓库。

(7) 每座占地面积大于 $1500m^2$ 或总建筑面积大于 $3000m^2$ 的其他单层或多层丙类物品仓库。

6. 【答案】D

【解析】除不宜用水保护或灭火的仓库外，下列仓库应设置自动灭火系统，并宜采用自动喷水灭火系统：

(1) 每座占地面积大于 $1000m^2$ 的棉、毛、丝、麻、化纤、毛皮及其制品的仓库。需要注意的是，单层占地面积不大于 $2000m^2$ 的棉花库房，可不设置自动喷水灭火系统。

(2) 每座占地面积大于 $600m^2$ 的火柴仓库。

(3) 邮政建筑内建筑面积大于 $500m^2$ 的空邮袋库。

(4) 可燃、难燃物品的高架仓库和高层仓库。

(5) 设计温度高于 0℃ 的高架冷库，设计温度高于 0℃ 且每个防火分区建筑面积大于 $1500m^2$ 的非高架冷库。

(6) 总建筑面积大于 $500m^2$ 的可燃物品地下仓库。

(7) 每座占地面积大于 $1500m^2$ 或总建筑面积大于 $3000m^2$ 的其他单层或多层丙类物品仓库。

7. 【答案】A

【解析】除不宜用水保护或灭火的仓库外，下列仓库应设置自动灭火系统，并宜采用自动喷水灭火系统：

(1) 每座占地面积大于 $1000m^2$ 的棉、毛、丝、麻、化纤、毛皮及其制品的仓库。需要注意的是，单层占地面积不大于 $2000m^2$ 的棉花库房，可不设置自动喷水灭火系统。

(2) 每座占地面积大于 $600m^2$ 的火柴仓库。

(3) 邮政建筑内建筑面积大于 $500m^2$ 的空邮袋库。

(4) 可燃、难燃物品的高架仓库和高层仓库。

(5) 设计温度高于 0℃ 的高架冷库，设计温度高于 0℃ 且每个防火分区建筑面积大于 $1500m^2$ 的非高架冷库。

(6) 总建筑面积大于 $500m^2$ 的可燃物品地下仓库。

(7) 每座占地面积大于 $1500m^2$ 或总建筑

面积大于 $3000m^2$ 的其他单层或多层丙类物品仓库。

8.【答案】D

【解析】特等、甲等剧场，超过 1500 个座位的其他等级的剧场，超过 2000 个座位的会堂或礼堂，超过 3000 个座位的体育馆，超过 5000 人的体育场的室内人员休息室与器材间等应设置自动灭火系统。

9.【答案】D

【解析】任一层建筑面积大于 $1500m^2$ 或总建筑面积大于 $3000m^2$ 的展览、商店、餐饮和旅馆建筑以及医院中同样建筑规模的病房楼、门诊楼和手术部应设置自动灭火系统。

10.【答案】C

【解析】选项 A、B、D 应设置自动灭火系统；乒乓球厂的轧坯、切片、磨球、分球检验部位应设置雨淋系统。

11.【答案】D

【解析】下列部位宜设置水幕系统：

（1）特等、甲等剧场，超过 1500 个座位的其他等级的剧场，超过 2000 个座位的会堂或礼堂和高层民用建筑内超过 800 个座位的剧场或礼堂的舞台口及上述场所内与舞台相连的侧台、后台的洞口。

（2）应设置防火墙等防火分隔物而无法设置的局部开口部位。

（3）需要防护冷却的防火卷帘或防火幕的上部。

12.【答案】C

【解析】舞台葡萄架下部属于严重危险Ⅱ级，书库属于中危险Ⅱ级，医院属于中危险Ⅰ级，住宅楼属于轻危险级。

13.【答案】A

【解析】汽车停车场属于中危险Ⅱ级，摄影棚属于严重危险Ⅱ级，高层办公楼、火车站属于中危险Ⅰ级。

14.【答案】D

【解析】电影院、总建筑面积小于 $5000m^2$ 的地上商场、木结构建筑属于中危险Ⅰ级。

15.【答案】D

【解析】湿式系统、干式系统、预作用系统都属于闭式系统。

16.【答案】A

【解析】干式系统、预作用系统、雨淋系统在准工作状态时配水管内不充水。

17.【答案】C

【解析】湿式系统和干式系统不需要火灾报警系统控制；雨淋系统属于开式系统。

18.【答案】C

【解析】湿式系统、干式系统、雨淋系统都是用于灭火的系统。

19.【答案】C

【解析】水幕系统喷头呈常开状态，属于开式系统。

20.【答案】D

【解析】雨淋系统是开式系统，配水管平时与大气相通，不需排气阀。

21.【答案】A

【解析】湿式系统适用于环境温度不低于 4℃且不高于 70℃的场所；干式系统适用于环境温度低于 4℃或高于 70℃，且不会发生火灾蔓延速度较快的场所。

22.【答案】B

【解析】湿式系统准工作状态时配水管充满水；预作用系统需要火灾自动报警系统才会动作；雨淋系统属于开式系统，配水管不充气，且需要火灾自动报警系统控制动作。

23.【答案】D

【解析】发生火灾时，火源周围环境温度上升，闭式喷头受热后开启喷水，水流指示器动作并反馈信号至消防控制中心报警控制器，指示起火区域。

24.【答案】C

【解析】低压二氧化碳灭火系统灭火剂储存温度为－20～－18℃。

25.【答案】C

【解析】二氧化碳灭火系统适用于扑救灭火前可切断气源的气体火灾，液体火灾或石蜡、沥青等可熔化的固体火灾，固体表面火灾及棉毛、织物、纸张等部分固体深位火灾，电气火灾。二氧化碳灭火系统不适用于扑救硝化纤维、火药等含氧化剂的化学制品火灾，钾、钠、镁、钛、锆等活泼金属火灾，氰化钾、氰化钠等金属氰化物火灾。

26.【答案】C

【解析】由于惰性气体纯粹来自自然界，是一种无毒、无色、无味、惰性及不导电的纯“绿色”压缩气体，故惰性气体灭火系统又称为洁净气体灭火系统。惰性气体灭火系统适用于扑救A类（表面火）、B类、C类及电气火灾，可用于保护经常有人的场所。

27.【答案】C

【解析】由于惰性气体纯粹来自自然界，是一种无毒、无色、无味、惰性及不导电的纯“绿色”压缩气体，故惰性气体灭火系统又称为洁净气体灭火系统。

28.【答案】D

【解析】热气溶胶预制灭火系统不应设置在人员密集场所、有爆炸危险性的场所及有超净要求的场所。K型及其他型热气溶胶预制灭火系统不得用于电子计算机房、通信机房等场所。

29.【答案】B

【解析】单元独立灭火系统是指用一套灭火剂储存装置保护一个防护区或保护对象的灭火系统。

30.【答案】A

【解析】图中数字所代表的含义具体如下：1—喷嘴；2—管道；3—压力信号器；4—选择阀；5—集流管；6—容器阀；7—单向阀；8—储存容器；9—启动装置；10—氮气瓶；11—火灾报警控制器；12—放气指示灯；13—紧急启停按钮；14—声光报警器；15—火灾探测器。

31.【答案】B

【解析】图中数字所代表的含义具体如下：1—喷嘴；2—管道；3—压力信号器；4—选择阀；5—集流管；6—容器阀；7—单向阀；8—储存容器；9—启动装置；10—氮气瓶；11—火灾报警控制器；12—放气指示灯；13—紧急启停按钮；14—声光报警器；15—火灾探测器。

32.【答案】D

【解析】图中数字所代表的含义具体如下：1—喷嘴；2—管道；3—压力信号器；4—选择阀；5—集流管；6—容器阀；7—单向阀；8—储存容器；9—启动装置；10—氮气瓶；11—火灾报警控制器；12—放气指示灯；13—紧急启停按钮；14—声光报警器；15—火灾探测器。

33.【答案】C

【解析】气体灭火控制器在收到满足条件的信号后，经过不大于30s延时时间后发出灭火指令。

34.【答案】A

【解析】当某防护区发生火情，感烟火灾探测器、其他类型火灾探测器或手动火灾报警按钮发出首个联动触发信号后，灭火控制器（或火灾报警控制器）立即启动设置在该防护区的火灾声光警报器发出声、光报警信号。

35.【答案】D

【解析】当某防护区发生火情，感烟火灾探测器、其他类型火灾探测器或手动火灾报警按钮发出首个联动触发信号后，灭火控制器（或火灾报警控制器）立即启动设置在该防护区的火灾声光警报器发出声、光报警信号；在接收到同一防护区域内与首次报警的火灾探测器或手动火灾报警按钮相邻的感温火灾探测器、火焰探测器或手动火灾报警按钮的第二个联动触发信号后，灭火控制器发出联动指令，关闭/停止联动设备（防护区域的送/排风机及送/排风阀门，通风和空气调节系统，防火阀门，防护区域的门、窗等），经过设定的延时时间（不大于30s）后发出灭火指令，打开与该防护区相应的电磁阀释放启动气体，启动气体通过启动管路打开相应的选择阀和灭火剂储存容器瓶头阀释放灭火剂，各瓶组的灭火剂经连接管汇集到集流管，通过选择阀到达安装在防护区内的喷嘴进行喷放灭火，同时安装在管路上的信号反馈装置动作，信号传送到控制器，由灭火控制器启动防护区外指示气体喷洒的火灾声光警报器。

36. 【答案】C

【解析】经现场人员确认后，通过按下灭火控制器（盘）上的"启动"按钮或设置在防护区附近墙面上的"紧急启动/停止"按钮上的"启动"键，发出联动指令。

37. 【答案】C

【解析】当某防护区发生火情且灭火控制器不能有效地发出灭火指令时，应立即通知有关人员迅速撤离现场，关闭联动设备，然后拔除对应该防护区的启动气体钢瓶电磁瓶头阀上的止动簧片，压下圆头把手打开电磁阀释放启动气体，由启动气体打开相应的选择阀、瓶头阀释放灭火剂实施灭火。如果遇上启动气体钢瓶电磁瓶头阀维修或启动气体充换，先打开与该防护区对应的选择阀，然后再打开对应的灭火剂储存容器瓶头阀释放灭火剂实施灭火。

38. 【答案】D

【解析】规范要求，采用管网灭火系统时，一个防护区面积不宜大于 $800m^2$。

39. 【答案】D

【解析】规范要求，采用管网灭火系统时，一个防护区面积不宜大于 $800m^2$，且容积不宜大于 $3600m^3$。

40. 【答案】A

【解析】规范要求，采用预制灭火系统时，一个防护区面积不宜大于 $500m^2$。

41. 【答案】A

【解析】规范要求，采用预制灭火系统时，一个防护区的面积不宜大于 $500m^2$，且容积不宜大于 $1600m^3$。

42. 【答案】A

【解析】防护区应有保证人员在 30s 内疏散完毕的通道和出口。

43. 【答案】B

【解析】防护区的入口处应设火灾声光报警器和灭火剂喷放指示灯。

44. 【答案】B

【解析】为防止气体灭火防护区结构因火灾或内部压力增加而损坏，要求防护区围护结构及门窗的耐火极限均不宜低于 0.5h。

45. 【答案】A

【解析】为防止气体灭火防护区结构因火灾或内部压力增加而损坏，要求防护区围护结构及门窗的耐火极限均不宜低于 0.5h，吊顶的耐火极限均不宜低于 0.25h。

46. 【答案】B

【解析】为防止防护区结构因火灾或内部压力增加而损坏，要求防护区围护结构及门窗的耐火极限均不宜低于 0.5h，吊顶的耐火极限不宜低于 0.25h，防护区围护结构承受内压的允许压强不宜低于 1200Pa。

47. 【答案】C

【解析】防护区应设置泄压口，七氟丙烷、二氧化碳灭火系统的泄压口应位于防护区净高的 2/3 以上。

48. 【答案】C

【解析】防护区应设置泄压口，七氟丙烷、二氧化碳灭火系统的泄压口应位于防护区净高的 2/3 以上。

49. 【答案】C

【解析】规范要求，采用全淹没二氧化碳灭火系统扑救气体、液体、电气火灾和固体表面火灾时，在喷放二氧化碳前不能自动关闭的开口，其面积不应大于防护区总内表面积的 3%，且开口不应设在底面。

50. 【答案】C

【解析】规范要求，采用局部应用二氧化碳灭火系统的保护对象，应符合下列规定：保护对象周围的空气流动速度不宜大于 3m/s。

51. 【答案】B

【解析】规范要求，采用局部应用二氧化碳灭火系统的保护对象，当保护对象为可燃液体时，液面至容器缘口的距离不得小于 150mm。

52. 【答案】B

【解析】规范要求，气体灭火防护区的最低环境温度不应低于－10℃。

53. 【答案】C

【解析】单罐容量大于 $1000m^3$ 的固定顶罐应设置固定式泡沫灭火系统。

54. 【答案】A

【解析】罐壁高度小于 7m 或容量不大于 $200m^3$ 的储罐，可采用移动式泡沫灭火系统。

55. 【答案】D

【解析】液上式系统是泡沫从液面上喷入被保护储罐内的灭火系统；液下式系统是泡沫从液面下喷入被保护储罐内的灭火系统；半液下式系统是泡沫从储罐底部注入，并通过软管浮升到液体燃料表面进行灭火的泡沫灭火系统。

56. 【答案】B

【解析】低倍数泡沫灭火系统是指发泡倍数小于 20 的泡沫灭火系统；中倍数泡沫灭火系统是指发泡倍数为 21～200 的泡沫灭火系统；高倍数泡沫灭火系统是指发泡倍数为 201～1000 的泡沫灭火系统。

57. 【答案】C

【解析】低倍数泡沫灭火系统是指发泡倍数小于 20 的泡沫灭火系统；中倍数泡沫灭火系统是指发泡倍数为 21～200 的泡沫灭火系统；高倍数泡沫灭火系统是指发泡倍数为 201～1000 的泡沫灭火系统。

58. 【答案】D

【解析】固定式泡沫灭火系统是由固定的泡沫消防水泵或泡沫混合液泵、泡沫比例混合器（装置）、泡沫产生器（或喷头）和管道等组成的灭火系统。移动式泡沫灭火系统是由消防车、机动消防泵或有压水源，泡沫比例混合器，泡沫枪、泡沫炮或移动式泡沫产生器，用水带等连接组成的灭火系统。半固定式泡沫灭火系统是由固定的泡沫产生器与部分连接管道、泡沫消防车或机动消防泵、用水带连接组成的灭火系统。图为不带泡沫储存装置的半固定式液上喷射泡沫灭火系统组成示意图。

59. 【答案】D

【解析】固定式泡沫灭火系统是由固定的泡沫消防水泵或泡沫混合液泵、泡沫比例混合器（装置）、泡沫产生器（或喷头）和管道等组成的灭火系统。移动式泡沫灭火系统是由消防车、机动消防泵或有压水源，泡沫比例混合器，泡沫枪、泡沫炮或移动式泡沫产生器，用水带等连接组成的灭火系统。半固定式泡沫灭火系统是由固定的泡沫产生器与部分连接管道、泡沫消防车或机动消防泵、用水带连接组成的灭火系统。图为带泡沫储存装置的半固定式液上喷射泡沫灭火系统组成示意图。

60. 【答案】D

【解析】水喷雾灭火系统可用于扑救固体物质火灾、丙类液体火灾、饮料酒火灾和电气火灾，并可用于可燃气体和甲、乙、丙类液体的生产、储存装置或装卸设施的防护冷却。水喷雾系统不得用于扑救遇水能发生化学反应造成燃烧、爆炸的火灾，以及水雾会对保护对象造成明显损害的火灾。

61. 【答案】C

【解析】图中各数字所代表的含义具体如下：

1—感温探测器；2—配水支管；3—配水管；4—配水干管；5—开式喷头；6—雨淋报警阀；7—压力开关；8—消防水池；9—水泵接合器；10—水泵；11—闸阀；12—止回阀；13—报警控制器；P—压力表；M—驱动电动机。

62. 【答案】D

【解析】图中各数字所代表的含义具体如下：

1—感温探测器；2—配水支管；3—配水管；4—配水干管；5—开式喷头；6—雨淋报警阀；7—压力开关；8—消防水池；9—水泵接合器；10—水泵；11—闸阀；12—止回阀；13—报警控制器；P—压力表；M—驱动电动机。

63. 【答案】D

【解析】图中各数字所代表的含义具体如下：

1—感温探测器；2—配水支管；3—配水管；4—配水干管；5—开式喷头；6—雨淋报警阀；7—压力开关；8—消防水池；9—水泵接合器；10—水泵；11—闸阀；12—止回阀；13—报警控制器；P—压力表；M—驱动电动机。

64. 【答案】D

【解析】图中各数字所代表的含义具体如下：

1—闭式喷头；2—配水管；3—开式喷头；4—配水干管；5—雨淋报警阀；6—压力开关；7—消防水池；8—水泵接合器；9—闸阀；10—水泵；11—止回阀；12—报警控制器；P—压力表；M—驱动电动机。

65. 【答案】B

【解析】图中各数字所代表的含义具体如下：

1—闭式喷头；2—配水管；3—开式喷头；4—配水干管；5—雨淋报警阀；6—压力开关；7—消防水池；8—水泵接合器；9—闸阀；10—水泵；11—止回阀；12—报警控制器；P—压力表；M—驱动电动机。

66. 【答案】A

【解析】低压细水雾灭火系统额定工作压力小于1.2MPa。

67. 【答案】C

【解析】高压细水雾灭火系统额定工作压力大于或等于3.5MPa。

68. 【答案】C

【解析】额定工作压力大于或等于3.5MPa的细水雾灭火系统是高压细水雾灭火系统。

69. 【答案】D

【解析】细水雾灭火系统适用于可燃固体火灾、可燃液体火灾及电气火灾，不适用于可燃固体深位火灾。同时，该系统不能直接应用于能与水发生剧烈反应或产生大量有害物质的活泼金属及其化合物火灾。

70. 【答案】D

【解析】细水雾灭火系统适用于可燃固体火灾、可燃液体火灾及电气火灾，不适用于可燃固体深位火灾。同时，该系统不能直接应用于能与水发生剧烈反应或产生大量有害物质的活泼金属及其化合物火灾，包括活泼金属，如锂、钠、钾、镁、钛、锆、铀、钚等；金属醇盐，如甲醇钠等；金属氨基化合物，如氨基钠等；碳化物，如碳化钙；卤化物、氢化物、硫化物等。除此之外，该系统也不能直接应用于可燃气体火灾，包括液化天然气等低温液化气体的场合。

71. 【答案】C

【解析】细水雾灭火系统适用于可燃固体火灾、可燃液体火灾及电气火灾，不适用于可燃固体深位火灾。同时，该系统不能直接应用于能与水发生剧烈反应或产生大量有害物质的活泼金属及其化合物火灾，包括活泼金属，如锂、钠、钾、镁、钛、锆、铀、钚等；金属醇盐，如甲醇钠等；金属氨基化合物，如氨基钠等；碳化物，如碳化钙；卤化物、氢化物、硫化物等。除此之外，该系统也不能直接应用于可燃气体火灾，包括液化天然气等低温液化气体的场合。

72. 【答案】A

【解析】水炮系统是喷射水灭火剂的固定消防炮系统，适用于固体可燃物火灾。

73. 【答案】D

【解析】干粉灭火系统适用于扑救灭火前可切断气源的气体火灾，易燃、可燃液体和可熔化固体火灾，可燃固体表面火灾，带电设备等火灾。干粉灭火系统不得用于扑救硝化纤维、炸药等无空气仍能迅速氧化的化学物质与强氧化剂物质火灾，钠、钾、镁、钛、锆等活泼金属及其氢化物火灾。

74. 【答案】D

【解析】干粉灭火系统适用于扑救灭火前可切断气源的气体火灾，易燃、可燃液体和可熔化固体火灾，可燃固体表面火灾，带电设备等火灾。干粉灭火系统不得用于扑救硝化纤维、炸药等无空气仍能迅速氧化的化学物质与强氧化剂物质火灾，钠、钾、镁、钛、锆等活泼金属及其氢化物火灾。煤属于可燃固体，可以用干粉灭火系统扑救。

75. 【答案】C

【解析】图中各数字所代表的含义具体如下：

1—喷嘴；2—火灾探测器；3—控制装置；4—启动气体瓶组；5—驱动气体瓶组；6—减压器；7—干粉储存容器；8—干粉枪及卷盘。

76. 【答案】B

【解析】图中各数字所代表的含义具体如下：

1—喷嘴；2—火灾探测器；3—控制装置；4—启动气体瓶组；5—驱动气体瓶组；6—减压器；7—干粉储存容器；8—干粉枪及卷盘。

二、多项选择题

77. 【答案】ABDE

【解析】设置场所的火灾危险等级应划分为轻危险级、中危险级（Ⅰ级、Ⅱ级）、严重危险级（Ⅰ级、Ⅱ级）和仓库危险级（Ⅰ级、Ⅱ级、Ⅲ级）。

78. 【答案】CD

【解析】多层旅馆属于轻危险级，高层旅馆和医院属于中危险Ⅰ级，汽车停车场和书库属于中危险Ⅱ级。

79. 【答案】BC

【解析】单层旅馆属于轻危险级，舞台葡萄架下部和摄影棚属于严重危险Ⅱ级。

80. 【答案】ABCD

【解析】湿式系统不需要充气。

81. 【答案】BCD

【解析】闭式喷头破裂后，湿式报警阀被自动打开，消防水箱出水管上的流量开关、消防水泵出水管上的压力开关或报警阀组的压力开关动作并输出启动消防水泵信号，完成系统的启动。

82. 【答案】ACDE

【解析】干式系统属于闭式系统，采用闭式喷头。

83. 【答案】BCD

【解析】闭式喷头破裂后，干式报警阀被自动打开，消防水箱出水管上的流量开关、消防水泵出水管上的压力开关或报警阀组的压力开关动作并输出启动消防水泵信号，完成系统的启动。

84. 【答案】AB

【解析】火灾时，当触发同一报警区域内两个及以上独立的感烟探测器或一个感烟探测器与一个手动报警按钮时，联动开启预作用阀组，使系统在闭式喷头动作前转换成湿式系统，并在闭式喷头开启后立即喷水。

85. 【答案】BCE

【解析】自动喷水灭火系统处于准工作状态时，由消防水箱或稳压泵、气压给水设备等稳压设施维持水源侧管道内充水的压力。消防泵和水泵接合器属于供水设施。

86. 【答案】ABCD

【解析】气体灭火系统按照使用的灭火剂不同，分为二氧化碳灭火系统、七氟丙烷灭火系统、惰性气体灭火系统和热气溶胶灭火系统。按装配形式的不同，气体灭火系统分为管网灭火系统和预制灭火系统（亦称无管网灭火装置）。按应用方式的不同，气体灭火系统分为全淹没气体灭火系统和局部应用气体灭火系统。按结构特点的不同，气体灭火系统分为单元独立灭火系统和组合分配灭火系统。按加压方式的不同，气体灭火系统分为自压式、内储压式和外储压式气体灭火系统。

87.【答案】BE

【解析】气体灭火系统按照使用的灭火剂不同，分为二氧化碳灭火系统、七氟丙烷灭火系统、惰性气体灭火系统和热气溶胶灭火系统。按装配形式的不同，气体灭火系统分为管网灭火系统和预制灭火系统（亦称无管网灭火装置）。按应用方式的不同，气体灭火系统分为全淹没气体灭火系统和局部应用气体灭火系统。按结构特点的不同，气体灭火系统分为单元独立灭火系统和组合分配灭火系统。按加压方式的不同，气体灭火系统分为自压式、内储压式和外储压式气体灭火系统。

88.【答案】CD

【解析】气体灭火系统按照使用的灭火剂不同，分为二氧化碳灭火系统、七氟丙烷灭火系统、惰性气体灭火系统和热气溶胶灭火系统。按装配形式的不同，气体灭火系统分为管网灭火系统和预制灭火系统（亦称无管网灭火装置）。按应用方式的不同，气体灭火系统分为全淹没气体灭火系统和局部应用气体灭火系统。按结构特点的不同，气体灭火系统分为单元独立灭火系统和组合分配灭火系统。按加压方式的不同，气体灭火系统分为自压式、内储压式和外储压式气体灭火系统。

89.【答案】AB

【解析】气体灭火系统按照使用的灭火剂不同，分为二氧化碳灭火系统、七氟丙烷灭火系统、惰性气体灭火系统和热气溶胶灭火系统。按装配形式的不同，气体灭火系统分为管网灭火系统和预制灭火系统（亦称无管网灭火装置）。按应用方式的不同，气体灭火系统分为全淹没气体灭火系统和局部应用气体灭火系统。按结构特点的不同，气体灭火系统分为单元独立灭火系统和组合分配灭火系统。按加压方式的不同，气体灭火系统分为自压式、内储压式和外储压式气体灭火系统。

90.【答案】DE

【解析】二氧化碳灭火系统适用于扑救灭火前可切断气源的气体火灾，液体火灾或石蜡、沥青等可熔化的固体火灾，固体表面火灾及棉毛、织物、纸张等部分固体深位火灾，电气火灾。二氧化碳灭火系统不适用于扑救硝化纤维、火药等含氧化剂的化学制品火灾，钾、钠、镁、钛、锆等活泼金属火灾，氰化钾、氰化钠等金属氰化物火灾。

91.【答案】ABC

【解析】七氟丙烷灭火系统可用于扑救电气火灾、液体火灾或可熔化的固体火灾、固体表面火灾、灭火前应能切断气源的气体火灾。七氟丙烷灭火系统不得用于扑救硝化纤维、硝酸钠等含氧化剂的化学制品及混合物火灾，钾、钠、镁、钛、锆、铀等活泼金属火灾，氢化钾、氢化钠等金属氢化物火灾，过氧化氢、联胺等能自行分解的化学物质火灾。

92.【答案】CDE

【解析】热气溶胶预制灭火系统不应设置在人员密集场所、有爆炸危险性的场所及有超净要求的场所，K型及其他型热气溶胶预制灭火系统不得用于电子计算机房、通信机房等场所。

93.【答案】BCD

【解析】图中灭火剂钢瓶中储存的是 CO_2 气体，启动钢瓶储存的是 N_2，所以应是二氧化碳灭火系统。图中一套装置只保护一个防护区，属于单元独立灭火系统。灭火剂经干管、支管输送至喷放组件实施喷放，属于管网式灭火系统。

94.【答案】ABC

【解析】管网气体灭火系统有自动控制、手动控制和机械应急操作三种启动方式。

95.【答案】DE

【解析】采用局部应用二氧化碳灭火系统的保护对象，当保护对象为可燃液体时，液面至容器缘口的距离不得小于150mm。为防止防护区结构因火灾或内部压力增加而损坏，要求防护区围护结构及门窗的耐火极限均不宜低于0.5h，吊顶的耐火极限不宜低于0.25h，防护区围护结构承受内压的允许压强不宜低于1200Pa。

96.【答案】BC

【解析】液下用的泡沫液宜采用氟蛋白泡沫灭火液或是水成膜泡沫液。

97.【答案】CDE

【解析】选项A属于按照结构形式分类，选项B属于按照喷射方式分类。

98.【答案】ACE

【解析】选项B、D是按照系统形式分类的。

99.【答案】AC

【解析】固定式泡沫灭火系统是由固定的泡沫消防水泵或泡沫混合液泵、泡沫比例混合器（装置）、泡沫产生器（或喷头）和管道等组成的灭火系统。移动式泡沫灭火系统是由消防车、机动消防泵或有压水源，泡沫比例混合器，泡沫枪、泡沫炮或移动式泡沫产生器，用水带等连接组成的灭火系统。液上式泡沫灭火系统是泡沫从液面上喷入被保护储罐内的灭火系统。半液下式泡沫灭火系统是泡沫从储罐底部注入，并通过软管浮升到液体燃料表面进行灭火的泡沫灭火系统。半固定式泡沫灭火系统是由固定的泡沫产生器与部分连接管道、泡沫消防车或机动消防泵、用水带连接组成的灭火系统。

100.【答案】AC

【解析】固定式泡沫灭火系统是由固定的泡沫消防水泵或泡沫混合液泵、泡沫比例混合器（装置）、泡沫产生器（或喷头）和管道等组成的灭火系统。移动式泡沫灭火系统是由消防车、机动消防泵或有压水源，泡沫比例混合器，泡沫枪、泡沫炮或移动式泡沫产生器，用水带等连接组成的灭火系统。液下式泡沫灭火系统是泡沫从液面下喷入被保护储罐内的灭火系统。半液下式泡沫灭火系统是泡沫从储罐底部注入，并通过软管浮升到液体燃料表面进行灭火的泡沫灭火系统。半固定式是由固定的泡沫产生器与部分连接管道、泡沫消防车或机动消防泵、用水带连接组成的灭火系统。

101.【答案】CDE

【解析】选项A、B属于按照启动方式分类，选项C、D、E属于按照应用方式分类。

102.【答案】BD

【解析】选项A、C、E属于按工作压力分类。

103.【答案】AE

【解析】选项B、C、D属于按控制方式分类。

104.【答案】ACE

【解析】选项B、D属于按系统保护情况分类。

105.【答案】BCD

【解析】切割火焰和破坏燃烧链是干粉炮灭火的原理。

三、判断题

106.【答案】错误

【解析】单层占地面积不大于2000m² 的棉花库房，可不设置自动喷水灭火系统。

107.【答案】错误

【解析】每座占地面积大于600m² 的火柴仓库应设置自动灭火系统。

108.【答案】错误

【解析】占地面积大于1500m² 的木器厂房应设置自动灭火系统。

109.【答案】错误

【解析】规范没有此项要求。

110.【答案】正确

111.【答案】错误

【解析】一类高层公共建筑（除游泳池、溜冰场外）及其地下、半地下室应设置自动灭火系统。

112.【答案】错误

【解析】建筑高度大于100m的住宅建筑应设置自动灭火系统。

113.【答案】错误

【解析】超过5000人的体育场的室内人员休息室与器材间应设置自动灭火系统。

114.【答案】正确

115.【答案】错误

【解析】设置送回风道（管）的集中空气调节系统且总建筑面积大于$3000m^2$的办公建筑应设置自动灭火系统。

116.【答案】错误

【解析】特等、甲等剧场，超过1500个座位的其他等级的剧场，超过2000个座位的会堂或礼堂应设置自动灭火系统。

117.【答案】错误

【解析】超过3000个座位的体育馆，应设置自动灭火系统。

118.【答案】错误

【解析】设置在多层建筑中首层、二层和三层且任一层建筑面积大于$300m^2$的地上歌舞娱乐放映游艺场所应设置自动灭火系统。

119.【答案】正确

120.【答案】错误

【解析】可燃物品较少、火灾放热速率较低、外部增援和人员疏散较容易的场所，如住宅、幼儿园、老年人建筑，建筑高度为24m及以下的旅馆、办公楼，仅在走道设置闭式系统的建筑等，属于轻危险级。

121.【答案】错误

【解析】可燃物品较少、火灾放热速率较低、外部增援和人员疏散较容易的场所，如住宅、幼儿园、老年人建筑，建筑高度为24m及以下的旅馆、办公楼，仅在走道设置闭式系统的建筑等，属于轻危险级。

122.【答案】正确

123.【答案】错误

【解析】以下建筑属于中危险级Ⅰ级：

（1）高层民用建筑：旅馆、办公楼、综合楼、邮政楼、金融电信楼、指挥调度楼、广播电视楼（塔）等。

（2）公共建筑（含单、多、高层）：医院、疗养院；图书馆（书库除外）、档案馆、展览馆（厅）；影剧院、音乐厅和礼堂（舞台除外）及其他娱乐场所；火车站、机场及码头的建筑；总建筑面积小于$5000m^2$的商场，总建筑面积小于$1000m^2$的地下商场等。

（3）文化遗产建筑：木结构古建筑、国家文物保护单位等。

（4）工业建筑：食品、家用电器、玻璃制品等工厂的备料与生产车间等；冷藏库、钢屋架等构件建筑。

124.【答案】正确

125.【答案】错误

【解析】以下建筑属于中危险级Ⅰ级：

（1）高层民用建筑：旅馆、办公楼、综合楼、邮政楼、金融电信楼、指挥调度楼、广播电视楼（塔）等。

（2）公共建筑（含单、多、高层）：医院、疗养院；图书馆（书库除外）、档案馆、展览馆（厅）；影剧院、音乐厅和礼堂（舞台除外）及其他娱乐场所；火车站、机场及码头的建筑；总建筑面积小于$5000m^2$的商场，总建筑面积小于$1000m^2$的地下商场等。

（3）文化遗产建筑：木结构古建筑、国家文物保护单位等。

（4）工业建筑：食品、家用电器、玻璃制品等工厂的备料与生产车间等；冷藏库、钢屋架等构件建筑。

126.【答案】错误

【解析】以下建筑属于中危险级Ⅰ级：
(1) 高层民用建筑：旅馆、办公楼、综合楼、邮政楼、金融电信楼、指挥调度楼、广播电视楼（塔）等。
(2) 公共建筑（含单、多、高层）：医院、疗养院；图书馆（书库除外）、档案馆、展览馆（厅）；影剧院、音乐厅和礼堂（舞台除外）及其他娱乐场所；火车站、机场及码头的建筑；总建筑面积小于 $5000m^2$ 的商场，总建筑面积小于 $1000m^2$ 的地下商场等。
(3) 文化遗产建筑：木结构古建筑、国家文物保护单位等。
(4) 工业建筑：食品、家用电器、玻璃制品等工厂的备料与生产车间等；冷藏库、钢屋架等构件建筑。

127. **【答案】** 错误

【解析】 以下建筑属于中危险级Ⅰ级：
(1) 高层民用建筑：旅馆、办公楼、综合楼、邮政楼、金融电信楼、指挥调度楼、广播电视楼（塔）等。
(2) 公共建筑（含单、多、高层）：医院、疗养院；图书馆（书库除外）、档案馆、展览馆（厅）；影剧院、音乐厅和礼堂（舞台除外）及其他娱乐场所；火车站、机场及码头的建筑；总建筑面积小于 $5000m^2$ 的商场，总建筑面积小于 $1000m^2$ 的地下商场等。
(3) 文化遗产建筑：木结构古建筑、国家文物保护单位等。
(4) 工业建筑：食品、家用电器、玻璃制品等工厂的备料与生产车间等；冷藏库、钢屋架等构件建筑。

128. **【答案】** 错误

【解析】 以下属于中危险级Ⅰ级：
(1) 高层民用建筑：旅馆、办公楼、综合楼、邮政楼、金融电信楼、指挥调度楼、广播电视楼（塔）等。
(2) 公共建筑（含单、多、高层）：医院、疗养院；图书馆（书库除外）、档案馆、展览馆（厅）；影剧院、音乐厅和礼堂（舞台除外）及其他娱乐场所；火车站、机场及码头的建筑；总建筑面积小于 $5000m^2$ 的商场，总建筑面积小于 $1000m^2$ 的地下商场等。
(3) 文化遗产建筑：木结构古建筑、国家文物保护单位等。
(4) 工业建筑：食品、家用电器、玻璃制品等工厂的备料与生产车间等；冷藏库、钢屋架等构件建筑。
总建筑面积 $10000m^2$ 的商场为中危险Ⅱ级。

129. **【答案】** 正确

130. **【答案】** 错误

【解析】 以下建筑属于中危险级Ⅰ级：
(1) 高层民用建筑：旅馆、办公楼、综合楼、邮政楼、金融电信楼、指挥调度楼、广播电视楼（塔）等。
(2) 公共建筑（含单、多、高层）：医院、疗养院；图书馆（书库除外）、档案馆、展览馆（厅）；影剧院、音乐厅和礼堂（舞台除外）及其他娱乐场所；火车站、机场及码头的建筑；总建筑面积小于 $5000m^2$ 的商场，总建筑面积小于 $1000m^2$ 的地下商场等。
(3) 文化遗产建筑：木结构古建筑、国家文物保护单位等。
(4) 工业建筑：食品、家用电器、玻璃制品等工厂的备料与生产车间等；冷藏库、钢屋架等构件建筑。

131. **【答案】** 错误

【解析】 以下建筑属于中危险级Ⅰ级：
(1) 高层民用建筑：旅馆、办公楼、综合楼、邮政楼、金融电信楼、指挥调度楼、广播电视楼（塔）等。
(2) 公共建筑（含单、多、高层）：医院、疗养院；图书馆（书库除外）、档案馆、展览馆（厅）；影剧院、音乐厅和礼堂（舞台除外）及其他娱乐场所；火车站、机场及码头的建筑；总建筑面积小于 $5000m^2$ 的商场，总建筑面积小于 $1000m^2$ 的地下商场等。

(3) 文化遗产建筑：木结构古建筑、国家文物保护单位等。

(4) 工业建筑：食品、家用电器、玻璃制品等工厂的备料与生产车间等；冷藏库、钢屋架等构件建筑。

132. **【答案】** 错误

【解析】 以下建筑属于中危险级Ⅰ级：

(1) 高层民用建筑：旅馆、办公楼、综合楼、邮政楼、金融电信楼、指挥调度楼、广播电视楼（塔）等。

(2) 公共建筑（含单、多、高层）：医院、疗养院；图书馆（书库除外）、档案馆、展览馆（厅）；影剧院、音乐厅和礼堂（舞台除外）及其他娱乐场所；火车站、机场及码头的建筑；总建筑面积小于 $5000m^2$ 的商场，总建筑面积小于 $1000m^2$ 的地下商场等。

(3) 文化遗产建筑：木结构古建筑、国家文物保护单位等。

(4) 工业建筑：食品、家用电器、玻璃制品等工厂的备料与生产车间等；冷藏库、钢屋架等构件建筑。

133. **【答案】** 错误

【解析】 以下建筑属于中危险级Ⅱ级：

(1) 民用建筑：书库，舞台（葡萄架除外），汽车停车场（库），总建筑面积 $5000m^2$ 及以上的商场，总建筑面积 $1000m^2$ 及以上的地下商场，净空高度不超过 8m、物品高度不超过 3.5m 的超级市场等。

(2) 工业建筑：棉毛麻丝及化纤的纺织、织物及制品，木材木器及胶合板，谷物加工，烟草及制品，饮用酒（啤酒除外），皮革及制品，造纸及纸制品，制药等工厂的备料与生产车间等。

134. **【答案】** 错误

【解析】 以下建筑属于中危险级Ⅱ级：

(1) 民用建筑：书库，舞台（葡萄架除外），汽车停车场（库），总建筑面积 $5000m^2$ 及以上的商场，总建筑面积 $1000m^2$ 及以上的地下商场，净空高度不超过 8m、物品高度不超过 3.5m 的超级市场等。

(2) 工业建筑：棉毛麻丝及化纤的纺织、织物及制品，木材木器及胶合板，谷物加工，烟草及制品，饮用酒（啤酒除外），皮革及制品，造纸及纸制品，制药等工厂的备料与生产车间等。

135. **【答案】** 正确

136. **【答案】** 错误

【解析】 以下建筑属于中危险级Ⅱ级：

(1) 民用建筑：书库，舞台（葡萄架除外），汽车停车场（库），总建筑面积 $5000m^2$ 及以上的商场，总建筑面积 $1000m^2$ 及以上的地下商场，净空高度不超过 8m、物品高度不超过 3.5m 的超级市场等。

(2) 工业建筑：棉毛麻丝及化纤的纺织、织物及制品，木材木器及胶合板，谷物加工，烟草及制品，饮用酒（啤酒除外），皮革及制品，造纸及纸制品，制药等工厂的备料与生产车间等。

137. **【答案】** 正确

138. **【答案】** 错误

【解析】 以下建筑属于中危险级Ⅱ级：

(1) 民用建筑：书库，舞台（葡萄架除外），汽车停车场（库），总建筑面积 $5000m^2$ 及以上的商场，总建筑面积 $1000m^2$ 及以上的地下商场，净空高度不超过 8m、物品高度不超过 3.5m 的超级市场等。

(2) 工业建筑：棉毛麻丝及化纤的纺织、织物及制品，木材木器及胶合板，谷物加工，烟草及制品，饮用酒（啤酒除外），皮革及制品，造纸及纸制品，制药等工厂的备料与生产车间等。

139. **【答案】** 错误

【解析】 严重危险Ⅰ级一般是指印刷厂、酒精制品、可燃液体制品等工厂的备料及生产车间，净空高度超过 8m、物品高度超过 3.5m 的超级市场等。严重危险Ⅱ级一般是指易燃液体喷雾操作区域，固体易燃物品、可燃的气溶胶制品、溶剂清洗、喷涂油漆、沥青制品等工厂的备料及生产车间，摄影棚，舞台葡萄架下部等。

140.【答案】正确

141.【答案】正确

142.【答案】错误

【解析】国家、省级或藏书量超过100万册的图书馆内的特藏库，宜采用气体灭火系统。

143.【答案】错误

【解析】二氧化碳灭火系统适用于扑救灭火前可切断气源的气体火灾，液体火灾或石蜡、沥青等可熔化的固体火灾，固体表面火灾及棉毛、织物、纸张等部分固体深位火灾，电气火灾。二氧化碳灭火系统不适用于扑救硝化纤维、火药等含氧化剂的化学制品火灾，钾、钠、镁、钛、锆等活泼金属火灾，氰化钾、氰化钠等金属氰化物火灾。

144.【答案】错误

【解析】管网气体灭火系统有自动控制、手动控制和机械应急操作三种启动方式。预制灭火系统有自动控制和手动控制两种启动方式。

145.【答案】正确

146.【答案】错误

【解析】灭火控制器（盘）具有手动优先的功能，即便系统处于自动控制状态，手动控制仍然有效。

147.【答案】正确

148.【答案】正确

149.【答案】错误

【解析】喷放灭火剂前，防护区内除泄压口外的开口应能自行关闭。

150.【答案】错误

【解析】细水雾灭火系统适用于可燃固体火灾、可燃液体火灾及电气火灾，不适用于可燃固体深位火灾。同时，该系统不能直接应用于能与水发生剧烈反应或产生大量有害物质的活泼金属及其化合物火灾，包括活泼金属，如锂、钠、钾、镁、钛、锆、铀、钚等；金属醇盐，如甲醇钠等；金属氨基化合物，如氨基钠等；碳化物，如碳化钙；卤化物、氢化物、硫化物等。除此之外，该系统也不能直接应用于可燃气体火灾，包括液化天然气等低温液化气体的场合。

151.【答案】正确

152.【答案】错误

【解析】手动消防炮是只能在现场手动操作消防炮的固定消防炮灭火系统。该系统具有结构简单、操作简便、投资少等优点，适用于辐射热不大、人员便于靠近的场所。

153.【答案】正确

培训项目3

一、单项选择题

1.【答案】C

【解析】符合下列规定之一时，应设置消防水池：一是当生产、生活用水量达到最大时，市政给水管网或入户引入管不能满足室内、室外消防给水设计流量；二是当采用一路消防供水或只有一条入户引入管，且室外消火栓设计流量大于20L/s或建筑高度大于50m时；三是市政消防给水设计流量小于建筑室内外消防给水设计流量。

2.【答案】B

【解析】符合下列规定之一时，应设置消防水池：一是当生产、生活用水量达到最大时，市政给水管网或入户引入管不能满足室内、室外消防给水设计流量；二是当采用一路消防供水或只有一条入户引入管，且室外消火栓设计流量大于20L/s或建筑高度大于50m时；三是市政消防给水设计流量小于建筑室内外消防给水设计流量。

3.【答案】C

【解析】消防水泵是在消防给水系统（包括消火栓系统、自动喷水灭火系统等）中用于保证系统供水压力和水量的给水泵，如消火栓泵、喷淋泵、消防传输泵等。消防水泵是消防给水系统的“心脏”，其工作状况的好坏直接影响着灭火的成效。

4.【答案】D

【解析】图中数字所代表的具体含义如下：1—滤网；2—底阀；3—吸水管；4—叶轮；5—泵壳；6—调节阀；7—出水管；8—泵轴。

5.【答案】B

【解析】图中数字所代表的具体含义如下：1—滤网；2—底阀；3—吸水管；4—叶轮；5—泵壳；6—调节阀；7—出水管；8—泵轴。

6.【答案】C

【解析】图中所示为地上水泵接合器。

7.【答案】D

【解析】图中所示为地下水泵接合器。

8.【答案】C

【解析】自动喷水灭火系统、水喷雾灭火系统、泡沫灭火系统和固定消防炮灭火系统等系统以及下列建筑的室内消火栓给水系统应设置消防水泵接合器：超过5层的公共建筑；超过4层的厂房或仓库；其他高层建筑；超过2层或建筑面积大于10000m^2的地下建筑（室）。

9.【答案】B

【解析】自动喷水灭火系统、水喷雾灭火系统、泡沫灭火系统和固定消防炮灭火系统等系统以及下列建筑的室内消火栓给水系统应设置消防水泵接合器：超过5层的公共建筑；超过4层的厂房或仓库；其他高层建筑；超过2层或建筑面积大于10000m^2的地下建筑（室）。

10.【答案】B

【解析】自动喷水灭火系统、水喷雾灭火系统、泡沫灭火系统和固定消防炮灭火系统等系统以及下列建筑的室内消火栓给水系统应设置消防水泵接合器：超过5层的公共建筑；超过4层的厂房或仓库；其他高层建筑；超过2层或建筑面积大于10000m^2的地下建筑（室）。

11.【答案】D

【解析】采用临时高压给水系统的建筑物，应设置高位水箱。

12.【答案】B

【解析】消防给水系统按照压力可分为高压消防给水系统、临时高压消防给水系统、低压消防给水系统。消火栓管网内能始终保持满足水灭火设施所需的工作压力和流量，火灾时无须消防水泵直接加压的供水系统是高压给水系统。平时不能满足水灭火设施所需的工作压力和流量，火灾时通过自动或手动启动消防水泵以满足水灭火设施所需的工作压力和流量的供水系统是临时高压消防给水系统。管网的最低压力大于0.1MPa，能满足消防车、手抬移动消防水泵等取水所需的工作压力和流量的供水系统是低压消防给水系统。

13.【答案】C

【解析】给水系统按用途分类可分为以下几类（见下表）：

按用途分	独立消防给水系统	是仅向消火栓系统供水的独立的给水系统
	生活、消防合用给水系统	是生活给水管网与消防给水管网合用的给水系统
	生产、消防合用给水系统	是生产给水管网与消防给水管网合用的给水系统
	生活、生产、消防合用给水系统	是生活、生产和消防合用的给水系统

14.【答案】B

【解析】规范要求，占地面积大于300m^2的厂房和仓库应设置室内消火栓系统。

15.【答案】B

【解析】规范要求，高层公共建筑和建筑高度大于21m的住宅建筑应设置室内消火栓系统。

16.【答案】D

【解析】规范要求，体积大于 5000m^3 的车站、码头、机场的候车（船、机）建筑、展览建筑、商店建筑、旅馆建筑、医疗建筑、老年人照料设施和图书馆建筑等单、多层建筑应设置室内消火栓系统。

17. 【答案】A

【解析】规范要求，特等、甲等剧场，超过 800 个座位的其他等级的剧场和电影院应设置室内消火栓系统。

18. 【答案】C

【解析】规范要求，特等、甲等剧场，超过 800 个座位的其他等级的剧场和电影院等以及超过 1200 个座位的礼堂、体育馆等单、多层建筑应设置室内消火栓系统。

19. 【答案】A

【解析】规范要求，建筑高度大于 15m 的办公建筑、教学建筑应设置室内消火栓系统。

20. 【答案】B

【解析】规范要求，建筑高度大于 15m 或体积大于 10000m^3 的办公建筑、教学建筑应设置室内消火栓系统。

21. 【答案】D

【解析】规范要求，建筑的下列场所或部位应设置防烟设施：①防烟楼梯间及其前室。②消防电梯间前室或合用前室。③避难走道的前室、避难层（间）。

22. 【答案】C

【解析】规范要求，建筑面积大于 5000m^2 的丁类生产车间应设置排烟设施。

23. 【答案】A

【解析】规范要求，丙类厂房内，建筑面积大于 300m^2，且经常有人停留或可燃物较多的地上房间应设置排烟设施。

24. 【答案】D

【解析】规范要求，占地面积大于 1000m^2 的丙类仓库应设置排烟设施。

25. 【答案】A

【解析】规范要求，民用建筑内，长度大于 20m 的疏散走道应设置排烟设施。

26. 【答案】B

【解析】规范要求，设置在一、二、三层且房间建筑面积大于 100m^2 的歌舞娱乐放映游艺场所应设置排烟设施。

27. 【答案】A

【解析】规范要求，公共建筑内建筑面积大于 100m^2 且经常有人停留的地上房间应设置排烟设施。

28. 【答案】C

【解析】规范要求，公共建筑内建筑面积大于 300m^2 且可燃物较多的地上房间应设置排烟设施。

29. 【答案】B

【解析】利用建筑物本身的采光通风开口基本起到防止烟气进一步进入安全区域的作用叫作自然通风，它属于防烟系统的一种形式。

30. 【答案】A

【解析】图中数字所代表的含义具体如下：1、3—送风机；2—止回阀；4—风机控制设备；5—送风管道；6—送风口。

31. 【答案】A

【解析】建筑发生火灾时，机械加压送风系统打开，向楼梯间、前室、避难层（间）等区域加注有压新鲜空气，使楼梯间、室、避难层（间）等区域内形成正压，楼层间形成防烟楼梯间压力＞前室压力＞走道压力＞房间压力的递减压力分布。

32. 【答案】D

【解析】规范要求，应由同一防烟分区内的两只独立的火灾探测器的报警信号，作为排烟口、排烟窗或排烟阀开启的联动触发信号，并应由消防联动控制器联动控制排烟口、排烟窗或排烟阀的开启，同时停止该防烟分区的空气调节系统。

33. 【答案】C

【解析】图中数字所代表的含义具体如下：1—防火排烟阀；2—排烟风机；3—排烟出口；4—控制器；5—排烟口；6—挡烟垂壁；7—排烟风道。

34. 【答案】B

【解析】规范要求，除建筑高度小于 27m

的住宅建筑外，民用建筑、厂房和丙类仓库的下列部位应设置疏散照明：①封闭楼梯间、防烟楼梯间及其前室、消防电梯间的前室或合用前室、避难走道、避难层（间）；②观众厅、展览厅、多功能厅和建筑面积大于 $200m^2$ 的营业厅、餐厅、演播室等人员密集的场所；③建筑面积大于 $100m^2$ 的地下或半地下公共活动场所；④公共建筑内的疏散走道；⑤人员密集的厂房内的生产场所及疏散走道。

35. **【答案】**B

【解析】规范要求，除建筑高度小于27m的住宅建筑外，民用建筑、厂房和丙类仓库的下列部位应设置疏散照明：①封闭楼梯间、防烟楼梯间及其前室、消防电梯间的前室或合用前室、避难走道、避难层（间）；②观众厅、展览厅、多功能厅和建筑面积大于 $200m^2$ 的营业厅、餐厅、演播室等人员密集的场所；③建筑面积大于 $100m^2$ 的地下或半地下公共活动场所；④公共建筑内的疏散走道；⑤人员密集的厂房内的生产场所及疏散走道。

36. **【答案】**A

【解析】规范要求，除建筑高度小于27m的住宅建筑外，民用建筑、厂房和丙类仓库的下列部位应设置疏散照明：①封闭楼梯间、防烟楼梯间及其前室、消防电梯间的前室或合用前室、避难走道、避难层（间）；②观众厅、展览厅、多功能厅和建筑面积大于 $200m^2$ 的营业厅、餐厅、演播室等人员密集的场所；③建筑面积大于 $100m^2$ 的地下或半地下公共活动场所；④公共建筑内的疏散走道；⑤人员密集的厂房内的生产场所及疏散走道。

37. **【答案】**D

【解析】洁净气体灭火器内部充装六氟丙烷、三氟甲烷等灭火剂，利用气压将灭火剂喷出实施灭火。

38. **【答案】**C

【解析】发生火灾时，火灾报警控制器或消防联动控制器向应急照明集中控制器发出相关信号，应急照明集中控制器按照预设程序控制各消防应急灯具的工作状态。

39. **【答案】**B

【解析】贮压式灭火器是指灭火剂由储存于灭火器同一容器内的压缩气体或灭火剂蒸汽压力驱动的灭火器。该类灭火器的特点是动力气体与灭火剂储存在同一个容器内，依靠这些气体压力驱动将灭火剂喷出。

40. **【答案】**D

【解析】火灾种类与灭火器类型对应情况见下表。

火灾种类	灭火器类型
A类火灾	水基型（水雾、泡沫）灭火器、ABC干粉灭火器
B类火灾	水基型（水雾、泡沫）灭火器、ABC干粉灭火器、BC干粉灭火器、洁净气体灭火器
C类火灾	水基型（水雾、泡沫）灭火器、ABC干粉灭火器、BC干粉灭火器、洁净气体灭火器、二氧化碳灭火器
E类火灾	ABC干粉灭火器、BC干粉灭火器、洁净气体灭火器、二氧化碳灭火器
F类火灾	水基型（水雾、泡沫）灭火器、BC干粉灭火器

41. **【答案】**A

【解析】火灾种类与灭火器类型对应情况见下表。

火灾种类	灭火器类型
A 类火灾	水基型（水雾、泡沫）灭火器、ABC 干粉灭火器
B 类火灾	水基型（水雾、泡沫）灭火器、ABC 干粉灭火器、BC 干粉灭火器、洁净气体灭火器
C 类火灾	水基型（水雾、泡沫）灭火器、ABC 干粉灭火器、BC 干粉灭火器、洁净气体灭火器、二氧化碳灭火器
E 类火灾	ABC 干粉灭火器、BC 干粉灭火器、洁净气体灭火器、二氧化碳灭火器
F 类火灾	水基型（水雾、泡沫）灭火器、BC 干粉灭火器

42. **【答案】**C

【解析】灭火器的使用温度范围见下表。

灭火器类型		使用温度范围（℃）
水基型灭火器		4～55
干粉型灭火器	贮气瓶式	－10～55
	贮压式	－20～55
二氧化碳型灭火器		－10～55
洁净气体灭火器		－20～55

43. **【答案】**C

【解析】灭火器的使用温度范围见下表。

灭火器类型		使用温度范围（℃）
水基型灭火器		4～55
干粉型灭火器	贮气瓶式	－10～55
	贮压式	－20～55
二氧化碳型灭火器		－10～55
洁净气体灭火器		－20～55

44. **【答案】**D

【解析】不同的灭火器，对有效喷射时间的要求也不同，但必须满足在最高使用温度条件下不得低于 6s。

45. **【答案】**B

【解析】喷射滞后时间反映了灭火器动作速度的快慢，技术上一般要求在灭火器的使用温度范围内，其喷射滞后时间不大于 5s，间歇喷射的滞后时间不大于 3s。

46. **【答案】**C

【解析】喷射剩余率是指额定充装状态下的灭火器，在喷射到内部压力与外部环境压力相等时，内部剩余灭火剂量相对于额定充装量的百分比。一般要求是在(20±5)℃时不大于 10％。

47. **【答案】**D

【解析】喷射剩余率是指额定充装状态下的灭火器，在喷射到内部压力与外部环境压力相等时，内部剩余灭火剂量相对于额定充装量的百分比。一般要求是在(20±5)℃时不大于 10％，在灭火器的使用温度范围内不大于 15％。

48. **【答案】**C

【解析】防火门按耐火极限不同，分为甲级防火门、乙级防火门和丙级防火门三类，耐火极限分别不低于 1.5h、1.0h 和 0.5h。

49. **【答案】**B

【解析】防火阀由阀体、叶片、执行机构和温感器等部件组成，安装在通风、空气调节系统的送、回风管道上，平时呈开启状态，火灾时当管道内烟气温度达到 70℃时关闭。

50. 【答案】C

【解析】公共建筑内厨房的排油烟管道宜按防火分区设置，且在与竖向排风管连接的支管处应设置公称动作温度为 150℃的防火阀。

51. 【答案】D

【解析】排烟防火阀由阀体、叶片、执行机构和温感器等部件组成，安装在机械排烟系统的管道上，平时呈开启状态，火灾时当排烟管道内烟气温度达到 280℃时关闭。

52. 【答案】C

【解析】国家标准《建筑设计防火规范》规定，建筑高度大于 33m 的住宅建筑，一类高层公共建筑和建筑高度大于 32m 的二类高层公共建筑，5 层及以上且总建筑面积大于 3000m^2（包括设置在其他建筑内 5 层及以上楼层）的老年人照料设施，设置消防电梯的建筑的地下或半地下室，埋深大于 10m 且总建筑面积大于 3000m^2 的其他地下或半地下建筑应设置消防电梯。

53. 【答案】B

【解析】国家标准《建筑设计防火规范》规定，建筑高度大于 33m 的住宅建筑，一类高层公共建筑和建筑高度大于 32m 的二类高层公共建筑，5 层及以上且总建筑面积大于 3000m^2（包括设置在其他建筑内 5 层及以上楼层）的老年人照料设施，设置消防电梯的建筑的地下或半地下室，埋深大于 10m 且总建筑面积大于 3000m^2 的其他地下或半地下建筑应设置消防电梯。

54. 【答案】B

【解析】国家标准《建筑设计防火规范》规定，建筑高度大于 33m 的住宅建筑，一类高层公共建筑和建筑高度大于 32m 的二类高层公共建筑，5 层及以上且总建筑面积大于 3000m^2（包括设置在其他建筑内 5 层及以上楼层）的老年人照料设施，设置消防电梯的建筑的地下或半地下室，埋深大于 10m 且总建筑面积大于 3000m^2 的其他地下或半地下建筑应设置消防电梯。

55. 【答案】A

【解析】国家标准《建筑设计防火规范》规定，消防电梯应能每层停靠，其载重量不小于 800kg。

56. 【答案】B

【解析】电梯从首层至顶层的运行时间不宜大于 60s。

57. 【答案】A

【解析】应急逃生器的分类见下表。

分类方式	类型	名称
按器材结构分类	绳索类	逃生缓降器、应急逃生器、逃生绳
	滑道类	逃生滑道
	梯类	固定式逃生梯、悬挂式逃生梯
	呼吸器类	过滤式消防自救呼吸器、化学氧消防自救呼吸器
按器材工作方式分类	单人逃生类	逃生缓降器、应急逃生器、逃生绳、悬挂式逃生梯、过滤式消防自救呼吸器、化学氧消防自救呼吸器等
	多人逃生类	逃生滑道、固定式逃生梯等

58. 【答案】A

【解析】逃生滑道、固定式逃生梯应配备在不高于 60m 的楼层内，逃生缓降器应配备在不高于 30m 的楼层内，悬挂式逃生梯、应急逃生器应配备在不高于15m的楼层内，逃生绳应配备在不高于6m的楼层内。

59. **【答案】** B

【解析】 逃生滑道、固定式逃生梯应配备在不高于60m的楼层内，逃生缓降器应配备在不高于30m的楼层内，悬挂式逃生梯、应急逃生器应配备在不高于15m的楼层内，逃生绳应配备在不高于6m的楼层内。

60. **【答案】** C

【解析】 逃生滑道、固定式逃生梯应配备在不高于60m的楼层内，逃生缓降器应配备在不高于30m的楼层内，悬挂式逃生梯、应急逃生器应配备在不高于15m的楼层内，逃生绳应配备在不高于6m的楼层内。

61. **【答案】** D

【解析】 逃生滑道、固定式逃生梯应配备在不高于60m的楼层内，逃生缓降器应配备在不高于30m的楼层内，悬挂式逃生梯、应急逃生器应配备在不高于15m的楼层内，逃生绳应配备在不高于6m的楼层内。

62. **【答案】** C

【解析】 地上建筑可配备过滤式消防自救呼吸器或化学氧消防自救呼吸器，高于30m的楼层内应配备防护时间不少于20min的自救呼吸器。

63. **【答案】** A

【解析】 依据国家标准《建筑火灾逃生避难器材》规定，逃生缓降器、逃生梯、应急逃生器、逃生绳供人员逃生的开口高度应在1.5m以上，宽度应在0.5m以上。

64. **【答案】** C

【解析】 依据国家标准《建筑火灾逃生避难器材》规定，逃生缓降器、逃生梯、应急逃生器、逃生绳供人员逃生的开口高度应在1.5m以上，宽度应在0.5m以上，开口下沿距所在楼层地面高度应在1.0m以上。

65. **【答案】** C

【解析】 图中各数字所代表的含义具体如下：

1—墙面固定栓；2—安全钩；3—绳索卷盘；4—调速器；5—安全带。

66. **【答案】** B

【解析】《建筑火灾逃生避难器材第6部分：逃生绳》要求逃生绳直径不得小于8mm，最小破断强度应不小于10kN。

二、多项选择题

67. **【答案】** ABCE

【解析】 消防水源有市政给水、消防水池、天然水源三类。雨水清水池、中水清水池、水景和游泳池可作为备用消防水源。

68. **【答案】** BCDE

【解析】 消防给水基础设施包括消防水泵、消防水泵接合器、高位水箱、稳压设备等，这些基础设施是消防给水系统灭火的基本保证。

69. **【答案】** BC

【解析】 消防水泵接合器按安装形式可分为地上式、地下式和墙壁式三种；按接合器出口的公称通径，可分为100mm和150mm两种；按接合器公称压力，可分为1.6MPa、2.5MPa和4.0MPa等多种；按接合器连接方式，可分为法兰式和螺纹式。

70. **【答案】** ABC

【解析】 规范要求，建筑的下列场所或部位应设置防烟设施：①防烟楼梯间及其前室。②消防电梯间前室或合用前室。③避难走道的前室、避难层（间）。

71. **【答案】** DE

【解析】 当火灾发生时，起火部位所在防火分区内的两只独立火灾探测器的报警信号或一只火灾探测器与一只手动火灾报警按钮的报警信号被发送至火灾报警控制器，火灾报警控制器对这两个信号进行识别并确认火灾，再以这两个信号的“与”逻辑作为开启送风口和启动加压送风机的联动触发信号。

72.【答案】ABC

【解析】规范要求，消防联动控制器在接收到满足逻辑关系的联动触发信号后，联动开启该防火分区内着火层及相邻上下两层前室及合用前室的常闭送风口，同时开启该防火分区楼梯间的全部加压送风机。

73.【答案】AB

【解析】火灾种类与灭火器类型对应关系见下表。

火灾种类	灭火器类型
A类火灾	水基型（水雾、泡沫）灭火器、ABC干粉灭火器
B类火灾	水基型（水雾、泡沫）灭火器、ABC干粉灭火器、BC干粉灭火器、洁净气体灭火器
C类火灾	水基型（水雾、泡沫）灭火器、ABC干粉灭火器、BC干粉灭火器、洁净气体灭火器、二氧化碳灭火器
E类火灾	ABC干粉灭火器、BC干粉灭火器、洁净气体灭火器、二氧化碳灭火器
F类火灾	水基型（水雾、泡沫）灭火器、BC干粉灭火器

74.【答案】BCDE

【解析】火灾种类与灭火器类型对应关系见下表。

火灾种类	灭火器类型
A类火灾	水基型（水雾、泡沫）灭火器、ABC干粉灭火器
B类火灾	水基型（水雾、泡沫）灭火器、ABC干粉灭火器、BC干粉灭火器、洁净气体灭火器
C类火灾	水基型（水雾、泡沫）灭火器、ABC干粉灭火器、BC干粉灭火器、洁净气体灭火器、二氧化碳灭火器
E类火灾	ABC干粉灭火器、BC干粉灭火器、洁净气体灭火器、二氧化碳灭火器
F类火灾	水基型（水雾、泡沫）灭火器、BC干粉灭火器

75.【答案】ABCD

【解析】在选择灭火器时应考虑灭火器的火灾适应类型、灭火器配置场所的火灾种类、灭火器配置场所的最低基准、灭火器配置的最大保护半径、灭火器的灭火效能和通用性、灭火剂对保护物品的污损程度、灭火器设置点的环境温度、灭火剂的相容性以及使用灭火器人员的体能等因素，综合考虑配置适合该场所的灭火器具。

76.【答案】ABDE

【解析】喷射性能是指对灭火器喷射灭火剂的技术要求，包括有效喷射时间、喷射滞后时间、有效喷射距离和喷射剩余率。

77.【答案】ABE

【解析】钢制防火卷帘和无机纤维复合防火卷帘只需满足耐火完整性要求，而特级防火卷帘应满足耐火完整性、隔热性和防烟性能的要求。

三、判断题

78.【答案】错误

【解析】当生产、生活用水量达到最大时，市政给水管网或入户引入管不能满足室内、室外消防给水设计流量应设置消防水池，消防水池与消防水箱作用不同。

79.【答案】正确

80.【答案】错误

【解析】供水消防泵、稳压消防泵、供泡沫液消防泵属于按用途分类。

81.【答案】错误

【解析】消防泵并联的目的主要在于增加流量，消防泵的串联在流量不变时可增加扬程。

82.【答案】错误

【解析】消防泵并联的目的主要在于增加流量，在流量叠加时，系统的总流量会有所下降，并非单纯地几台消防泵流量的叠加。

83.【答案】错误

【解析】高层民用建筑、总建筑面积大于 $10000m^2$ 且层数超过 2 层的公共建筑和其他重要建筑，必须设置高位消防水箱。

84.【答案】正确

85.【答案】错误

【解析】不同压力的室外消火栓其作用各不相同。低压室外消火栓的作用是为消防车等消防设备提供消防用水，或通过消防车和水泵接合器为室内灭火设施提供消防用水；高压室外消火栓经常保持足够的压力和消防用水量，火灾发生时，现场的火灾扑救人员可直接连接水带与水枪出水灭火。

86.【答案】错误

【解析】消火栓泵一旦启动后不得自动停泵，其停泵只能由现场手动控制。

87.【答案】正确

88.【答案】错误

【解析】防烟系统是指通过采用自然通风方式，防止火灾烟气在楼梯间、前室、避难层（间）等空间内积聚，或通过采用机械加压送风方式阻止火灾烟气侵入楼梯间、前室、避难层（间）等空间的系统。

89.【答案】正确

90.【答案】错误

【解析】只有建筑高度小于 27m 的住宅可以不设置疏散照明。民用建筑、厂房和丙类仓库的下列部位应设置疏散照明：①封闭楼梯间、防烟楼梯间及其前室、消防电梯间的前室或合用前室、避难走道、避难层（间）；②观众厅、展览厅、多功能厅和建筑面积大于 $200m^2$ 的营业厅、餐厅、演播室等人员密集的场所；③建筑面积大于 $100m^2$ 的地下或半地下公共活动场所；④公共建筑内的疏散走道；⑤人员密集的厂房内的生产场所及疏散走道。

91.【答案】正确

92.【答案】错误

【解析】在选择灭火器时，应考虑灭火器的火灾适应类型、灭火器配置场所的火灾种类、灭火器配置场所的最低基准、灭火器配置的最大保护半径、灭火器的灭火效能和通用性、灭火剂对保护物品的污损程度、灭火器设置点的环境温度、灭火剂的相容性以及使用灭火器人员的体能等因素，综合考虑配置适合该场所的灭火器具。

93.【答案】错误

【解析】磷酸铵盐灭火剂和碳酸氢钠灭火剂属于不相容灭火剂，灭火剂之间会相互作用，降低灭火效力，不可以同时使用。

94.【答案】正确

95.【答案】错误

【解析】地下建筑应配备化学氧消防自救呼吸器。

96.【答案】错误

【解析】防火分隔设施可分为固定式和可开启关闭式两种。固定式防火分隔设施包括普通砖墙、楼板、防火墙等，可开启关闭式防火分隔设施包括防火门、防火卷帘、防火窗、防火阀、排烟防火阀、排烟阀等。

培训模块七　初期火灾处置基本知识

扫码听备考指导

重点提示

通过本模块的学习，要了解《消防法》对公民报告火警的义务及其基本要求，以及遇到火灾后疏散逃生的基本原则和扑灭初起火灾的基本程序和方法，以及发生火灾后对火灾现场保护的目的和范围。掌握灭火剂类型的划分及适用范围、疏散逃生的组织与实施和微型消防站器材配置及其值守联动要求，及对火灾现场保护的基本要求和注意事项。重点掌握灭火剂的灭火原理和灭火器的操作使用方法和对不同保护对象初起火灾的扑救方法及注意事项，以及发生火灾后报告火警时拨打“119”电话需要讲述的主要内容和消防控制室值班接到火灾警报的应急程序、火灾现场保护的方法等，同时要熟练掌握平时对灭火和应急疏散预案制定的内容与演练频次要求。

培训项目 1　常用灭火剂与灭火器使用方法

一、单项选择题

1. 水系灭火剂的灭火原理不包括（　　）。

A. 冷却　B. 窒息　C. 稀释　D. 化学抑制

2. 水系灭火剂按性能可分为非抗醇性水系灭火剂（S）和抗醇性水系灭火剂（S/AR）两类，关于其适用扑灭火灾种类，说法错误的是（　　）。

A. 非抗醇性水系灭火剂适用于扑灭 A 类火灾

B. 非抗醇性水系灭火剂适用于扑灭 B 类火灾（水溶性和非水溶性液体燃料）

C. 抗醇性水系灭火剂适用于扑灭 A 类火灾

D. 抗醇性水系灭火剂适用于扑灭 B 类火灾（水溶性和非水溶性液体燃料）

3. 关于水系灭火剂的适用火灾范围，说法错误的是（　　）。

A. 凡遇水能发生燃烧和爆炸的物质，均可以用水进行扑救

B. 用直流水或开花水可扑救一般固体物质的表面火灾及闪点在 120℃以上的重油火灾

C. 用雾状水可扑救阴燃物质火灾、可燃粉尘火灾、电气设备火灾

D. 用水蒸气可以扑救封闭空间内（如船舱）的火灾

4. 泡沫灭火剂的灭火原理不包括（　　）。

A. 冷却　B. 窒息

C. 化学抑制　D. 淹没

5. 下列泡沫灭火剂中，不属于按泡沫灭火剂构成成分不同进行分类的是（　　）。

A. 高倍泡沫灭火剂　B. 蛋白泡沫灭火剂

C. 水成膜泡沫灭火剂　D. 抗溶性泡沫灭火剂

6. 关于泡沫灭火剂的适用范围及其特点，下列说法错误的是（　　）。

A. 低倍数泡沫灭火剂主要用于石油化工企业、飞机库、炼油厂等场所

B. 高倍数泡沫灭火剂一般用于控制或扑灭易燃、可燃液体，固体表面火灾及固体深位阴燃火灾

C. 中倍数泡沫灭火剂稳定性较低倍数泡沫灭火剂差，在一定程度上会受风的影响，抗复燃能力较低，因此使用时需要增加供给的强度

D. 高倍数泡沫液以合成表面活性剂为基料，通过高倍数泡沫产生器可产生气泡直径在10mm以上的泡沫

7. 关于泡沫灭火剂的特点，下列说法错误的是（　　）。

A. 蛋白泡沫灭火剂的流动性能较好、疏油性强，可以用于液下喷射灭火

B. 水成膜泡沫灭火剂靠泡沫和水膜的双重作用灭火，灭火速度最快

C. 成膜氟蛋白泡沫灭火剂可在某些烃类表面形成一层水膜的氟蛋白泡沫，主要用于扑救油类火灾和极性溶剂火灾

D. 抗溶性泡沫灭火剂是指所产生的泡沫施放到醇类或其他极性溶剂表面时，可抵抗其对泡沫破坏性的泡沫灭火剂，又称为抗醇泡沫灭火剂

8. 下列泡沫灭火剂中，不能与干粉灭火剂进行联用的是（　　）。

A. 蛋白泡沫灭火剂　　B. 氟蛋白泡沫灭火剂

C. 水成膜泡沫灭火剂　　D. 成膜氟蛋白泡沫灭火剂

9. 下列泡沫灭火剂的组成成分中，未加入氟碳表面活性剂或碳氢表面活性剂的是（　　）。

A. 蛋白泡沫灭火剂　　B. 氟蛋白泡沫灭火剂

C. 水成膜泡沫灭火剂　　D. 成膜氟蛋白泡沫灭火剂

10. 二氧化碳气体灭火剂适用范围不包括（　　）。

A. 灭火前可切断气源的气体火灾

B. 可燃液体火灾及可熔化的固体火灾

C. 固体表面火灾

D. 金属氢化物火灾

11. 热气溶胶灭火剂主要灭火机理不包括（　　）。

A. 吸热冷却　　B. 化学抑制

C. 隔离乳化　　D. 隔氧窒息

12. 干粉灭火剂主要灭火机理不具有（　　）。

A. 化学抑制作用　　B. 稀释作用

C. 冷却与窒息作用　　D. 隔离作用

13. 磷酸铵盐干粉灭火剂不适用于扑灭（　　）。

A. A类火灾　　B. B类火灾

C. C类火灾　　D. D类火灾

14. 碳酸氢钠干粉灭火剂不适用于扑灭（　　）。

A. A类火灾　　B. B类火灾

C. C类火灾　　D. E类火灾

15. 关于干粉灭火剂适用范围及注意事项中，说法错误的是（　　）。

A. D类干粉灭火剂适用于扑灭D类火灾

B. BC类干粉灭火剂与ABC类干粉灭火剂不兼容

C. ABC类干粉灭火剂与氟蛋白泡沫灭火剂不兼容

D. BC 类干粉灭火剂与蛋白泡沫灭火剂不兼容

16. 下列关于手提式灭火器使用事项中，说法错误的是（　　）。

A. 有喷射软管的灭火器或储压式灭火器在使用时，一手应始终压下压把，不能放开

B. 使用二氧化碳灭火器灭火时，手一定要握在喷筒木柄处，接触喷筒或金属管要戴防护手套

C. 扑救火灾时，应由远及近喷射灭火剂，直至灭火

D. 扑救电气火灾时，应先断电后灭火

二、多项选择题

17. 水系灭火剂的灭火原理包括（　　）。

A. 冷却　　B. 窒息

C. 稀释　　D. 化学抑制

E. 对非水溶性可燃液体的乳化

18. 下列泡沫灭火剂中，可以与干粉灭火剂进行联用的有（　　）。

A. 蛋白泡沫灭火剂　　B. 氟蛋白泡沫灭火剂

C. 水成膜泡沫灭火剂　　D. 成膜氟蛋白泡沫灭火剂

E. 抗溶水成膜泡沫灭火剂

19. 下列泡沫灭火剂的组成成分中，加入氟碳表面活性剂或碳氢表面活性剂的有（　　）。

A. 蛋白泡沫灭火剂　　B. 氟蛋白泡沫灭火剂

C. 水成膜泡沫灭火剂　　D. 成膜氟蛋白泡沫灭火剂

E. 抗溶水成膜泡沫灭火剂

20. 二氧化碳气体灭火剂不得用于扑救（　　）火灾。

A. 石蜡　　B. 沥青

C. 金属钾　　D. 硝化纤维

E. 氢化钠

21. 二氧化碳气体灭火剂适用于扑救（　　）火灾。

A. 柴油　　B. 石蜡

C. 纸张　　D. 金属镁

E. 氢化钾

22. 卤代烷灭火剂适用于扑救（　　）火灾。

A. 甲、乙、丙类液体火灾　　B. 可燃固体深位火灾

C. 电气火灾　　D. 金属火灾

E. 可燃气体火灾

23. 七氟丙烷灭火剂的主要灭火机理为（　　）。

A. 吸热冷却　　B. 化学抑制

C. 隔离　　D. 乳化

E. 稀释

24. 干粉灭火剂按照用途进行分类，可分为（　　）。

A. 普通干粉灭火剂　　B. 多用途干粉灭火剂

C. 超细干粉灭火剂　　D. D 类干粉灭火剂

E. 超粗干粉灭火剂

25. 普通干粉灭火剂又称为 BC 干粉灭火剂，其可扑救（　　）。

A. A 类火灾　　B. B 类火灾

C. C 类火灾　　D. D 类火灾

E. E 类火灾

26. 多用途干粉灭火剂又称为 ABC 干粉灭火剂，其可扑救（　　）。

A. A 类火灾　　B. B 类火灾

C. C 类火灾　　D. D 类火灾

E. E 类火灾

三、判断题

27. 水系灭火剂是指由水、渗透剂、阻燃剂以及其他添加剂组成，一般以液滴或以液滴和泡沫混合的形式灭火的液体灭火剂。（　　）

28. 水系灭火剂的灭火机理之一是对水溶性可燃液体的乳化。（　　）

29. 用水系灭火剂灭火时往往是冷却、窒息、稀释等作用的共同结果，但窒息机理发挥着主要作用。（　　）

30. 水系灭火剂按性能可分为非抗醇性水系灭火剂（S）和抗醇性水系灭火剂（S/AR）。（　　）

31. 泡沫灭火剂是指泡沫液与水混溶，并通过机械方法或化学反应产生的灭火泡沫。（　　）

32. 泡沫灭火剂按发泡倍数不同，分为低倍数泡沫灭火剂、中倍数泡沫灭火剂和高倍数泡沫灭火剂。（　　）

33. 泡沫灭火剂按构成成分不同，分为蛋白泡沫灭火剂、氟蛋白泡沫灭火剂、水成膜泡沫灭火剂、成膜氟蛋白泡沫灭火剂、合成泡沫灭火剂、抗溶性泡沫灭火剂和 A 类泡沫灭火剂等类型。（　　）

34. 低倍数泡沫灭火剂是指发泡倍数为 1～20 的泡沫灭火剂。（　　）

35. 中倍数泡沫灭火剂是指发泡倍数为 21～200 的泡沫灭火剂。（　　）

36. 高倍数泡沫灭火剂是指发泡倍数为 201 以上的泡沫灭火剂。（　　）

37. 低倍数泡沫灭火剂主要用于甲、乙、丙类液体的生产、储存、运输和使用场所。（　　）

38. 中倍数泡沫剂稳定性较低倍数泡沫灭火剂差，在一定程度上会受风的影响，抗复燃能力较低，因此使用时需要减少泡沫液供给的强度。（　　）

39. 氟蛋白泡沫灭火剂是在蛋白泡沫液中加入氟碳表面活性剂、碳氢表面活性剂等制成。（　　）

40. 蛋白泡沫灭火剂由含蛋白的原料经部分水解制成，具有原料易得、生产工艺简单、成本低、泡沫稳定性好、对水质要求不高、储存性能较好等优点，主要用于扑救油类液体火灾。（　　）

41. 氟蛋白泡沫灭火剂是指可在某些烃类表面上形成一层水膜的泡沫灭火剂。其特点是可在某些烃类表面形成一层能够抑制油品蒸发的水膜，靠泡沫和水膜的双重作用灭火，灭火速度最快，具有流动性好、可液下喷射、可与干粉联用、可预混等特点。（　　）

42. 水成膜泡沫灭火剂（英文简称 FFFP）是由碳氢表面活性剂、氟碳表面活性剂、抗燥剂、助剂、极性成膜剂、稳定剂、抗冻剂、防腐剂等配制而成。（　　）

43. 抗溶性泡沫灭火剂是指所产生的泡沫施放到醇类或其他极性溶剂表面时，可抵抗其对泡沫破坏性的泡沫灭火剂，又称为抗醇泡沫灭火剂。（　　）

44. 抗溶性泡沫灭火剂有金属皂型、凝胶型、氟蛋白型、硅酮表面活性剂型等多种类型，用于扑救水溶性甲、乙、丙类液体火灾。（　　）
45. A 类泡沫灭火剂按产品性能分为适用于扑救 A 类火灾及隔热防护的 A 类泡沫灭火剂，代号为 MJABP 和适用于扑救 A 类火灾、非水溶性液体燃料火灾及隔热防护的 A 类泡沫灭火剂，代号为 MJAP。（　　）
46. 卤化烷灭火剂主要通过抑制燃烧的化学反应过程，使燃烧的链式反应中断，达到灭火的目的。（　　）
47. 卤化烷灭火剂适用于扑救可燃气体火灾，甲、乙、丙类液体火灾，可燃固体的表面火灾和电气火灾。（　　）
48. 七氟丙烷灭火剂是一种无色无味、可导电的洁净气体灭火剂，其密度大约是空气密度的 2 倍，可在一定压力下呈液态储存。（　　）
49. 七氟丙烷灭火剂适用于扑救甲、乙、丙类液体火灾，可燃气体火灾，电气设备火灾，可燃固体物质的深位火灾。（　　）
50. 惰性气体灭火剂指由氮气、氩气和一氧化碳按一定质量比混合而成的灭火剂。（　　）
51. 热气溶胶灭火剂是一种特别研制加工的超细磷铵干粉，其粒径须在 10μm 以下，用惰性气体使其从容器中喷射出来后在空气中形成气溶胶形态。（　　）
52. 热气溶胶灭火剂是指由液体化学混合物经化学反应生成的具有灭火性质的气溶胶。（　　）
53. 气溶胶灭火剂适用于扑救固体表面火灾，以及通信机房、电子计算机房、电缆隧道（夹层、井）及自备发电机房等防护区火灾。（　　）
54. 普通干粉灭火剂又称为 ABC 干粉灭火剂，这类灭火剂可扑救 A 类、B 类、C 类、E 类火灾。（　　）
55. 多用途干粉灭火剂又称为 BC 干粉灭火剂，这类灭火剂可扑救 B 类、C 类、E 类火灾。（　　）
56. 超细干粉灭火剂是指 90%粒径小于或等于 20μm 的固体粉末灭火剂。该类灭火剂按其灭火性能分为 BC 超细干粉灭火剂和 ABC 超细干粉灭火剂两类。（　　）
57. 氢气、乙炔等气体发生火灾后适宜使用干粉灭火剂进行扑灭。（　　）
58. 7150 灭火剂适用于扑救 D 类火灾。（　　）
59. 手提式灭火器的操作要领归纳为“一提，二拔，三展，四压，五瞄，六射”。（　　）
60. 推车式灭火器的操作要领归纳为“一推，二拔，三握，四压，五扣，六射”。（　　）

培训项目 2　火灾报警

一、单项选择题

1. 某自动化程度较高的车间内发生火灾后，下列报警方法中不正确的是（　　）。
   A. 拨打“119”火灾报警电话
   B. 使用报警设施设备如报警按钮报警
   C. 通过应急广播系统发布火警信息和疏散指示
   D. 在厂房内大声呼喊报警

2. 发生火灾后，拨打“119”电话报警时必须讲清的内容不包括（　　）。

A. 说明起火单位和场所的详细地址

B. 说明报警人姓名、单位和身份证号码

C. 说明起火的场所和部位、着火的物质等

D. 说明是否有人员被困、火场有无化学危险源等

3. 关于消防控制室值班人员接到火灾警报时，其应急程序不符合要求的是（　　）。

A. 接到火灾警报后，值班人员应立即以最快方式确认

B. 火灾确认后，值班人员应立即确认火灾报警联动控制开关处于自动状态

C. 值班人员立即报告单位负责人，征得同意后立即拨打火警电话

D. 值班人员应立即启动单位内部应急疏散和灭火预案

二、多项选择题

4. 发生火灾后，拨打“119”电话报警时必须讲清的内容包括（　　）。

A. 说明起火单位和场所的详细地址

B. 说明报警人姓名、单位和及电话号码

C. 说明起火的场所和部位、着火的物质等

D. 说明是否有人员被困、火场有无化学危险源等

E. 说明报警人身份证号码

5. 消防控制室值班人员接到火灾警报的应急程序应符合的要求有（　　）。

A. 接到火灾警报后，值班人员应立即以最快方式确认

B. 火灾确认后，值班人员应立即确认火灾报警联动控制开关处于自动状态

C. 值班人员立即拨打火灾报警电话

D. 值班人员应立即启动单位内部应急疏散和灭火预案

E. 值班人员报告当地政府有关负责人

三、判断题

6.《消防法》规定，任何单位和个人都有维护消防安全、保护消防设施、预防火灾、报告火警的义务。任何人发现火灾都应当立即报警。（　　）

培训项目3　火场应急疏散逃生

一、单项选择题

1. 应急疏散逃生的基本原则不包括（　　）。

A. 统一指挥　　B. 有序组织

C. 灭火优先　　D. 确保安全

2. 关于应急疏散逃生的基本原则中，说法错误的是（　　）。

A. 实施统一指挥应充分利用应急广播系统、扩音器等设施设备，统一发布火警信息

B. 组织疏散逃生应明确优先顺序，优先安排受火势威胁最轻或最安全区域内的人员疏散

C. 组织疏散逃生通常按照先着火层，再着火层上层，最后着火层下层的顺序进行

D. 疏散逃生过程中应利用安全疏散设施或开启紧急电梯抢救被困人员

3. 消防安全重点单位制定的灭火和应急疏散预案内容不包括（　　）。

A. 组织机构　　B. 接警和报警处置程序

C. 应急疏散的组织程序　　D. 火灾损失赔偿方案

4. 消防安全重点单位应当按照灭火和应急疏散预案，至少（　　）进行一次演练，并结合实际不断完善预案。

A. 每个月　　B. 每季度

C. 每半年　　D. 每年

5. 除消防重点单位外，其他单位应当结合本单位实际，参照制定相应的应急方案，至少（　　）组织一次演练。

A. 每月　　B. 每季度

C. 每半年　　D. 每年

二、多项选择题

6. 关于应急疏散逃生的基本原则中，说法错误的有（　　）。

A. 实施统一指挥应充分利用应急广播系统、扩音器等设施设备，统一发布火警信息

B. 组织疏散逃生应明确优先顺序，优先安排受火势威胁最严重或最危险区域内的人员疏散

C. 组织疏散逃生通常按照先着火下层，再着火层，最后着火层上层的顺序进行

D. 疏散逃生过程中可以使用普通电梯进行疏散

E. 疏散逃生过程中应同时组织力量利用室内消火栓、防火门、防火卷帘等设施控制初起火势

7. 消防安全重点单位制定的灭火和应急疏散预案内容应当包括（　　）。

A. 组织机构　　B. 接警和报警处置程序

C. 应急疏散的组织程序　　D. 扑救初起火灾的程序和措施

E. 火灾现场保护措施

三、判断题

8. 消防安全重点单位应当按照灭火和应急疏散预案，至少每年进行一次演练，并结合实际不断完善预案。（　　）

9. 除消防重点单位外，其他单位应当结合本单位实际，参照制定相应的应急方案，至少每半年组织一次演练。（　　）

10. 发布火警时应利用应急广播系统、警铃、室内电话等设施设备以及通过喊话等方式发布火警信息。（　　）

培训项目 4　火灾扑救

一、单项选择题

1. 下列有关扑救初起火灾的基本程序和方法中，错误的是（　　）。

A. 发现起火后，应利用就近消火栓、灭火器等设施灭火，启动火灾报警按钮或拨打报警电话，及时通知消防控制室值班人员

B. 火灾确认后，应及时启动灭火和应急疏散预案，迅速开启消防设施，第一时间组织力

量灭火，并向相关人员通报火灾情况

C. 组织引导人员疏散，协助有需要的人员撤离

D. 设立警戒，阻止所有人员进入火场，维护现场秩序

2. 下列有关微型消防站灭火器材的配置，错误的是（ ）。

A. 应设置人员值守，器材存放等用房必须单独设置

B. 应根据扑救初起火灾需要，配备一定数量的灭火器、水枪、水带等灭火器材，配置外线电话、手持对讲机等通信器材

C. 应在建筑物内部和避难层设置消防器材存放点，可根据需要在建筑之间分区域设置消防器材存放点

D. 有条件的微型消防站可根据实际选配消防车辆

3. 常见保护对象发生初起火灾后，下列处置措施中错误的是（ ）。

A. 电气设备发生火灾，千万不要用水或泡沫灭火器扑救，防止发生触电伤亡事故

B. 当发现灶具有轻微的漏气着火现象时，应立即断开气源，并将少量干粉洒向火点灭火

C. 当发现密闭房间的门缝冒烟时，应迅速打开房门进行扑救

D. 非溶性液体着火可使用普通泡沫、干粉、开花或雾状水来进行火灾的扑救

4. 下列有关火灾扑救时的注意事项中，不正确的是（ ）。

A. 采用冷却灭火法时，宜用水、二氧化碳等扑救活泼金属火灾和遇水分解物质火灾

B. 采用窒息灭火法时，应预先确定着火物性质

C. 易燃液体储罐火灾扑灭后，要持续冷却和用泡沫覆盖液面，同时还要防止液体蒸汽挥发积聚

D. 搬运或疏散小包装易燃液体时，严禁滚动、摩擦、拖拉、碰撞等不安全行为

二、多项选择题

5. 常见保护对象发生初起火灾后，下列处置措施中正确的是（ ）。

A. 电气设备发生火灾，可用灭火毯将着火电器包裹，让火自行熄灭

B. 当遇有可燃气体从灶具或管道、设备泄漏时，应立即关闭气源，熄灭所有火源，同时打开门窗通风

C. 易燃液体发生泄漏流淌时，应及时关闭下游物料管道阀门

D. 可溶性液体着火应选用抗溶性泡沫、干粉、卤代烷等灭火剂来进行火灾的扑救

E. 当油锅因温度过高发生自燃起火时，可用水流冲击灭火

6. 下列火灾扑救时的注意事项中，正确的是（ ）。

A. 采用冷却灭火法时，宜用水、二氧化碳等扑救活泼金属火灾和遇水分解物质火灾

B. 芳香族化合物、亚硝基类化合物和重氮盐类化合物等自反应物质着火时，宜采用窒息灭火法扑救

C. 易燃液体储罐火灾扑灭后要持续冷却和用泡沫覆盖液面，还要防止液体蒸汽挥发积聚

D. 搬运或疏散小包装易燃液体时，禁止背负、肩扛，禁止使用易产生火花的铁制工具

E. 可燃气体发生泄漏时，应及时查找泄漏源，杜绝一切火源

三、判断题

7. 微型消防站应建立值守制度，确保值守人员 24 小时在岗在位，做好应急准备。（ ）

8. 接到火警信息后，控制室值班员应迅速核实火情，启动灭火处置程序。消防员应按照“10 分钟到场”要求赶赴现场处置。（ ）

9. 当有限空间发生火灾时，可采取凿开封堵、打开门窗等方法，让空气进入燃烧区域，以达到窒息灭火的效果。（　）
10. 电气设备发生火灾，在扑救时应遵守“先断电，后灭火”的原则。带电灭火时可用干粉灭火器、二氧化碳灭火器进行灭火。（　）
11. 当遇有可燃气体从灶具或管道、设备泄漏时，不能关闭气源，应先关闭门窗通风，再熄灭所有火源。（　）
12. 当油锅因温度过高发生自燃起火时，可用灭火毯覆盖或将锅盖盖上，使着火烹饪物降温、窒息灭火，也可以使用水流冲击灭火。（　）
13. 易燃液体发生泄漏流淌时，应及时关闭下游物料管道阀门，采取必要措施减缓或制止泄漏。（　）
14. 可溶性液体着火应选用非抗溶性泡沫、干粉等灭火剂来进行火灾的扑救。（　）
15. 镁粉、铝粉、钛粉及锆粉等金属元素的粉末着火时，不宜用水、二氧化碳等扑救，可采用沙土覆盖等方法灭火。（　）
16. 芳香族化合物、亚硝基类化合物和重氮盐类化合物等自反应物质着火时，宜采用窒息灭火法扑救，也可采用喷射大量的水冷却灭火。（　）
17. 易燃液体火灾扑灭后，由于罐体温度、液体温度或其他原因极易出现复燃，使液体再次燃烧，因此灭火后要持续冷却和用泡沫覆盖液面。（　）
18. 被疏散的易燃液体应与氧化剂或酸类物质等危险品混放在一起。（　）
19. 可燃气体发生泄漏时，可利用隔离灭火法稀释、驱散泄漏气体，泄漏气体着火时，切忌盲目灭火，防止灾情扩大。（　）

培训项目5　火灾保护现场

一、单项选择题

1. 火灾现场保护范围应当根据现场勘验的实际情况和进展进行调整，遇有（　）情况时，无须扩大现场保护区。

A. 可燃液体发生火灾　　B. 起火点位置未确定

C. 电气故障引起的火灾　　D. 爆炸现场

2. 火灾现场保护的方法不包括（　）。

A. 灭火中的现场保护　　B. 勘查的现场保护

C. 灭火方式的保护　　D. 痕迹与物证的现场保护

3. 火灾发生后勘查的现场保护不包括（　）。

A. 露天保护　　B. 地下保护

C. 室内保护　　D. 大型火灾现场保护

4. 火灾发生后对露天勘查现场进行保护时，下列说法错误的是（　）。

A. 首先在发生火灾的地点和留有火灾痕迹、物证的一切场所的周围划定保护范围

B. 在火灾情况尚不清楚时，可以将保护范围适当扩大一些

C. 待勘查工作就绪后，仍不得缩小保护区，且必须同时布置警戒

D. 对重要部位可绕红白相间的绳旗划警戒圈或设置屏障遮挡

5. 火灾发生后对室内勘查现场进行保护时，下列说法错误的是（　　）。

A. 主要是在室外门窗下布置专人看守

B. 对重点部位予以查封

C. 对现场的室外和院落也应划出一定的禁入范围

D. 对于私人房间无须管理

6. 火灾现场保护的注意事项中，下列说法错误的是（　　）。

A. 火灾现场保护人员发现易燃液体或者可燃气体泄漏应关闭阀门

B. 火灾现场保护人员发现有导线落地时应切断电源

C. 火灾现场危险区域实行隔离，进入现场后人要站在下风处，尽量站在低洼处

D. 被烧坏的建筑物若需要移动时，事前应详细记录现场原貌

二、多项选择题

7. 火灾现场保护范围应当根据现场勘验的实际情况和进展进行调整，遇有（　　）情况时，应根据需要适当扩大保护区。

A. 起火点位置已经确定

B. 起火点位置未确定

C. 电气故障引起的火灾

D. 爆炸现场

E. 可燃气体发生火灾

8. 火灾现场保护的注意事项中，下列说法错误的有（　　）。

A. 扑灭后的火场“死灰”复燃，甚至二次成灾时，要迅速有效地实施扑救，酌情及时报警

B. 进入危险物品火灾现场的人员要使用隔绝式呼吸器，穿全身防护衣

C. 现场保护人员如发现易燃液体或者可燃气体泄漏不能擅自处理

D. 被烧坏的建筑物有倒塌危险并危及他人安全时，不能采取任何固定措施

E. 暴露在放射线中的人员及装置要等待放射线主管人员到达，按其指示处理，清扫现场

三、判断题

9. 火灾现场是指发生火灾的地点和留有与火灾原因有关痕迹、物证的场所。（　　）

10. 保护火灾现场的目的是使火灾调查人员发现、提取到客观、真实、有效的火灾痕迹、物证，确保火灾原因认定的准确性。（　　）

11. 当怀疑起火原因为电气设备故障时，只需将火场用电设备安装场所及其设备列入保护范围，其线路及开关、插座等无须列入保护范围。（　　）

12. 建筑物因爆炸倒塌起火的现场，仅需把爆炸破坏或影响的建筑物列入现场保护区。（　　）

13. 保护范围确定后，禁止任何人（包括现场保护人员）进入保护区，更不得擅自移动火场中的任何物品，对火灾痕迹和物证，应采取有效措施，妥善保护。（　　）

14. 对于可能证明火灾蔓延方向和火灾原因的任何痕迹、物证均应严加保护。（　　）

15. 火灾现场保护人员不准随便进入现场，不准触摸现场物品，不准移动、拿用现场物品。（　　）

参考答案及解析

培训项目 1

一、单项选择题

1. 【答案】D

【解析】水系灭火剂的灭火原理主要体现在以下几个方面：一是冷却；二是窒息；三是稀释；四是对非水溶性可燃液体的乳化。水系灭火剂不具有化学抑制的灭火机理。

2. 【答案】B

【解析】水系灭火剂按性能分为以下两类：一是非抗醇性水系灭火剂（S），即适用于扑灭 A 类火灾和 A、B 类火灾（非水溶性液体燃料）的水系灭火剂；二是抗醇性水系灭火剂（S/AR），即适用于扑灭 A 类火灾或 B 类火灾（水溶性和非水溶性液体燃料）的水系灭火剂。

3. 【答案】A

【解析】凡遇水能发生燃烧和爆炸的物质不能用水进行扑救，避免产生燃烧及爆炸危险。

4. 【答案】C

【解析】泡沫灭火剂是通过冷却、窒息、遮断、淹没等综合作用实现灭火的。

5. 【答案】A

【解析】高倍泡沫灭火剂是按泡沫灭火剂发泡倍数不同进行分类的。

6. 【答案】B

【解析】中倍数泡沫灭火剂一般用于控制或扑灭易燃、可燃液体，固体表面火灾及固体深位阴燃火灾。

7. 【答案】A

【解析】蛋白泡沫灭火剂的流动性能较差，抵抗油质污染的能力较弱，不能用于液下喷射灭火。

8. 【答案】A

【解析】蛋白泡沫灭火剂的流动性能较差，抵抗油质污染的能力较弱，不能用于液下喷射灭火，也不能与干粉灭火剂联用。

9. 【答案】A

【解析】蛋白泡沫灭火剂由含蛋白的原料经部分水解制成，是一种黑褐色的黏稠液体，具有天然蛋白质分解后的臭味。由于其未添加氟碳表面活性剂或碳氢表面活性剂，因此其具有流动性能较差、抵抗油质污染的能力较弱等缺点，不能用于液下喷射灭火。

10. 【答案】D

【解析】二氧化碳灭火剂可以扑救灭火前可切断气源的气体火灾，液体火灾或石蜡、沥青等可熔化的固体火灾，固体表面火灾及棉毛、织物、纸张等部分固体深位火灾，电气火灾。

11. 【答案】C

【解析】热气溶胶灭火剂灭火原理如下：①吸热降温灭火。②化学抑制灭火。③降低氧浓度。其不具有隔离乳化的灭火机理。

12. 【答案】B

【解析】干粉灭火剂的主要灭火机理为化学抑制、冷却与窒息及隔离作用，其不具有稀释的灭火机理。

13. 【答案】D

【解析】多用途干粉灭火剂包括磷酸铵盐干粉灭火剂，其适用于扑灭 A 类、B 类、C 类和 E 类火灾。

14. 【答案】A

【解析】普通干粉灭火剂包括碳酸氢钠干粉灭火剂，其适用于扑灭 B 类、C 类和 E 类火灾，不能够扑灭 A 类（固体）火灾。

15. 【答案】C

【解析】D 类干粉灭火剂适用于扑灭 D 类火灾。BC 类干粉灭火剂与 ABC 类干粉灭火剂不兼容，BC 类干粉灭火剂与蛋白泡沫灭火剂不兼容，因为干粉灭火剂中的防潮剂对蛋白泡沫有较大的破坏作用。干粉灭火剂可以与氟蛋白泡沫灭火剂进行联用。

16.【答案】C

【解析】扑救火灾时，应由近及远喷射灭火剂，直至灭火。

二、多项选择题

17.【答案】ABCE

【解析】水系灭火剂的灭火原理主要体现在以下几个方面：一是冷却；二是窒息；三是稀释；四是对非水溶性可燃液体的乳化。水系灭火剂不具有化学抑制的灭火机理。

18.【答案】BCDE

【解析】蛋白泡沫灭火剂的流动性能较差，抵抗油质污染的能力较弱，不能用于液下喷射灭火，也不能与干粉灭火剂联用。

19.【答案】BCDE

【解析】蛋白泡沫灭火剂由含蛋白的原料经部分水解制成，是一种黑褐色的黏稠液体，具有天然蛋白质分解后的臭味。由于其未添加氟碳表面活性剂或碳氢表面活性剂，因此其具有流动性能较差、抵抗油质污染的能力较弱等缺点，不能用于液下喷射灭火。

20.【答案】CDE

【解析】二氧化碳灭火剂不得用于扑救硝化纤维、火药等含氧化剂的化学制品火灾，钾、钠、镁、钛、锆等活泼金属火灾，氢化钾、氢化钠等金属氢化物火灾。

21.【答案】ABC

【解析】二氧化碳灭火剂可以扑救灭火前可切断气源的气体火灾，液体火灾或石蜡、沥青等可熔化的固体火灾，固体表面火灾及棉毛、织物、纸张等部分固体深位火灾，电气火灾，不得用于扑救硝化纤维、火药等含氧化剂的化学制品火灾，钾、钠、镁、钛、锆等活泼金属火灾，氢化钾、氢化钠等金属氢化物火灾。

22.【答案】ACE

【解析】卤代烷灭火剂适用于扑救可燃气体火灾，甲、乙、丙类液体火灾，可燃固体的表面火灾和电气火灾。

23.【答案】AB

【解析】七氟丙烷灭火剂喷射到保护区或对象后，液态灭火剂迅速转变成气态，吸收大量热量，使保护区和火焰周围的温度显著降低；另外，七氟丙烷灭火剂在化学反应过程中释放游离基，能最终阻止燃烧的链式反应，从而使火灾扑灭。

24.【答案】ABCD

【解析】干粉灭火剂按照用途进行分类，可分为普通干粉灭火剂、多用途干粉灭火剂、超细干粉灭火剂和D类干粉灭火剂四类。

25.【答案】BCE

【解析】普通干粉灭火剂又称为BC干粉灭火剂，这类灭火剂可扑救B类、C类、E类火灾。

26.【答案】ABCE

【解析】多用途干粉灭火剂又称为ABC干粉灭火剂。这类灭火剂可扑救A类、B类、C类、E类火灾。

三、判断题

27.【答案】正确

28.【答案】错误

【解析】水系灭火剂的灭火机理之一是对非水溶性可燃液体的乳化。

29.【答案】错误

【解析】用水系灭火剂灭火时往往是冷却、窒息、稀释等作用的共同结果，但冷却机理发挥着主要作用。

30.【答案】正确

31.【答案】正确

32.【答案】正确

33.【答案】正确

34.【答案】正确

35.【答案】正确

36.【答案】正确

37.【答案】正确

38.【答案】错误

【解析】中倍数泡沫剂稳定性较低倍数泡沫灭火剂差，在一定程度上会受风的影响，抗复燃能力较低，因此使用时需要增加泡沫液供给的强度。

39. 【答案】正确

40. 【答案】正确

41. 【答案】错误

【解析】水成膜泡沫灭火剂是指以碳氢表面活性剂和氟碳表面活性剂为基料，可在某些烃类表面上形成一层水膜的泡沫灭火剂。其特点是可在某些烃类表面形成一层能够抑制油品蒸发的水膜，靠泡沫和水膜的双重作用灭火，灭火速度最快，具有流动性好、可液下喷射、可与干粉联用、可预混等特点。

42. 【答案】错误

【解析】成膜氟蛋白泡沫灭火剂（英文简称 FFFP）是由碳氢表面活性剂、氟碳表面活性剂、抗燥剂、助剂、极性成膜剂、稳定剂、抗冻剂、防腐剂等配制而成。

43. 【答案】正确

44. 【答案】正确

45. 【答案】错误

【解析】A 类泡沫灭火剂按产品性能分为适用于扑救 A 类火灾及隔热防护的 A 类泡沫灭火剂，代号为 MJAP；适用于扑救 A 类火灾、非水溶性液体燃料火灾及隔热防护的 A 类泡沫灭火剂，代号为 MJABP。

46. 【答案】正确

47. 【答案】正确

48. 【答案】错误

【解析】七氟丙烷灭火剂是一种无色无味、低毒性、不导电的洁净气体灭火剂，其密度大约是空气密度的 6 倍，可在一定压力下呈液态储存。

49. 【答案】错误

【解析】七氟丙烷灭火剂适用于扑救甲、乙、丙类液体火灾，可燃气体火灾，电气设备火灾，可燃固体物质的表面火灾。

50. 【答案】错误

【解析】惰性气体灭火剂指由氮气、氩气和二氧化碳按一定质量比混合而成的灭火剂。一氧化碳属于易燃气体，其不能作为灭火剂使用。

51. 【答案】错误

【解析】冷气溶胶灭火剂是一种特别研制加工的超细磷铵干粉，其粒径须在 10μm 以下，用惰性气体使其从容器中喷射出来后在空气中形成气溶胶形态。

52. 【答案】错误

【解析】热气溶胶灭火剂是指由固体化学混合物（热气溶胶发生剂）经化学反应生成的具有灭火性质的气溶胶，包括 S 型热气溶胶、K 型热气溶胶和其他类型热气溶胶。

53. 【答案】正确

54. 【答案】错误

【解析】普通干粉灭火剂又称为 BC 干粉灭火剂，这类灭火剂可扑救 B 类、C 类、E 类火灾。

55. 【答案】错误

【解析】多用途干粉灭火剂又称为 ABC 干粉灭火剂，这类灭火剂可扑救 A 类、B 类、C 类、E 类火灾。

56. 【答案】正确

57. 【答案】错误

【解析】对于一些扩散性很强的气体，如氢气、乙炔气体，干粉喷射后难以稀释整个空间的气体，在精密仪器、仪表上会留下残渣，所以不适宜用干粉灭火剂灭火。

58. 【答案】正确

59. 【答案】错误

【解析】手提式灭火器的操作要领归纳为“一提，二拔，三握，四压，五瞄，六射”。

60. 【答案】错误

【解析】推车式灭火器的操作要领归纳为“一推，二拔，三展，四开，五扣，六射”。

培训项目 2

一、单项选择题

1. 【答案】D

【解析】发生火灾后，报警方法如下：

(1) 拨打“119”火灾报警电话。
(2) 使用报警设施设备如报警按钮报警。
(3) 通过应急广播系统发布火警信息和疏散指示。
(4) 条件允许时，可派人至就近消防站报警。
(5) 使用预先约定的信号或方法报警。

2.【答案】B
【解析】报火警时，必须讲清以下内容：
(1) 起火单位和场所的详细地址。包括单位、场所及建筑物和街道名称，门牌号码，靠近何处，并说明起火部位及附近的明显标志等。
(2) 火灾基本情况。包括起火的场所和部位，着火的物质，火势的大小，是否有人员被困，火场有无化学危险源等，以便消防救援部门根据情况派出相应的灭火车辆。
(3) 报警人姓名、单位及电话号码等相关信息。

3.【答案】C
【解析】消防控制室值班人员接到火灾警报的应急程序应符合下列要求：
(1) 接到火灾警报后，值班人员应立即以最快方式确认。
(2) 火灾确认后，值班人员应立即确认火灾报警联动控制开关处于自动状态，同时拨打“119”火灾报警电话，报警时应说明着火单位地点、起火部位、着火物种类、火势大小、报警人姓名和联系电话等。
(3) 值班人员应立即启动单位内部应急疏散和灭火预案，并报告单位负责人。

二、多项选择题

4.【答案】ABCD
【解析】报火警时，必须讲清以下内容：
(1) 起火单位和场所的详细地址。包括单位、场所及建筑物和街道名称，门牌号码，靠近何处，并说明起火部位及附近的明显标志等。
(2) 火灾基本情况。包括起火的场所和部位，着火的物质，火势的大小，是否有人员被困，火场有无化学危险源等，以便消防救援部门根据情况派出相应的灭火车辆。
(3) 报警人姓名、单位及电话号码等相关信息。

5.【答案】ABCD
【解析】消防控制室值班人员接到火灾警报的应急程序应符合下列要求：
(1) 接到火灾警报后，值班人员应立即以最快方式确认。
(2) 火灾确认后，值班人员应立即确认火灾报警联动控制开关处于自动状态，同时拨打“119”火灾报警电话，报警时应说明着火单位地点、起火部位、着火物种类、火势大小、报警人姓名和联系电话等。
(3) 值班人员应立即启动单位内部应急疏散和灭火预案，并报告单位负责人。

三、判断题

6.【答案】正确

培训项目 3

一、单项选择题

1.【答案】C
【解析】应急疏散逃生的基本原则包括统一指挥、有序组织、确保安全三方面内容。

2.【答案】B
【解析】组织疏散逃生应明确优先顺序，优先安排受火势威胁最严重或最危险区域内的人员疏散。

3.【答案】D
【解析】消防安全重点单位制定的灭火和应急疏散预案应当包括下列内容：
(1) 组织机构。包括灭火行动组、通信联络组、疏散引导组、安全防护救护组等。
(2) 报警和接警处置程序。
(3) 应急疏散的组织程序和措施。
(4) 扑救初起火灾的程序和措施。
(5) 通信联络、安全防护救护的程序和措施。

4.【答案】C

【解析】消防安全重点单位应当按照灭火和应急疏散预案，至少每半年进行一次演练，并结合实际不断完善预案。

5.【答案】D

【解析】除消防重点单位外，其他单位应当结合本单位实际，参照制定相应的应急方案，至少每年组织一次演练。

二、多项选择题

6.【答案】CD

【解析】组织疏散逃生通常按照先着火层，再着火层上层，最后着火层下层的顺序进行，选项C错误。疏散逃生过程中严禁使用普通电梯，防止因烟火蔓延侵入造成人员伤亡，选项D错误。

7.【答案】ABCD

【解析】消防安全重点单位制定的灭火和应急疏散预案应当包括下列内容：

(1) 组织机构。包括灭火行动组、通信联络组、疏散引导组、安全防护救护组等。

(2) 报警和接警处置程序。

(3) 应急疏散的组织程序和措施。

(4) 扑救初起火灾的程序和措施。

(5) 通信联络、安全防护救护的程序和措施。

三、判断题

8.【答案】错误

【解析】消防安全重点单位应当按照灭火和应急疏散预案，至少每半年进行一次演练，并结合实际不断完善预案。

9.【答案】错误

【解析】除消防重点单位外，其他单位应当结合本单位实际，参照制定相应的应急方案，至少每年组织一次演练。

10.【答案】正确

培训项目4

一、单项选择题

1.【答案】D

【解析】扑救初起火灾应设立警戒，阻止无关人员进入火场，维护现场秩序。

2.【答案】A

【解析】微型消防站应设置人员值守，器材存放等用房可与消防控制室合用，有条件的可单独设置。

3.【答案】C

【解析】当发现密闭房间的门缝冒烟时，切不可贸然开门。应通过手摸门把等方式，初步确认内部情况，再决定是否开门。开门时应注意自身安全，切不可直接正对门口，以防止轰燃伤人。

4.【答案】A

【解析】采用冷却灭火法时，不宜用水、二氧化碳等扑救活泼金属火灾和遇水分解物质火灾。镁粉、铝粉、钛粉及锆粉等金属元素的粉末着火时，所产生的高温会使水或二氧化碳分子分解，引起爆炸，加剧燃烧。

二、多项选择题

5.【答案】ABD

【解析】易燃液体发生泄漏流淌时，应及时关闭上游物料管道阀门，采取必要措施减缓或制止泄漏，选项C错误；当油锅因温度过高发生自燃起火时，首先应迅速关闭气源熄灭灶火，然后开启手提式灭火器喷射灭火剂扑救，也可用灭火毯覆盖，或将锅盖盖上，使着火烹饪物降温、窒息灭火。切记不要用水流冲击灭火，选项E错误。

6.【答案】CDE

【解析】镁粉、铝粉、钛粉及锆粉等金属元素的粉末着火时，所产生的高温会使水或二氧化碳分子分解，引起爆炸，加剧燃烧，选项A错误；芳香族化合物、亚硝基类化合物和重氮盐类化合物等自反应物质着火时，不需要外部空气维持燃烧，因此不宜采用窒息灭火法扑救，可采用喷射大量的水冷却灭火，选项B错误。

三、判断题

7.【答案】正确

8.【答案】错误

【解析】接到火警信息后，控制室值班员应迅速核实火情，启动灭火处置程序。消防员应按照“3分钟到场”要求赶赴现场处置。

9. 【答案】错误

【解析】当有限空间发生火灾时，可采取封堵孔洞、门窗等方法，阻止空气进入燃烧区域，或向封闭空间内注入惰性气体降低氧含量，以达到窒息灭火的效果。

10. 【答案】正确

11. 【答案】错误

【解析】当遇有可燃气体从灶具或管道、设备泄漏时，应立即关闭气源，熄灭所有火源，同时打开门窗通风。

12. 【答案】错误

【解析】当油锅因温度过高发生自燃起火时，首先应迅速关闭气源熄灭灶火，然后开启手提式灭火器喷射灭火剂扑救，也可用灭火毯覆盖，或将锅盖盖上，使着火烹饪物降温、窒息灭火。切记不要用水流冲击灭火。

13. 【答案】错误

【解析】易燃液体发生泄漏流淌时，应及时关闭上游物料管道阀门，采取必要措施减缓或制止泄漏。

14. 【答案】错误

【解析】可溶性液体着火应选用抗溶性泡沫、干粉、卤代烷等灭火剂来进行火灾的扑救。

15. 【答案】正确

16. 【答案】错误

【解析】芳香族化合物、亚硝基类化合物和重氮盐类化合物等自反应物质着火时，不需要外部空气维持燃烧，因此不宜采用窒息灭火法扑救，可采用喷射大量的水冷却灭火。

17. 【答案】正确

18. 【答案】错误

【解析】被疏散的易燃液体不得与氧化剂或酸类物质等危险品混放在一起，避免发生更大的灾害。

19. 【答案】正确

培训项目5

一、单项选择题

1. 【答案】A

【解析】火灾现场保护范围应当根据现场勘验的实际情况和进展进行调整，遇有下列情况时，根据需要应适当扩大保护区：①起火点位置未确定。②电气故障引起的火灾。③爆炸现场。

2. 【答案】C

【解析】火灾现场保护的方法包括：①灭火中的现场保护。②勘查的现场保护。③痕迹与物证的现场保护。

3. 【答案】B

【解析】火灾勘查的现场保护包括：①露天保护。②室内保护。③大型火灾现场保护。

4. 【答案】C

【解析】露天现场勘查时，首先在发生火灾的地点和留有火灾痕迹、物证的一切场所的周围划定保护范围。在情况尚不清楚时，可以将保护范围适当扩大一些，待勘查工作就绪后，可酌情缩小保护区，同时布置警戒。对重要部位可绕红白相间的绳旗划警戒圈或设置屏障遮挡。

5. 【答案】D

【解析】对于私人房间要做好房主的安抚工作，讲清道理，劝其不要急于清理。

6. 【答案】C

【解析】火灾现场危险区域实行隔离，禁止进入，人要站在上风处，离开低洼处。

二、多项选择题

7. 【答案】BCD

【解析】火灾现场保护范围应当根据现场勘验的实际情况和进展进行调整，遇有下列情况时，根据需要应适当扩大保护区：①起火点位置未确定。②电气故障引起的火灾。③爆炸现场。

8. 【答案】CD

【解析】火灾现场保护人员发现易燃液体或者可燃气体泄漏应关闭阀门，选项C错误；被烧坏的建筑物有倒塌危险并危及他人安全时，应采取措施使其固定，选项D错误。

三、判断题

9.【答案】正确

10.【答案】正确

11.【答案】错误

【解析】当怀疑起火原因为电气设备故障时，凡与火场用电设备有关的线路、设备，如进户线、总配电盘、开关、灯座、插座、电动机及其拖动设备和它们通过或安装的场所，都应列入保护范围。

12.【答案】错误

【解析】建筑物因爆炸倒塌起火的现场，不论被抛出物体飞出的距离有多远，也应把抛出物着地点列入保护范围，同时把爆炸破坏或影响的建筑物等列入现场保护区。

13.【答案】正确

14.【答案】正确

15.【答案】正确

培训模块八 计算机基础知识

重点提示

通过学习本模块内容，要求掌握计算机常用应用软件的基本操作及操作系统的基本配置要求，微软办公软件（Word 2010 版、Excel2010 版）的基本操作以及计算机网络安全基本知识和 Auto CAD 图形处理软件的功能；熟练掌握计算机系统的结构与组成及其操作系统基本应用，微软办公软件（Word2010 版、Excel2010 版）的文字编辑、排版，数字、公式及单元格的基本操作，IE 浏览器、搜索引擎、电子邮件的操作。

培训项目 1 计算机系统的组成与功能

一、单项选择题

1. 计算机的输入设备是指向计算机输入信息的设备，其不包括（　　）。

A. 键盘　　B. 鼠标
C. 显示器　　D. 麦克风

2. 下列设备中不属于计算机的输出设备的是（　　）。

A. 打印机　　B. 光笔
C. 投影仪　　D. 音箱

3. 外存储器指除计算机内存及 CPU 缓存以外的存储器，其不包括（　　）。

A. 硬盘　　B. 显卡
C. U 盘　　D. 光盘

4. 鼠标是计算机的输入设备，其按构造分类不包括（　　）。

A. 机械鼠标　　B. 光电鼠标
C. 触摸式鼠标　　D. 三键鼠标

5. 常见的打印机有激光打印机、喷墨打印机、热敏打印机、针式打印机等，下列关于其性能特点中，说法错误的是（　　）。

A. 激光打印机打印图案精细，水浸图案不会模糊，但打印速度慢，噪声大
B. 喷墨打印机打印照片效果好，成本较低，噪声小
C. 热敏打印机的缺点是长期放置图案会消失，加热后整体变黑，不能打印彩色
D. 针式打印机的缺点是噪声大，打印速度慢，只能单色打印

6. 下列关于常见打印机适用范围的说法中，错误的是（　　）。

A. 激光打印机一般应用于办公文件打印
B. 喷墨打印机一般应用于照片打印
C. 热敏打印机一般应用于打印超市购物小票
D. 针式打印机一般应用于家庭或发票打印

7. 显卡又称显示适配器，其主要性能不包括（　　）。

A. 分辨率　　B. 色深

C. 显存容量　　D. 屏幕稳定性

8. 计算机软件分为系统软件和应用软件两大类，下列不属于系统软件的是（　　）。

A. 操作系统　　B. 语言处理程序

C. 服务程序　　D. 文字处理软件

9. 下列操作系统中，不属于国外操作系统的是（　　）。

A. 红旗 Linux　　B. Unix

C. Mac OS　　D. Windows

二、多项选择题

10. 下列设备中属于计算机的输入设备的有（　　）。

A. 键盘　　B. 摄像头

C. 图像扫描仪　　D. 音箱

E. 打印机

11. 下列设备中属于计算机的输出设备的有（　　）。

A. 显示器　　B. 摄像头

C. 图像扫描仪　　D. 音箱

E. 打印机

12. 计算机硬件系统是指构成计算机的物理零部件，其包括（　　）。

A. 输入设备　　B. 输出设备

C. 内、外存储器　　D. 中央处理器

E. 应用软件

13. 下列有关计算机硬件系统的性能中，说法错误的有（　　）。

A. 键盘和鼠标是最常用的输入设备

B. 鼠标按照接线形式可分为有线鼠标和无线鼠标

C. 击打式打印机利用光、电、磁、喷墨等物理和化学的方法把字符或图形印出来

D. 热敏打印机一般应用于办公文件打印

E. 主板又称为主机板、系统板、母板等，是整个计算机工作的基础

14. 下列组件中，属于计算机硬件系统的有（　　）。

A. 中央处理器　　B. 主板

C. 显示卡　　D. 声卡

E. 操作系统

15. 计算机软件是指为了满足用户需要而编制的各种程序的总和，下列属于计算机软件系统的有（　　）。

A. 操作系统　　B. 语言处理程序

C. 文字处理软件　　D. 音频处理软件

E. 网卡

16. 下列操作系统中，属于国内操作系统的有（　　）。

A. 红旗 Linux　　B. 中兴新支点

C. 银河麒麟　　D. Mac OS

E. Linux

17. 计算机软件分为系统软件和应用软件两大类，下列属于应用软件的有（　　）。
    A. 文字处理软件　　　　B. 语言处理程序
    C. 音频视频处理软件　　D. 压缩软件
    E. 图形图像处理软件

三、判断题

18. 键盘是操作计算机运行的一种指令和数据输入设备。标准 Windows 键盘采用 104 个键，分为主键盘区、功能键区、控制键区、数字键区四个部分。（　　）
19. 激光打印机打印图案精细，水浸图案不会模糊，打印速度快，打印成本低，噪声小。激光打印机一般应用于发票打印。（　　）
20. 喷墨打印机打印照片效果好，成本较低，噪声小；缺点是打印速度较慢，水浸图案会模糊，针头容易堵住。喷墨打印机一般应用于家庭或照片打印。（　　）
21. 非击打式打印机利用打印头上的钢针与色带和打印纸相撞而印出字符或图形。（　　）
22. 硬盘分为固态硬盘（SSD 盘）、机械硬盘（HDD 盘）和混合硬盘（HHD 盘）。（　　）
23. 机械硬盘最主要的性能指标是转速和容量。转速是硬盘盘片旋转的速度，转速越慢，硬盘读写速度越快。（　　）
24. CD 光盘的存储容量一般为 4GB 左右，DVD 光盘的存储容量为 650MB 左右。（　　）
25. U 盘全称 USB 闪存盘，是一种使用 USB 接口的无须物理驱动器的微型高容量移动存储设备，通过 USB 接口与计算机主机连接，实现即插即用。（　　）
26. CPU 的性能主要取决于它在每个时钟周期内处理数据的能力（每次能处理数据的位数）和时钟频率（主频）。位数越少，处理能力越强；频率越低，处理速度越快。（　　）
27. 压缩软件的作用是使原文件的存储容量变大，增加占用的磁盘空间，还可以加密压缩，保证原文件的安全。目前常用的压缩软件有 WinRAR、WinZip 等。（　　）
28. 计算机主机电源是把 220V 交流电转换成直流电，并专门为计算机配件（如 CPU、主板、硬盘、内存条、显卡、光盘驱动器等）供电的设备，是计算机各部件供电的枢纽。（　　）

培训项目 2　计算机基本操作

一、单项选择题

1. 有关 Windows 操作系统中的基本操作中，说法错误的是（　　）。
   A. Windows 桌面图标可分为系统图标和应用程序快捷方式图标两类
   B. 桌面图标除“回收站”外，都不可以重新命名
   C. 单击“任务栏”最右侧的时钟，选择“更改日期和时间设置”，用户可以设置日期和时间
   D. 打开程序和文档后，在“任务栏”上会出现一个标有文档名称的按钮，若要切换界面，单击代表该界面的按钮
2. 下列有关 Windows 操作系统中对文件及文件夹的操作和管理中，说法错误的是（　　）。
   A. 单击窗口中的“文件”菜单，选择“新建”子菜单中的“文件夹”，文档库窗口即增

加一个“新建文件夹”的文件夹，输入一个新名称，按【Enter】键，文件夹建立完毕

B. 重命名文件名可以通过右键单击文件，通过快捷菜单完成重新命名

C. 选中连续文件（夹）时，鼠标右键单击第一个文件，按住【Shift】键后用鼠标单击最后一个文件，则选中一组连续文件

D. 选中不连续文件（夹）。鼠标左键单击第一个文件，按住【Ctrl】键后用鼠标左键单击另一个文件，依次选中多个不连续文件

3. 对 Windows 操作系统中添加应用程序时，操作错误的是（　　）。

A. 光盘上带有自动安装文件时，将其放入光驱后可自动运行安装程序

B. 直接运行安装盘中的安装程序，如 setup. exe

C. 可以从互联网上下载安装程序

D. 添加的应用程序不能删除

二、多项选择题

4. 关于文件（夹）说法正确的有（　　）。

A. 文件名包括文件主名和扩展名两部分

B. 扩展名表示文件的类型

C. 文件夹是用来组织和管理磁盘文件的一种数据结构

D. 文件名或文件夹名中最多可以有 255 个字符

E. 文件夹不可被删除

三、判断题

5. 计算机开机要按照一定的顺序，否则会影响机器的使用寿命。首先打开总电源，即接通主机与显示器的电源，接着开启主机，最后再开显示器。（　　）

6. 计算机关机时，先关闭所有程序后再按【开始】/【关机】按钮，关闭计算机；计算机显示关机完成，显示器黑屏后，再关闭显示器；最后关闭总电源。（　　）

7. Windows 允许更改文件或文件夹的名称，具体操作如下：选中重命名的文件（夹），在“文件”菜单中选择“重命名”，文件（夹）名在框内突出显示，输入新名称，按【Enter】键，完成文件重命名。（　　）

8. 当忘记某一文件的具体存放位置，可以通过如下操作找回：单击“开始”菜单，在“搜索程序和文件”文本框内输入查找的文件名，搜索结果会分类出现在菜单栏中。（　　）

培训项目 3　文字处理软件的功能和使用

一、单项选择题

1. 微软办公软件中 Word 2010 版的主要功能不包括（　　）。

A. 文字录入与编辑　　B. 格式设置与排版

C. 数据处理功能　　D. 丰富的素材处理

2. 打开 Word 2010，显示的界面包括四部分内容，其中不包含（　　）。

A. 快速访问工具栏　　B. 文字区

C. 菜单栏　　D. 功能区

二、判断题

3. Word 2010 中，菜单栏包括文件、开始、插入、页面布局、引用、邮件、审阅、视图等栏目，点击栏目名称，在下方功能区中显示相关操作命令按钮集合。（　　）
4. Word 2010 中，新建空白文档后，编辑区出现一个闪烁的光标，用户可在此处输入文字。当输入的文字到达编辑区右侧边界时自动换行，用户可按【Enter】键另起一段。（　　）
5. Word 2010 拥有强大的排版功能，可对字体、段落等进行编辑和美化，增强文件的表现力。（　　）

培训项目 4　电子表格软件的功能和使用

一、单项选择题

1. 新建的 Excel 工作簿包含三个工作表，分别为“Sheetl”“Sheet2”和“Sheet3”。单击下方“Sheet3”后的  按钮后，会出现（　　）情况。
   A. 新建一个工作表“Sheet4”　　B. 打开工作表“Sheet3”
   C. 删除工作表“Sheet3”　　D. 复制工作表“Sheet3”
2. “公式＝SUM（F2：F6）”的作用是（　　）。
   A. 求 F2 和 F6 这两个单元格数据之和
   B. 求 F2 到 F6 这五个单元格数据之和
   C. 求 F2 和 F6 这两个单元格数据平均值
   D. 求 F2 到 F6 这五个单元格数据平均值
3. Excel 中表格在打印时可能会出现同一行跨页等问题，用户可通过（　　）界面直接调整打印格式。
   A. “分页预览”　　B. “页面布局”
   C. “全屏显示”　　D. “显示比例”

二、多项选择题

4. 微软办公软件中 Excel 2010 版的主要功能包括（　　）。
   A. 文字录入与编辑　　B. 格式设置与排版
   C. 表格制作功能　　D. 数据处理功能
   E. 丰富的素材处理
5. 打开 Excel 2010，显示的界面包括（　　）和编辑区五部分内容。
   A. 快速访问工具栏　　B. 文字区
   C. 菜单栏　　D. 功能区
   E. 编辑栏

三、判断题

6. 电子表格软件是一种计算机应用软件，主要功能是实现表格的电子化，并对表格中的数据进行整理、计算、统计等。（　　）
7. Excel 以“单元格”为基本单位进行编辑。（　　）
8. Excel 2010 保存的默认工作簿扩展名为 . xlsx，用户也可另存为 . xls、. pdf（PDF 文件）和 . html（网页文件）等。（　　）

培训项目 5　互联网的基本概念和应用

一、单项选择题

1. 互联网的速率指的是数据的传送速率，也称为数据率或比特率，其单位不包括（　　）。
   A. bit/s　　B. ISP
   C. b/s　　D. bps
2. 按照网络覆盖的地理范围，计算机网络分类不包括（　　）。
   A. 局域网　　B. 城域网
   C. 广域网　　D. 县域网
3. 下列有关互联网的分类中，说法错误的是（　　）。
   A. 按照网络覆盖的地理范围，计算机网络可分为局域网、城域网、广域网三种
   B. 按照网络的传输介质分类，计算机网络可分为导向传输网和非导向传输网
   C. 按照网络的传输信号，计算机网络可分为有线网和无线网
   D. 按照网络的使用者分类，计算机网络可分为公用网和专用网

二、判断题

4. 互联网（Internet，也叫国际互联网）是指由数量众多的、覆盖全球的各种计算机网络互联起来的计算机网络。（　　）
5. 带宽用来表示互联网传输数据的能力，即在单位时间内通过的最高数据率，单位是 bps。（　　）
6. 按照网络的传输介质分类，计算机网络可分为导向传输网和非导向传输网。（　　）
7. 按照网络的使用者分类，计算机网络可分为公用网和专用网。（　　）

培训项目 6　Auto CAD 软件的功能和使用

一、单项选择题

1. Auto CAD 的功能不包括（　　）。
   A. 二维图形绘制
   B. 三维图形绘制
   C. 四维图形绘制
   D. 图形编辑
2. Auto CAD 的绘图文件扩展名为（　　）。
   A. .dwg　　B. .dxf
   C. .dwt　　D. .dxs

二、判断题

3. CAD（Computer Aided Design）是计算机技术的一个应用领域，中文名称为“计算机辅助设计”，指利用计算机及相关设备辅助人员进行设计工作，广泛应用于工程设计领域。（　　）
4. Auto CAD 的功能包括二维图形绘制、三维图形绘制和图形编辑。（　　）

参考答案及解析

培训项目 1

一、单项选择题

1.【答案】C

【解析】输入设备是指向计算机系统输入信息的设备。最常用的输入设备是键盘和鼠标，另外还有光笔、麦克风、摄像头、图像扫描仪等。显示器是计算机的输出设备。

2.【答案】B

【解析】计算机输出设备有显示器、打印机、绘图仪、投影仪、音箱等。光笔属于计算机的输入设备。

3.【答案】B

【解析】外存储器指除计算机内存及 CPU 缓存以外的存储器，此类存储器一般断电后仍然能保存数据。常见的外存储器有硬盘、光盘、移动存储设备等。显示卡简称显卡，又称显示适配器，是主机向显示器输出图形图像的硬件设备，非存储设备。

4.【答案】D

【解析】鼠标按键数分为两键鼠标和三键鼠标；按构造分为机械鼠标、光电鼠标和触摸式鼠标；按接线形式分为有线鼠标和无线鼠标。

5.【答案】A

【解析】激光打印机打印图案精细，水浸图案不会模糊，打印速度快，打印成本低，噪声小。

6.【答案】D

【解析】针式打印机一般应用于发票打印；喷墨打印机一般应用于家庭或照片打印。

7.【答案】D

【解析】显卡又称显示适配器，其主要性能包括分辨率、色深、显存容量及刷新频率。

8.【答案】D

【解析】系统软件用于对计算机资源的管理、维护、控制，并帮助用户编写、调试、装配、翻译和运行应用程序。系统软件可分为操作系统、语言处理程序和服务程序等。

9.【答案】A

【解析】红旗 Linux 是由北京中科红旗软件技术有限公司开发的操作系统，也是中国较大、较成熟的 Linux 发行版之一。

二、多项选择题

10.【答案】ABC

【解析】输入设备是指向计算机系统输入信息的设备。最常用的输入设备是键盘和鼠标，另外还有光笔、麦克风、摄像头、图像扫描仪等。显示器、打印机、绘图仪、投影仪、音箱等是计算机的输出设备。

11.【答案】ADE

【解析】计算机输出设备有显示器、打印机、绘图仪、投影仪、音箱等。摄像头和图像扫描仪属于计算机的输入设备。

12.【答案】ABCD

【解析】应用软件及系统软件属于计算机软件系统。

13.【答案】CD

【解析】击打式打印机利用打印头上的钢针与色带和打印纸相撞而印出字符或图形，非击打式打印机利用光、电、磁、喷墨等物理和化学的方法把字符或图形印出来，选项 C 错误。热敏打印机打印的资料长期放置后图案会消失，故不适用于打印文件，一般应用于打印超市购物小票，选项 D 错误。

14.【答案】ABCD

【解析】计算机硬件系统包括输入设备、输出设备、外存储设备、内存储设备、中央处理器、机箱、主板、显卡、声卡、调制解调器、网卡、电源等，而操作系统是计算机系统的软件。

15.【答案】ABCD

【解析】网卡又称网络适配器，是计算机通过宽带上网的必需设备，有独立网卡和集成网卡两种形式，其属于计算机的硬件系统。

16.【答案】ABC

【解析】国产操作系统都是基于Linux开源代码进行二次开发的，目前已有红旗Linux、银河麒麟、起点操作系统、共创Linux、中兴新支点操作系统、一铭操作系统等。

17.【答案】ACDE

【解析】应用软件是为了某一类应用需要或为解决某个特定问题而编制的程序或系统管理软件，包括文字处理软件、压缩软件、图形图像处理软件、音频视频处理软件、电子书阅读软件等。

三、判断题

18.【答案】错误

【解析】键盘是操作计算机运行的一种指令和数据输入设备。标准Windows键盘采用104个键，分为主键盘区、功能键区、控制键区、数字键区和状态指示区五个部分。

19.【答案】错误

【解析】激光打印机打印图案精细，水浸图案不会模糊，打印速度快，打印成本低，噪声小。激光打印机一般应用于办公文件打印。

20.【答案】正确

21.【答案】错误

【解析】击打式打印机利用打印头上的钢针与色带和打印纸相撞而印出字符或图形。非击打式打印机利用光、电、磁、喷墨等物理和化学的方法把字符或图形印出来。

22.【答案】正确

23.【答案】错误

【解析】机械硬盘最主要的性能指标是转速和容量。转速是硬盘盘片旋转的速度，转速越高，硬盘读写速度越快。

24.【答案】错误

【解析】CD光盘的存储容量一般为650MB左右，DVD光盘的存储容量为4GB左右。

25.【答案】正确

26.【答案】错误

【解析】CPU的性能主要取决于它在每个时钟周期内处理数据的能力（每次能处理数据的位数）和时钟频率（主频）。位数越多，处理能力越强；频率越高，处理速度越快。

27.【答案】错误

【解析】压缩软件的作用是使原文件的存储容量变小，减少占用的磁盘空间，还可以加密压缩，保证原文件的安全。目前常用的压缩软件有WinRAR、WinZip等。

28.【答案】正确

培训项目2

一、单项选择题

1.【答案】B

【解析】应用程序快捷方式图标是由用户根据个人需要安装到系统中的各个应用软件所产生的快捷调用图标。桌面图标除“回收站”外，都可以重新命名。

2.【答案】C

【解析】选中连续文件（夹）时，鼠标左键单击第一个文件，按住【Shift】键后用鼠标单击最后一个文件，则选中一组连续文件。

3.【答案】D

【解析】根据用户的需要，应用程序是可以进行添加及删除操作的。

二、多项选择题

4.【答案】ABCD

【解析】文件（夹）可以被删除，包括临时删除和永久删除。

三、判断题

5.【答案】错误

【解析】计算机开机要按照一定的顺序，否则会影响机器的使用寿命。首先打开总电源，即接通主机与显示器的电源，接着开启显示器，最后再开主机。

6.【答案】正确

7.【答案】正确

8.【答案】正确

培训项目 3

一、单项选择题

1.【答案】C

【解析】微软办公软件中 Word 2010 版的主要功能包括文字录入与编辑、格式设置与排版及丰富的素材处理功能，数据处理功能是 Excel 表格软件的主要功能。

2.【答案】B

【解析】打开 Word 2010，显示的界面包含快速访问工具栏、菜单栏、功能区和编辑区四部分内容。

二、判断题

3.【答案】正确

4.【答案】正确

5.【答案】正确

培训项目 4

一、单项选择题

1.【答案】A

【解析】新建的 Excel 工作簿包含三个工作表，分别为“Sheetl”“Sheet2”和“Sheet3”。单击下方“Sheet3”后的  按钮，会新建一个工作表“Sheet4”。

2.【答案】B

【解析】单击单元格 F7，然后单击“∑”按钮，单元格 F7 显示“= SUM（F2: F6）”，表示 F7 的值为单元格 F2 至 F6 数值的总和，按下【Enter】键，F7 显示自动求和的结果。

3.【答案】A

【解析】Excel 中表格在打印时可能会出现同一行跨页等问题，用户可通过“分页预览”界面直接调整打印格式。

二、多项选择题

4.【答案】CD

【解析】Excel 2010 版主要功能是实现表格的电子化，并对表格中的数据进行整理、计算、统计等，主要功能包括表格制作功能和数据处理功能。

5.【答案】ACDE

【解析】打开 Excel 2010，显示界面和 Word 2010 类似，其界面分为快速访问工具栏、菜单栏、功能区、编辑栏和编辑区五部分。

三、判断题

6.【答案】正确

7.【答案】正确

8.【答案】正确

培训项目 5

一、单项选择题

1.【答案】B

【解析】互联网的速率指的是数据的传送速率，也称为数据率或比特率，单位是 bit/s（比特每秒）或 b/s 或 bps，即每秒传送的比特位数。

2.【答案】D

【解析】按照网络覆盖的地理范围，计算机网络可分为局域网、城域网、广域网三种。

3.【答案】C

【解析】按照网络的传输介质分类，计算机网络可分为导向传输网（有线网）和非导向传输网（无线网），选项 C 为干扰项，无此说法。

二、判断题

4.【答案】正确

5.【答案】正确

6.【答案】正确

7.【答案】正确

培训项目 6

一、单项选择题

1.【答案】C

【解析】Auto CAD 的功能包括二维图形绘制、三维图形绘制和图形编辑。

2. **【答案】** A

【解析】 Auto CAD 的绘图文件扩展名为 .dwg。

二、判断题

3. **【答案】** 正确

4. **【答案】** 正确

培训模块九　相关法律、法规知识

重点提示

通过本模块的学习，要求熟练掌握《中华人民共和国劳动法》中劳动合同的解除条件、保证劳动安全的权利义务规定等有关内容，掌握《消防法》有关内容，以及《火灾自动报警系统设计规范》《火灾自动报警系统施工及验收规范》《城市消防远程监控系统技术规范》《建筑灭火器配置设计规范》《建筑灭火器配置验收及检查规范》《建筑防烟排烟系统技术标准》《消防应急照明和疏散指示系统技术标准》《防火卷帘、防火门、防火窗施工及验收规范》《消防给水及消火栓系统技术规范》《自动喷水灭火系统设计规范》《自动喷水灭火系统施工及验收规范》《泡沫灭火系统设计规范》《泡沫灭火系统施工及验收规范》《自动跟踪定位射流灭火系统》《气体灭火系统设计规范》《气体灭火系统施工及验收规范》《建筑消防设施的维护管理》等相关规范的颁布实施日期、适用范围和主要内容。

培训项目 1　《中华人民共和国劳动法》《中华人民共和国消防法》相关知识

一、单项选择题

1. 劳动者可以单方面解除劳动合同，但应当提前（　　）以书面形式通知用人单位。

A. 十天　　B. 二十天

C. 三十天　　D. 六十天

2. 劳动者不能胜任工作，经过培训或者调整工作岗位，仍不能胜任工作的，用人单位可以单方面解除劳动合同，但应提前（　　）以书面形式通知劳动者本人。

A. 二十日　　B. 三十日

C. 十五日　　D. 六十日

3. 公众聚集场所在投入使用、营业前，建设单位或者使用单位应当向场所所在地的县级以上地方人民政府消防救援机构申请消防安全检查。消防救援机构应当自受理申请之日起（　　）工作日内，根据消防技术标准和管理规定，对该场所进行消防安全检查。

A. 3 个　　B. 5 个

C. 10 个　　D. 15 个

4. 根据《消防法》要求，机关、团体、企业、事业等单位应当履行的消防安全职责，其中一般单位应当履行的消防安全职责不包括（　　）。

A. 按照国家标准、行业标准配置消防设施、器材，设置消防安全标志

B. 对建筑消防设施每年至少进行一次全面检测

C. 组织防火检查，及时消除火灾隐患

D. 建立消防档案，确定消防安全重点部位

5. 关于消防产品的质量要求和监督管理制度，以下说法错误的是（　　）。

A. 消防产品必须符合国家标准

B. 消防产品没有国家标准的，必须符合行业标准

C. 依法实行强制性产品认证的消防产品，由企业出具检验合格报告后，方可生产、销售、使用

D. 新研制的尚未制定国家标准、行业标准的消防产品，经技术鉴定符合消防安全要求的，方可生产、销售、使用

二、多项选择题

6. 劳动合同一般包括七项必备条款，除劳动合同期限、工作内容、劳动报酬外，还应包括（　　）。

A. 劳动保护和劳动条件

B. 劳动纪律

C. 劳动合同终止的条件

D. 违反劳动合同的责任

E. 劳动合同展期的条件

7. 劳动合同的变更是指劳动合同依法订立后，在合同尚未履行或者尚未履行完毕以前，双方当事人依法对劳动合同约定的内容进行修改或者补充的法律行为，下列有关劳动合同的变更中，说法错误的有（　　）。

A. 即使用人单位和劳动者协商一致，也不能变更劳动合同的内容

B. 劳动者患病，在规定的医疗期满后不能从事原工作，用人单位可以与劳动者协商变更劳动合同，调整劳动者的工作岗位

C. 劳动者非因公负伤，在规定的医疗期满后不能从事原工作，用人单位可以与劳动者协商变更劳动合同，调整劳动者的工作岗位

D. 劳动者不能胜任工作，用人单位可以与劳动者协商变更劳动合同，调整劳动者的工作岗位

E. 劳动者不能胜任工作，用人单位不能调整劳动者的工作岗位

8. 若劳动者（　　），用人单位有权单方面解除劳动合同。

A. 在试用期间被证明不符合录用条件

B. 严重违反劳动纪律或者用人单位规章制度

C. 严重失职，营私舞弊，对用人单位利益造成重大损害

D. 被依法追究刑事责任

E. 违反治安管理条例

9. 若（　　），用人单位只需提前三十日以书面形式通知劳动者本人后，就可以单方面解除劳动合同。

A. 劳动者患病或者非因工负伤，医疗期满后，不能从事原工作也不能从事由用人单位另行安排的工作

B. 劳动者不能胜任工作，经过培训或者调整工作岗位，仍不能胜任工作

C. 劳动合同订立时所依据的客观情况发生重大变化，致使原劳动合同无法履行，经当事人协商不能就变更劳动合同达成协议

D. 劳动者严重违反劳动纪律或者用人单位规章制度

E. 劳动者严重失职，营私舞弊，对用人单位利益造成重大损害

10. 有（　　）情形时，劳动者可以随时通知用人单位解除劳动合同。

A. 在试用期内的

B. 用人单位以暴力、威胁或者非法限制人身自由的手段强迫劳动的

C. 用人单位未按照劳动合同约定支付劳动报酬或提供劳动条件

D. 用人单位让劳动者从事重体力劳动的

E. 劳动合同还有三个月即将到期的

11. 根据《消防法》要求，机关、团体、企业、事业等单位应当履行消防安全职责，其中一般单位应当履行的消防安全职责包括（　　）。

A. 落实消防安全责任制

B. 组织进行有针对性的消防演练

C. 组织防火检查，及时消除火灾隐患

D. 确定消防安全管理人，组织实施本单位的消防安全管理工作

E. 对职工进行岗前消防安全培训，定期组织消防安全培训和消防演练

12. 根据《消防法》要求，消防安全重点单位除应当履行一般单位的消防安全职责外，还应当履行（　　）职责。

A. 确定消防安全管理人，组织实施本单位的消防安全管理工作

B. 建立消防档案，确定消防安全重点部位，设置防火标志，实行严格管理

C. 实行每日防火巡查，并建立巡查记录

D. 对职工进行岗前消防安全培训，定期组织消防安全培训和消防演练

E. 建立专职消防队

三、判断题

13. 我国现行的《中华人民共和国劳动法》于 1994 年 7 月 5 日第八届全国人民代表大会常务委员会第八次会议通过，自 1995 年 1 月 1 日起施行。（　　）

14. 劳动者有以下四种情形之一的，用人单位不得单方面解除劳动合同：劳动者患职业病或者因工负伤并被确认丧失或者部分丧失劳动能力的；劳动者患病或者负伤，在规定的医疗期内的；女职工在孕期、产假、哺乳期内的；法律、行政法规规定的其他情形。（　　）

15. 工作时间是指劳动者根据国家的法律规定，在 1 个昼夜或 1 周之内从事本职工作的时间。（　　）

16. 用人单位可以用实物替代货币向劳动者支付工资。（　　）

17. 《消防法》的立法宗旨是为了预防火灾和减少火灾危害，加强应急救援工作，保护人身、财产安全，维护公共安全。（　　）

培训项目 2　《火灾自动报警系统设计规范》《火灾自动报警系统施工及验收规范》相关知识

一、单项选择题

1. 为合理设计火灾自动报警系统，预防和减少火灾危害，保护人身和财产安全，特制定《火灾自动报警系统设计规范》(GB 50116)。该标准于 2013 年 9 月 6 日颁布，自（　　）

起实施。

A. 2013 年 10 月 1 日　　B. 2014 年 5 月 1 日

C. 2014 年 6 月 1 日　　D. 2014 年 4 月 1 日

2. 根据《火灾自动报警系统设计规范》(GB 50116)，不适用于火灾自动报警系统设计的是（　　）。

A. 新建的建（构）筑物中　　B. 扩建的建（构）筑物中

C. 改建的建（构）筑物中　　D. 生产炸药、火药等场所

3. 为保障火灾自动报警系统的施工质量和使用功能，预防和减少火灾危害，保护人身和财产安全，特制定《火灾自动报警系统施工及验收规范》(GB 50166)，该标准于 2007 年 10 月 23 日颁布，自（　　）起实施。

A. 2008 年 1 月 1 日　　B. 2008 年 2 月 1 日

C. 2008 年 3 月 1 日　　D. 2008 年 4 月 1 日

二、多项选择题

4.《火灾自动报警系统设计规范》(GB 50116) 不适用于生产和储存（　　）等场所设置的火灾自动报警系统的设计。

A. 火药　　B. 弹药

C. 农药　　D. 火工品

E. 炸药

三、判断题

5.《火灾自动报警系统施工及验收规范》(GB 50166) 适用于工业与民用建筑中设置的火灾自动报警系统的施工及验收，不适用于火药、炸药、弹药、火工品等生产和储存场所设置的火灾自动报警系统的施工及验收。（　　）

培训项目 3　《城市消防远程监控系统技术规范》相关知识

一、单项选择题

1. 为了合理设计和建设城市消防远程监控系统，保障系统的设计和施工质量，实现火灾的早期报警和建筑消防设施运行状态的集中监控，提高单位消防安全管理水平，特制定《城市消防远程监控系统技术规范》(GB 50440)。该标准于 2007 年 10 月 23 日颁布，自（　　）起实施。

A. 2008 年 1 月 1 日　　B. 2008 年 2 月 1 日

C. 2008 年 3 月 1 日　　D. 2008 年 5 月 1 日

培训项目 4　《建筑灭火器配置设计规范》《建筑灭火器配置验收及检查规范》相关知识

一、单项选择题

1. 为了合理配置建筑灭火器，有效地扑救工业与民用建筑初起火灾，减少火灾损失，保护人身和财产的安全，特制定《建筑灭火器配置设计规范》(GB 50140)。该标准于 2005 年

7 月 15 日颁布，自（　　）起实施。

A. 2005 年 7 月 1 日　　B. 2005 年 8 月 1 日

C. 2005 年 9 月 1 日　　D. 2005 年 10 月 1 日

二、多项选择题

2.《建筑灭火器配置设计规范》（GB 50140）适用于生产、使用或储存可燃物的新建、改建、扩建的工业与民用建筑工程，不适用于（　　）的厂房或库房。

A. 生产或储存炸药　　B. 生产或储存弹药

C. 生产或储存火工品　　D. 生产或储存花炮

E. 生产或储存农药

三、判断题

3. 为保障建筑灭火器的合理安装配置和安全使用，及时有效地扑灭初起火灾，减少火灾危害，保护人身和财产安全，特制定《建筑灭火器配置验收及检查规范》（GB 50444）。该标准于 2008 年 8 月 13 日颁布，自 2008 年 11 月 1 日起实施。（　　）

培训项目 5　《建筑防烟排烟系统技术标准》相关知识

一、单项选择题

1. 为了合理设计建筑防烟、排烟系统，保证施工质量，规范验收和维护管理，减少火灾危害，保护人身和财产安全，特制定《建筑防烟排烟系统技术标准》（GB 51251）。该标准于 2017 年 11 月 20 日颁布，自（　　）起实施。

A. 2018 年 5 月 1 日　　B. 2018 年 7 月 1 日

C. 2018 年 8 月 1 日　　D. 2018 年 9 月 1 日

二、判断题

2.《建筑防烟排烟系统技术标准》于 2017 年 11 月 20 日颁布，自 2017 年 11 月 30 日起实施。（　　）

培训项目 6　《消防应急照明和疏散指示系统技术标准》相关知识

一、单项选择题

1. 为了合理设计消防应急照明和疏散指示系统，保证消防应急照明和疏散指示系统的施工质量，确保系统正常运行，特制定《消防应急照明和疏散指示系统技术标准》。该标准于 2018 年 7 月 10 日颁布，自（　　）起实施。

A. 2019 年 1 月 1 日　　B. 2019 年 3 月 1 日

C. 2019 年 5 月 1 日　　D. 2019 年 7 月 1 日

二、判断题

2.《消防应急照明和疏散指示系统技术标准》于 2018 年 7 月 10 日颁布，自 2019 年 4 月 1 日起实施。（　　）

培训项目7 《防火卷帘、防火门、防火窗施工及验收规范》相关知识

一、单项选择题

1. 为保证防火卷帘、防火门、防火窗工程的施工质量和使用功能，减少火灾危害，保护人身和财产安全，特制定《防火卷帘、防火门、防火窗施工及验收规范》(GB 50877)。该标准于2014年1月9日颁布，自（　　）起实施。

A. 2014年5月1日　　B. 2014年6月1日

C. 2014年8月1日　　D. 2014年9月1日

二、判断题

2.《防火卷帘、防火门、防火窗施工及验收规范》(GB 50877) 于2014年1月9日颁布，自2014年3月1日起实施。（　　）

培训项目8 《消防给水及消火栓系统技术规范》相关知识

一、单项选择题

1. 为合理设计消防给水及消火栓系统，保障施工质量，规范验收和维护管理，减少火灾危害，保护人身和财产安全，特制定《消防给水及消火栓系统技术规范》(GB 50974)。该标准于2014年1月29日颁布，自（　　）起实施。

A. 2014年5月1日　　B. 2014年7月1日

C. 2014年8月1日　　D. 2014年10月1日

二、判断题

2.《消防给水及消火栓系统技术规范》于2014年1月29日颁布，自2014年10月1日起实施。（　　）

培训项目9 《自动喷水灭火系统设计规范》《自动喷水灭火系统施工及验收》相关知识

一、单项选择题

1. 为正确、合理地设计自动喷水灭火系统，保护人身和财产安全，特制定《自动喷水灭火系统设计规范》(GB 50084)。该标准于2017年5月27日颁布，自（　　）起实施。

A. 2018年1月1日　　B. 2018年2月1日

C. 2018年3月1日　　D. 2018年4月1日

二、判断题

2.《自动喷水灭火系统设计规范》不适用于火药、炸药、弹药、火工品工厂、核电站及飞机库等特殊功能建筑中自动喷水灭火系统的设计。（　　）

培训项目 10　《泡沫灭火系统设计规范》《泡沫灭火系统施工及验收规范》相关知识

一、单项选择题

1. 为合理地设计泡沫灭火系统，减少火灾损失，保障人身和财产安全，特制定《泡沫灭火系统设计规范》(GB 50151)。该标准于 2010 年 8 月 18 日颁布，自（　　）起实施。

A. 2011 年 5 月 1 日　　B. 2011 年 6 月 1 日

C. 2011 年 8 月 1 日　　D. 2011 年 9 月 1 日

2. 为保障泡沫灭火系统的施工质量和使用功能，规范验收和维护管理，特制定《泡沫灭火系统施工及验收规范》(GB 50281)。该标准于 2006 年 6 月 19 日颁布，自（　　）起实施。

A. 2006 年 9 月 1 日　　B. 2006 年 10 月 1 日

C. 2006 年 11 月 1 日　　D. 2006 年 12 月 1 日

二、多项选择题

3. 《泡沫灭火系统设计规范》(GB 50151) 不适用于（　　）。

A. 新建工程　　B. 改建工程

C. 海上石油平台　　D. 船舶

E. 扩建工程

三、判断题

4. 《泡沫灭火系统设计规范》(GB 50151) 适用于新建、改建、扩建工程中设置的泡沫灭火系统的设计，不适用于船舶、海上石油平台等场所设置的泡沫灭火系统的设计。（　　）

5. 《泡沫灭火系统施工及验收规范》(GB 50281) 适用于新建、扩建、改建工程中设置的低倍数、中倍数和高倍数泡沫灭火系统的施工及验收、维护管理。（　　）

培训项目 11　《自动跟踪定位射流灭火系统》相关知识

一、单项选择题

1. 为合理设计自动跟踪定位射流灭火系统，保障该系统相关产品的质量和使用功能，规范维护管理，减少火灾危害，保护人身和财产的安全，特制定《自动跟踪定位射流灭火系统》(GB 25204)。该标准于 2010 年 9 月 26 日颁布，自（　　）起实施。

A. 2011 年 1 月 1 日　　B. 2011 年 3 月 1 日

C. 2011 年 4 月 1 日　　D. 2011 年 5 月 1 日

二、判断题

2. 《自动跟踪定位射流灭火系统》(GB 25204) 适用于以水或泡沫混合液为喷射介质的，利用红外线、数字图像或其他火灾探测组件进行早期火灾的自动定位，并运用自动控制技术来实现灭火的各种自动跟踪定位射流灭火系统。（　　）

培训项目12　《气体灭火系统设计规范》《气体灭火系统施工及验收规范》相关知识

一、单项选择题

1. 为合理设计气体灭火系统，减少火灾危害，保护人身和财产的安全，特制定《气体灭火系统设计规范》(GB 50370)。该标准于2006年3月2日颁布，自（　　）起实施。

A. 2006年2月1日　　B. 2006年3月1日

C. 2006年4月1日　　D. 2006年5月1日

2. 为统一气体灭火系统工程施工及验收要求，保障气体灭火系统工程质量，特制定《气体灭火系统施工及验收规范》(GB 50263)。该标准于2007年1月24日颁布，自（　　）起实施。

A. 2007年3月1日　　B. 2007年5月1日

C. 2007年7月1日　　D. 2007年9月1日

二、判断题

3. 《气体灭火系统设计规范》(GB 50370）适用于新建、改建、扩建的工业和民用建筑中设置的七氟丙烷、IG541混合气体和热气溶胶全淹没灭火系统的设计。（　　）

培训项目13　《建筑消防设施的维护管理》相关知识

一、单项选择题

1. 为引导和规范建筑消防设施的维护管理工作，确保建筑消防设施完好有效，特制定《建筑消防设施的维护管理》(GB 25201)。该标准于2010年9月26日颁布，自（　　）起实施。

A. 2011年2月1日　　B. 2011年3月1日

C. 2011年4月1日　　D. 2011年5月1日

培训项目14　其他消防设施设计、施工和验收、检测规范标准的相关知识

一、单项选择题

1. 为合理地设计固定消防炮灭火系统，减少火灾损失，保护人身和财产安全，特制定《固定消防炮灭火系统设计规范》(GB 50338)。该标准于2003年4月15日颁布，自（　　）起实施。

A. 2003年5月1日　　B. 2003年6月1日

C. 2003年7月1日　　D. 2003年8月1日

2. 为合理设计干粉灭火系统，减少火灾危害，保护人身和财产安全，特制定《干粉灭火系统设计规范》(GB 50347)。该标准于2004年9月2日颁布，自（　　）起实施。

A. 2004年9月1日　　B. 2004年10月1日

C. 2004年11月1日　　D. 2004年12月1日

3. 为合理设计细水雾灭火系统，保证其施工质量，规范其验收和维护管理，减少火灾危害，

保护人身和财产安全，特制定《细水雾灭火系统技术规范》（GB 50898）。该标准于2013年6月8日颁布，自（　　）起实施。

A. 2013年8月1日　　B. 2013年9月1日

C. 2013年10月1日　　D. 2013年12月1日

二、判断题

4. 为合理设计水喷雾灭火系统，保障其施工质量和使用功能，减少火灾危害，保护人身和财产安全，特制定《水喷雾灭火系统技术规范》（GB 50219）。该标准于2014年10月9日颁布，自2015年8月1日起实施。（　　）

参考答案及解析

培训项目1

一、单项选择题

1. 【答案】C

【解析】劳动者可以单方面解除劳动合同，但应当提前三十日以书面形式通知用人单位。有以下三种情形之一，劳动者可以随时通知用人单位解除劳动合同：在试用期内的；用人单位以暴力、威胁或者非法限制人身自由的手段强迫劳动的；用人单位未按照劳动合同约定支付劳动报酬或者提供劳动条件的。

2. 【答案】B

【解析】有以下三种情形之一，用人单位提前三十日以书面形式通知劳动者本人，可以单方面解除劳动合同：劳动者患病或者非因工负伤，医疗期满后，不能从事原工作也不能从事由用人单位另行安排的工作的；劳动者不能胜任工作，经过培训或者调整工作岗位，仍不能胜任工作的；劳动合同订立时所依据的客观情况发生重大变化，致使原劳动合同无法履行，经当事人协商不能就变更劳动合同达成协议的。

3. 【答案】C

【解析】公众聚集场所在投入使用、营业前，建设单位或者使用单位应当向场所所在地的县级以上地方人民政府消防救援机构申请消防安全检查。消防救援机构应当自受理申请之日起10个工作日内，根据消防技术标准和管理规定，对该场所进行消防安全检查。

4. 【答案】D

【解析】一般单位应当履行的消防安全职责：一是落实消防安全责任制，制定本单位的消防安全制度、消防安全操作规程，制定灭火和应急疏散预案；二是按照国家标准、行业标准配置消防设施、器材，设置消防安全标志，并定期组织检验、维修，确保完好有效；三是对建筑消防设施每年至少进行一次全面检测，确保完好有效，检测记录应当完整准确，存档备查；四是保障疏散通道、安全出口、消防车通道畅通，保证防火防烟分区、防火间距符合消防技术标准；五是组织防火检查，及时消除火灾隐患；六是组织进行有针对性的消防演练；七是法律、法规规定的其他消防安全职责。同时规定，单位的主要负责人是本单位的消防安全责任人。选项D为消防安全重点单位应当履行的消防安全职责。

5. 【答案】C

【解析】依法实行强制性产品认证的消防产品，由具有法定资质的认证机构按照国家标准、行业标准的强制性要求认证合格后，方可生产、销售、使用。

二、多项选择题

6. 【答案】ABCD

【解析】劳动合同一般包括以下七项必备条款：劳动合同期限；工作内容；劳动保

护和劳动条件；劳动报酬；劳动纪律；劳动合同终止的条件；违反劳动合同的责任。

7. 【答案】AE

【解析】只要用人单位和劳动者协商一致，即可变更劳动合同的内容。劳动者不能胜任工作，用人单位可以与劳动者协商变更劳动合同，调整劳动者的工作岗位。

8. 【答案】ABCD

【解析】劳动者有以下四种情形之一，用人单位可以单方面解除劳动合同：在试用期间被证明不符合录用条件的；严重违反劳动纪律或者用人单位规章制度的；严重失职，营私舞弊，对用人单位利益造成重大损害的；被依法追究刑事责任的。

9. 【答案】ABC

【解析】有以下三种情形之一，用人单位提前三十日以书面形式通知劳动者本人，可以单方面解除劳动合同：劳动者患病或者非因工负伤，医疗期满后，不能从事原工作也不能从事由用人单位另行安排的工作的；劳动者不能胜任工作，经过培训或者调整工作岗位，仍不能胜任工作的；劳动合同订立时所依据的客观情况发生重大变化，致使原劳动合同无法履行，经当事人协商不能就变更劳动合同达成协议的。选项D、E无须用人单位提前通知，就可以单方面解除劳动合同。

10. 【答案】ABC

【解析】劳动者可以单方面解除劳动合同，但应当提前三十日以书面形式通知用人单位。有以下三种情形之一，劳动者可以随时通知用人单位解除劳动合同：在试用期内的；用人单位以暴力、威胁或者非法限制人身自由的手段强迫劳动的；用人单位未按照劳动合同约定支付劳动报酬或者提供劳动条件的。

11. 【答案】ABC

【解析】一般单位应当履行的消防安全职责：一是落实消防安全责任制，制定本单位的消防安全制度、消防安全操作规程，制定灭火和应急疏散预案；二是按照国家标准、行业标准配置消防设施、器材，设置消防安全标志，并定期组织检验、维修，确保完好有效；三是对建筑消防设施每年至少进行一次全面检测，确保完好有效，检测记录应当完整准确，存档备查；四是保障疏散通道、安全出口、消防车通道畅通，保证防火防烟分区、防火间距符合消防技术标准；五是组织防火检查，及时消除火灾隐患；六是组织进行有针对性的消防演练；七是法律、法规规定的其他消防安全职责。同时规定，单位的主要负责人是本单位的消防安全责任人。选项D、E为消防安全重点单位应当履行的消防安全职责。

12. 【答案】ABCD

【解析】消防安全重点单位应当履行的消防安全职责，除应当履行一般单位的消防安全职责外，还应履行以下职责：一是确定消防安全管理人，组织实施本单位的消防安全管理工作；二是建立消防档案，确定消防安全重点部位，设置防火标志，实行严格管理；三是实行每日防火巡查，并建立巡查记录；四是对职工进行岗前消防安全培训，定期组织消防安全培训和消防演练。

三、判断题

13. 【答案】正确

14. 【答案】正确

15. 【答案】正确

16. 【答案】错误

【解析】用人单位不得以实物替代货币支付工资。

17. 【答案】正确

培训项目2

一、单项选择题

1. 【答案】B

【解析】为合理设计火灾自动报警系统，预防和减少火灾危害，保护人身和财产安全，特制定《火灾自动报警系统设计规